奇思妙想

C++青少年趣味编程100例

视频教学版

徐范琳 编著

清华大学出版社
北京

内 容 简 介

本书基于C++讲解了100个有趣实例的开发过程。这些实例由浅入深地向读者介绍了C++中的语法内容，并展现了程序设计的基本思维和方法。

全书共13章。第1章带领读者认识C++，如编程语言介绍、构建开发环境Dev C++、编写第一个C++程序、了解C++语言代码；第2章详细讲解C++基础知识，如cout语句、变量、标识符、常量和cin语句；第3章讲解基本数据类型；第4章讲解数据运算，如表达式、运算符、赋值运算符、四则运算符等；第5章讲解程序控制结构，如顺序结构、if语句、if-else语句、switch语句、for语句、while语句、do-while语句等；第6章讲解数组和字符串；第7章讲解常用的库函数；第8章讲解自定义函数；第9章讲解指针；第10章讲解复合数据类型，如结构体、枚举；第11章讲解类和对象；第12章讲解继承与派生；第13章讲解文件。

本书内容通俗易懂，具备较高的趣味性和交互性。书中实例不仅适合青少年动手练习，还可以开拓青少年的视野，领悟C++编程的价值所在。因此，本书不仅适合青少年学习，也适合家长借鉴，增加一种培养孩子的方式。同时，本书也适合作为相关培训机构的教材使用。

图书在版编目（CIP）数据

奇思妙想：C++青少年趣味编程100例：视频教学版 / 徐苑琳编著. -- 北京：清华大学出版社，2024. 12.
ISBN 978-7-302-67668-3

Ⅰ. TP312.8-49

中国国家版本馆CIP数据核字第2024HH1187号

责任编辑：袁金敏
封面设计：王传芳
责任校对：徐俊伟
责任印制：杨 艳
出版发行：清华大学出版社
　　网　　址：https://www.tup.com.cn，https://www.wqxuetang.com
　　地　　址：北京清华大学学研大厦A座　　**邮　　编**：100084
　　社 总 机：010-83470000　　**邮　　购**：010-62786544
　　投稿与读者服务：010-62776969，c-service@tup.tsinghua.edu.cn
　　质 量 反 馈：010-62772015，zhiliang@tup.tsinghua.edu.cn
印 装 者：三河市铭诚印务有限公司
经　　销：全国新华书店
开　　本：190mm×235mm　　**印　　张**：17.5　　**字　　数**：415千字
版　　次：2024年12月第1版　　**印　　次**：2024年12月第1次印刷
定　　价：99.80元

产品编号：109204-01

前　言

随着社会的发展，编程能力已成为人们应掌握的重要技能之一。2017年，国务院发布了《新一代人工智能发展规划》，其中提出："在中小学阶段设置人工智能相关课程，逐步推广编程教育。"2018年，教育部出台了《中小学综合实践活动课程指导纲要》和《信息技术课程标准》，将编程教育纳入课程改革中。如今，信息学竞赛也采用C++作为参赛语言。

C++是1983年诞生的一种通用编程语言，其以C语言为基础，增加了面向对象特性。所以，C++不仅支持面向过程开发，也支持面向对象开发。如今，C++可以开发任意类型的程序，如游戏、驱动程序、操作系统、桌面应用程序、移动应用程序、嵌入式硬件程序等。

C++功能强大，也意味着语言相对复杂，这导致青少年学习C++具有一定的难度。首先，C++的基础术语更多、更抽象，青少年不容易理解；其次，面向对象编程要求更高的逻辑性，这对读者而言是一个挑战；最后，C++编程属于非图形化编程，具有一定的枯燥性，容易挫伤青少年的兴趣。

本书以青少年的生活为讲解背景，结合作者多年的C++开发经验和心得体会，花费了一年的时间写就。希望各位读者能在本书的引领下跨入C++开发的大门，培养编程兴趣。本书最大的特色是以从简单到复杂的思路、以各种小实例的形式讲解C++的使用方法。

本书特色

1. 实例丰富

学习和掌握一种技能最简单的方式，就是多看、多练。本书包含100个实例，这些实例涉及各个方面，不仅可以巩固练习，还可以开拓思维，引导儿童编写自己感兴趣的各种程序。

2. 内容有趣

为了让青少年更愿意阅读，本书的每个实例都是一个有趣的故事。从阅读故事的角度可让青少年更容易进入学习编程的氛围，避免因为学习编程知识导致青少年产生厌学情绪。另外，有趣的故事更容易让青少年记忆知识点、读懂程序、掌握编程思想。

3. 内容全面

本书涵盖读者需要掌握的C++所有知识点，涵盖了计算机等级考试的对应内容，并且针对每个知识点都配置了一个对应实例。通过本书，读者可以学习到C++中各种语法的使用规则。

4. 由浅入深

由于青少年逻辑思维能力较弱，因此本书的内容由浅入深，逐步讲解。首先讲解了C++程序的数据的分类，然后讲解了数据的运算，接着讲解了如何使用程序控制结构，最后讲解了C++中的指针、数组、结构、对象等高级内容。

本书内容

第1章 认识C++：包含4个实例，带领读者认识C++，如编程语言、开发环境Dev C++、编写第一个C++程序、了解C++代码。

第2章 C++基础知识：包含5个实例，详细讲解了C++的一些基础内容，如cout语句、变量、标识符、常量、cin语句。

第3章 基本数据类型：包含6个实例，详细讲解了C++的基本数据类型，如整数、浮点数、字符型、ASCII码、转义字符和布尔类型。

第4章 数据运算：包含14个实例，详细讲解了C++的常用运算符。

第5章 程序控制结构：包含23个实例，详细讲解了C++的3个程序控制结构，分别为顺序结构、分支结构和循环结构。

第6章 数组和字符串：包含19个实例，详细讲解了数组的定义、访问、排序和字符串的一些常用操作。

第7章 库函数：包含8个实例，详细讲解了C++常用的库函数，如pow()、round()、abs()函数等。

第8章 自定义函数：包含7个实例，详细讲解了如何定义和调用无参函数、如何定义和调用有参函数、如何定义有函数值的函数等。

第9章 指针：包含3个实例，详细讲解了如何定义指针变量，以及如何使用数组指针和指针数组。

第10章 复合数据类型：包含2个实例，详细讲解了结构体和枚举。

第11章 类和对象：包含5个实例，详细讲解了如何定义类、实例化对象、构造函数、析构函数以及对象数组。

第12章 继承与派生：包含2个实例，详细讲解了如何实现类的继承和派生，以及多重继承。

第13章 文件：包含2个实例，详细讲解了如何将文本写入文件，以及如何读取文件中的内容。

本书读者对象

- 7 ~ 17岁的青少年。
- 少儿编程指导教师。
- 7~10岁儿童的家长。
- 其他对少儿编程感兴趣的各类人员。

目　录

第 1 章

认识 C++

C++ 是一种通用的、静态类型的编程语言，其扩展了 C 语言，并添加了面向对象编程（Object-Oriented Programming，OOP）的特性。C++ 由本贾尼 · 斯特劳斯特卢普（Bjarne Stroustrup）于 1983 年开发，并在之后的几年中逐渐发展壮大。本章将对 C++ 进行简单的介绍。

1.1 我们的交流方式——编程语言介绍

人与人进行交流或者表达思想是通过语言实现的。语言可以分为口头语言和书面语言两种形式。

（1）口头语言：通过语音、声调、语速、手势和面部表情等非书面形式进行交流。口头语言是人们日常交流中最常用的形式，通过声音和语调的变化，传达语言的意义。图 1.1 中展示的就是两个人使用口头语言询问价钱的交流。

图1.1　口头语言

（2）书面语言：使用文字和符号进行交流和记录信息。书面语言可以通过书写、打印、电子媒体等方式表达，并且有着更加规范和标准化的语法及拼写。

人与人之间的交流通常是通过语言实现的，但是人不能直接用语言与计算机进行交流。计算机是通过二进制数据进行交流的，而二进制数据是由0和1组成的序列。为了使人和计算机能够交流，我们需要使用编程语言作为桥梁。

编程语言是一种人造的、规定了语法和语义规则的语言，用于编写计算机程序。人们使用编程语言编写指令和算法，并通过这些指令告诉计算机要执行的任务和操作。编程语言可以通过编译或解释的方式将人类编写的可读代码转换为计算机可执行的机器指令。

不同的编程语言有不同的语法和特性，常见的编程语言包括C、C++、Java、Python和JavaScript等。通过学习和使用编程语言，人们可以开发各种应用程序、网站、游戏和软件，实现与计算机的交互。

1.2 程序加工厂——构建开发环境 Dev C++

正如文具有文具的加工厂、零食有零食的加工厂一样，程序也有自己的加工厂。C++程序的加工厂称为C++开发环境。C++开发环境有很多种，本书将使用Dev C++。Dev C++是一个集成开发环境(Integrated Development Environment，IDE)，用于C和C++语言的软件开发。Dev C++提供了一套工具和功能，可以编写、编译、调试和运行C和C++程序。要使用此环境，需要完成下载和安装两大步骤。

1. 下载

Dev C++的官方网站或其他受信任的软件下载平台都提供了Dev C++的安装程序，读者可以选择适用于自己操作系统的版本，并下载安装程序。

2. 安装

Dev C++安装程序下载完成后，即可通过以下步骤完成安装。

（1）双击运行Dev C++的安装程序，弹出Installer Language对话框，如图1.2所示。

（2）选择语言类型，单击OK按钮，弹出License Agreement窗口，如图1.3所示。

图1.2 Installer Language对话框

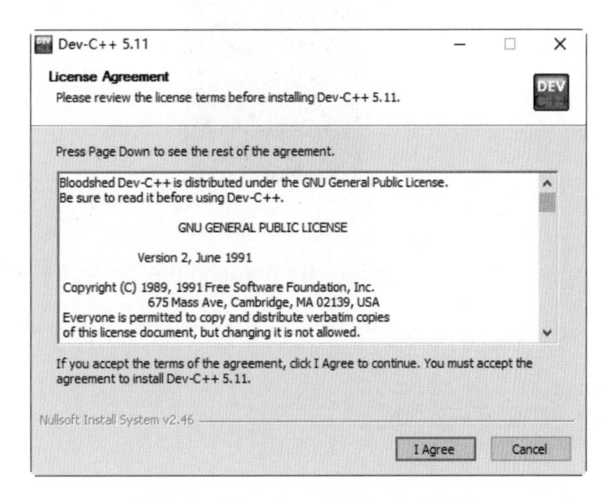

图1.3 License Agreement窗口

（3）单击I Agree按钮，弹出Choose Components窗口，如图1.4所示。

（4）选择要安装的组件，一般选择默认设置。单击Next按钮，弹出Choose Install Location窗口，如图1.5所示。

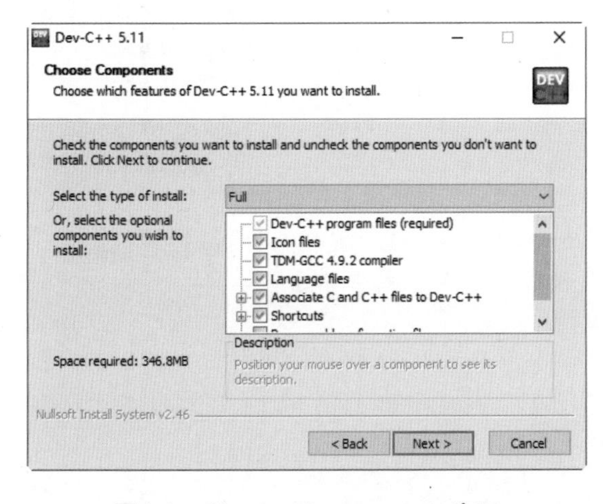

图1.4 Choose Components窗口

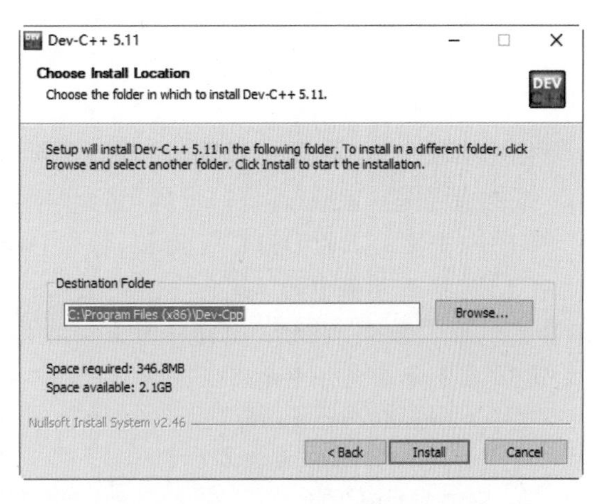

图1.5 Choose Install Location窗口

（5）在目标文件夹中设置安装位置，一般保持默认设置。单击 Install 按钮，实现安装。安装完成后，弹出 Completing the Dev-C++ 5.11 Setup Wizard 窗口，如图 1.6 所示。

图1.6　Completing the Dev-C++ 5.11 Setup Wizard窗口

（6）单击 Finish 按钮，完成安装。

1.3 你好，世界——编写第一个C++程序

当我们遇见认识的人时，为了表示礼貌，通常会互相打招呼。现在，让我们使用C++编程语言编写一个程序，实现向世界说“你好”的功能。这样，我们就可以通过程序向世界发出问候。其步骤如下。

（1）打开 Dev C++。

（2）创建文件。

（3）编写程序。

（4）编译并运行程序。

根据实现步骤，绘制流程图，如图1.7所示。

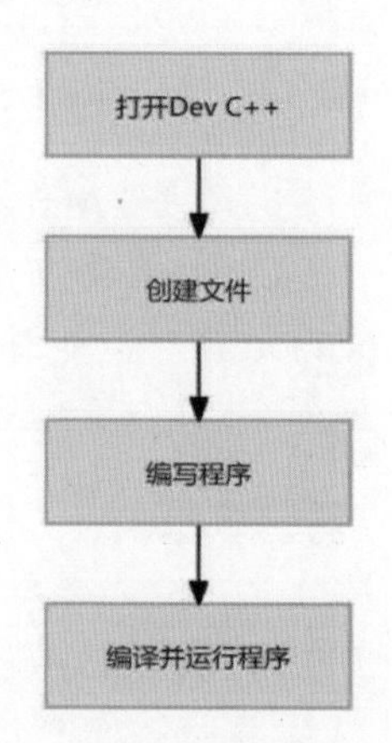

图1.7　流程图

根据流程图，完成“你好，世界”这个程序。

（1）双击桌面上的 Dev C++ 图标，打开 Dev C++ 程序，如图 1.8 所示。

（2）选择菜单栏中的“文件”|“新建”|“源代码”命令，或者单击工具栏中的“新建”按钮，创建一个未命名文件。

（3）在未命名文件中编写以下程序代码。

```
#include<iostream>
using namespace std;
int main()
{
```

```
        cout<<"Hello,World"<<endl;
        return 0;
    }
```

（4）选择菜单栏中的“运行”|“编译运行”命令，弹出“另存为”对话框，在“文件名”文本框中输入文件的名称，此处命名为 mycode。单击“保存”按钮，Dev C++ 即自动实现程序代码的编译。编译完成后，将显示运行结果，如图 1.9 所示。

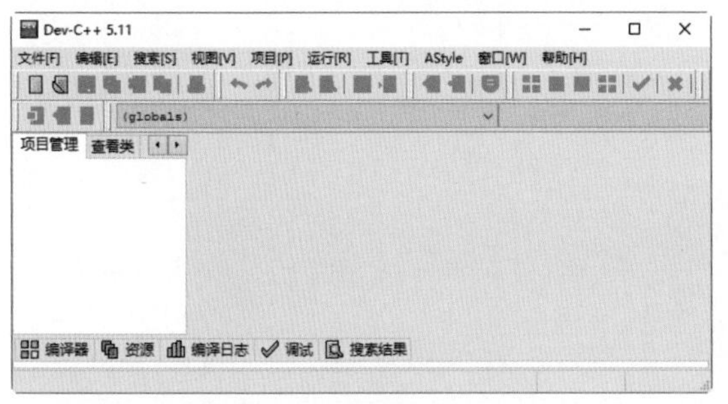

图1.8　打开Dev C++程序

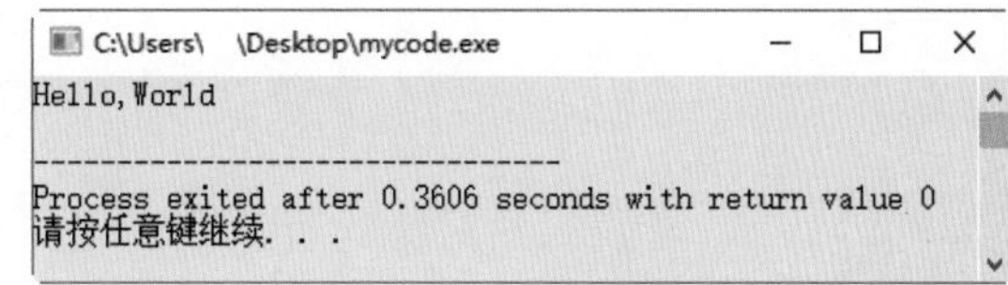

图1.9　运行结果

扩展阅读

如果是第一次打开Dev C++程序，则读者需要对Dev C++进行首次配置，具体步骤如下。

（1）双击 Dev C++，弹出 Dev-C++ first time configuration 对话框。首先打开的是选择语言界面，如图 1.10 所示，在此界面中选择适合自己的语言。

（2）选择“简体中文 /Chinese”选项，单击 Next 按钮，进入“选择你的主题”界面，如图 1.11 所示。

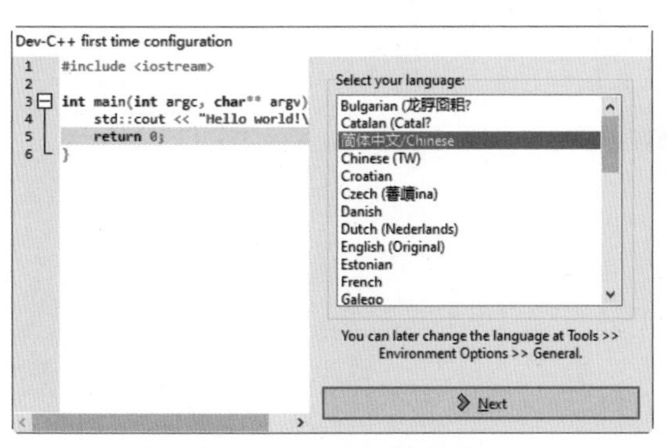

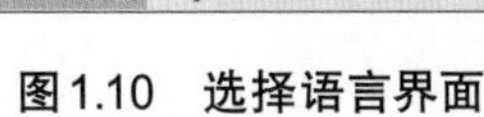

图1.10　选择语言界面

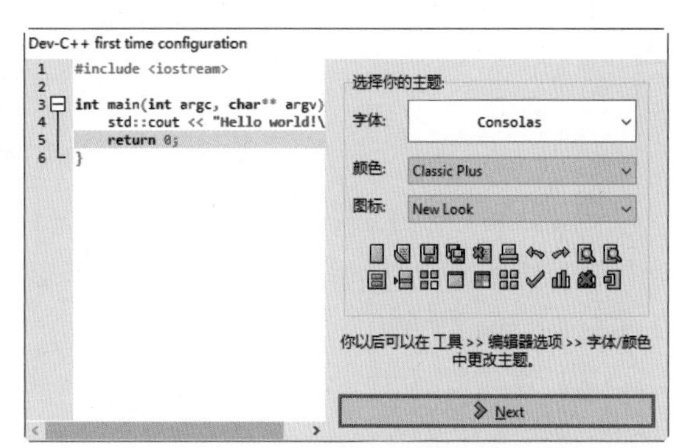

图1.11　“选择你的主题”界面

（3）在此界面中，可以对字体、颜色、图标等进行设置。这里使用默认设置，单击 Next 按钮，进入“Dev-C++ 已设置成功。”界面，如图 1.12 所示。

（4）单击 OK 按钮，即可打开 Dev C++。

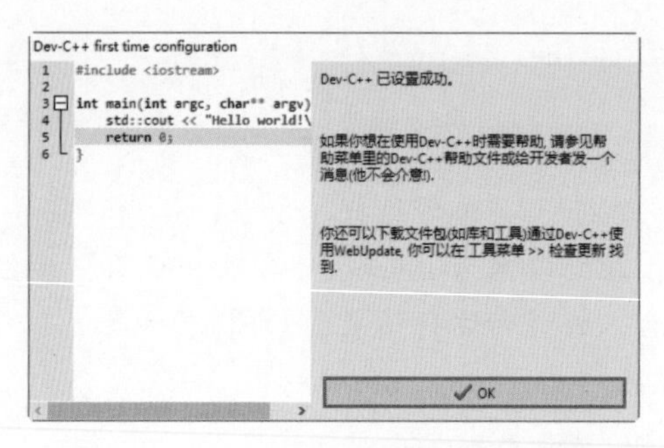

图1.12 “Dev-C++已设置成功。”界面

1.4 各司其职——了解C++语言代码

当我们面对新的玩具或者遇到新的事物时，为了更好地了解它们，我们需要进行探索和学习。就像当我们拥有一辆全新的汽车时，首先要了解方向盘的功能是控制车辆的方向，车轮用于让车进行移动，油门则用来调控车辆的速度。同样，对于我们刚接触到的C++编程语言代码，也需要了解其中各个部分的作用。

一个C++程序(代码)可以包含一个或多个源文件，即在上个实例中创建的文件。一个源文件中可以包含一个或多个函数，在上一个实例中使用的函数是main()函数。一个程序必须有且只有一个主函数，即main()函数。C++语言的程序结构如图1.13所示。

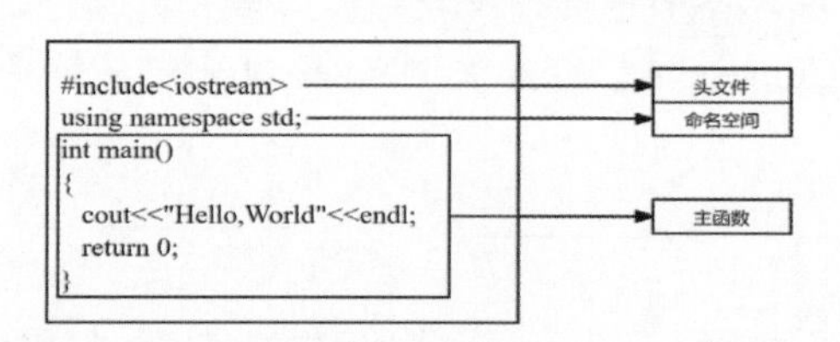

图1.13 C++语言的程序结构

下面对图1.13中的代码进行介绍。

（1）第1行代码：#include <iostream> 是导入头文件，告诉C++编译器在实际编译之前要包含iostream文件。

（2）第2行代码：using namespace std; 是命名空间，指定当前代码所在的名字空间(namespace)。

（3）第3行代码：int main() 是主函数，程序从这里开始执行。

（4）第5行代码：cout<<"Hello,World"<<endl; 表示输出，endl表示换行。整行代码的作用是将"Hello,World"输出并在输出后换行。

（5）第6行代码：return 0; 用于终止main()函数，并返回值0。这等于告诉计算机程序执行完成，即程序正常结束。这一行代码是可选的。如果main()函数没有return语句或者return 0语句，则编译器将默认在程序结束时隐式地插入return 0语句。

第 2 章

C++基础知识

万丈高楼平地起，一砖一瓦皆根基。大家如果想要使用 C++ 语言写出一个可以用的程序，就必须从基础知识开始学习。这些基础知识不仅重要，还会经常被用到，如向计算机输入内容、从计算机输出内容，以及数据的表示方式等。本章将通过一些有趣的实例讲解这些知识。

2.1 静夜思——cout语句

李白是唐朝伟大的浪漫主义诗人，被誉为“诗仙”。他的诗歌作品丰富多样，风格独特。他的诗篇流传至今，对中国古代文学产生了深远影响。李白最著名的诗是《静夜思》，也是现在中小学必学的诗句。此诗以简洁、朴素的语言描绘了诗人在寂静的夜晚对故乡的思念之情，如图2.1所示。

图2.1　静夜思

试编写一个程序，在屏幕上输出这首诗。

该功能可以使用C++的cout语句实现，且实现起来非常简单，只要使用4次cout语句即可。根据实现步骤，绘制流程图，如图2.2所示。

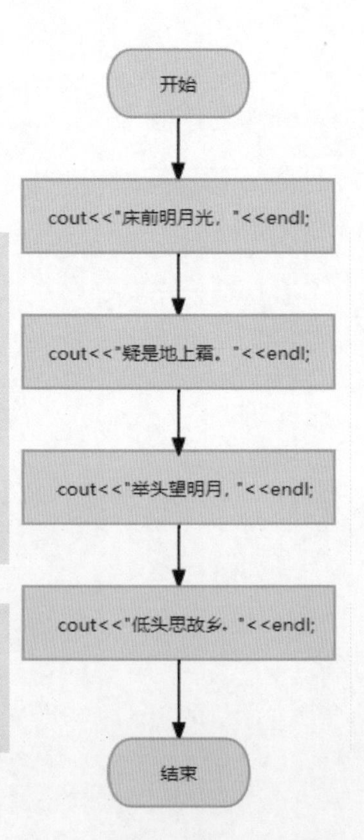

图2.2　输出《静夜思》的流程图

根据流程图，完成《静夜思》的输出。编写代码如下：

```
#include<iostream>
using namespace std;
int main()
{
    cout<<"床前明月光，"<<endl;
    cout<<"疑是地上霜。"<<endl;
    cout<<"举头望明月，"<<endl;
    cout<<"低头思故乡。"<<endl;
}
```

代码执行后的效果如下：

```
床前明月光，
疑是地上霜。
举头望明月，
低头思故乡。
```

核心知识点

在C++语言中，如果想要在屏幕上输出内容，可以使用

cout语句，其形式如下：

```
cout<< 内容 1;
```

如果想要输出多个内容，可以使用以下形式：

```
cout<< 内容 1<< 内容 2<<…<< 内容 n;
```

在C++语言中，cout是实现输出功能的核心命令，它告诉计算机：我要开始进行输出了。“<<”称为连接符，用于连接输出内容。在代码中，cout与连接符“<<”一起使用，以便显示字符流。“<<”将cout与后面的“床前明月光，”进行相连，“床前明月光，”便是要输出的内容。

在上方的代码中还使用了endl，endl的作用是在输出内容结束后进行换行。如果输出《静夜思》不需要换行，就可以省略endl。代码执行后的效果如下：

```
床前明月光，疑是地上霜。举头望明月，低头思故乡。
```

助记小词典

（1）cout：character output（字符输出，发音为 [ˈkærəktər ˈaʊtpʊt]）的简写。

（2）endl：end of line（行结束，发音为 [end əv laɪn]）的简写，表示一行内容的结束，相当于C++中的换行符。

思维导图

cout语句的思维导图如图2.3所示。

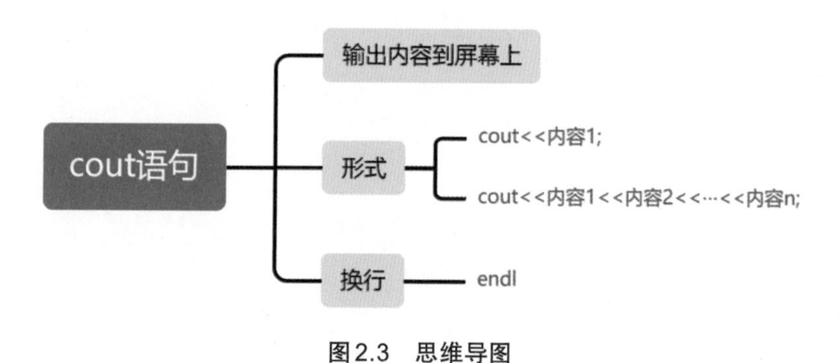

图2.3　思维导图

扩展阅读

在C++中，输入和输出是通过流(stream)的方式进行的。流是一个抽象的概念，代表数据的流动。输入流用于从外部读取数据到程序中，输出流用于将程序中的数据输出到外部。C++提供了多种流对象，如标准输入流(cin)、标准输出流(cout)、文件输入流(ifstream)、文件输出流(ofstream)等。在定义流对象时，系统会在内存中开辟一段缓冲区，用于暂存输入/输出的数据。

练一练

（1）写出语句“cout<<"100"<<" "<<"200";”的输出结果。

（2）编写代码，输出“离离原上草，一岁一枯荣”这句古诗。

2.2 一天的温度——变量

温度是天气预报中重要的指标之一，因为它直接关系到人们的日常生活。根据温度的高低，人们可以选择合适的衣物，安排户外活动或休息，而且极端的高温或低温对健康和安全也有直接影响。图2.4展示的是北京某一天的温度。

试编写一个程序，在屏幕上输出11:00 ~ 14:00的温度状况。由于每小时的温度是变化的，因此可以借助C++变量表示每小时的温度。只要输出变量的值，就能实现输出11:00 ~ 14:00的温度状况。其步骤如下。

（1）设置11:00的温度状况，并进行输出。通过变量h（hour）指定小时、变量t（temperature）指定温度，并使用cout语句进行输出。

（2）设置12:00的温度状况，并进行输出。

（3）设置13:00的温度状况，并进行输出。

（4）设置14:00的温度状况，并进行输出。

根据实现步骤，绘制流程图，如图2.5所示。

图2.4　北京某一天的温度

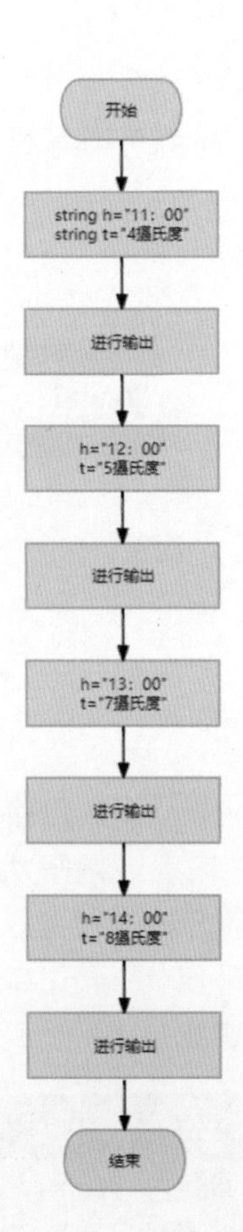

图2.5　输出11:00 ~ 14:00温度的流程图

根据流程图，输出11:00 ~ 14:00的温度状况。编写代码如下：

```
#include<iostream>
using namespace std;
int main()
{
    string h="11:00";
    string t="4 摄氏度 ";
    cout<<h<<" 的温度是 "<<t<<endl;
    h="12:00";
    t="5 摄氏度 ";
    cout<<h<<" 的温度是 "<<t<<endl;
    h="13:00";
    t="7 摄氏度 ";
    cout<<h<<" 的温度是 "<<t<<endl;
    h="14:00";
    t="8 摄氏度 ";
    cout<<h<<" 的温度是 "<<t<<endl;
}
```

代码执行后的效果如下：

```
11：00 的温度是 4 摄氏度
12：00 的温度是 5 摄氏度
13：00 的温度是 7 摄氏度
14：00 的温度是 8 摄氏度
```

核心知识点

在C++中，程序运行期间其值可以改变的量称为变量。要使用变量，首先需要对其进行定义。定义变量分为两部分，分别为声明变量和初始化变量(其实就是对变量的首次赋值)。声明变量的语法形式如下：

```
数据类型  变量名；
```

初始化变量需要使用"="(赋值运算符)，其语法形式如下：

```
变量名 = 值；
```

这两行代码一般建议写为一行，其语法形式如下：

```
数据类型  变量名 = 值；
```

在上方的程序中，定义变量就写在了一行中，如以下的代码：

```
string h="11:00";
```

此代码定义了一个名为h的变量，即变量的名称为h；数据类型为string；值为"11:00"。

思维导图

变量的思维导图如图2.6所示。

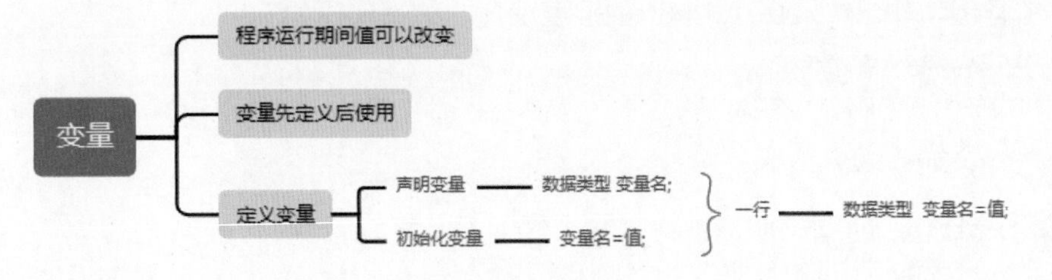

图2.6　思维导图

练一练

（1）写出以下代码的输出结果：

```
string a="Hello";
cout<<a;
```

（2）编写代码，定义一个 string 类型的变量 a，将其赋值为 "C++"，并进行输出。

2.3　个人信息——标识符

在进入新校园的第一节课，老师都会让学生进行自我介绍，方便其他同学和老师了解。在自我介绍时，会涉及一些个人信息，如姓名、年龄等，如图2.7所示。

图2.7　自我介绍

试编写一个程序，在屏幕上输出图2.7中的内容。该功能可以通过定义3个变量来实现，其步骤如下。

（1）定义变量 name，存储姓名“小明”，并进行输出。

（2）定义变量 age，存储年龄 9，并进行输出。

（3）定义变量 height，存储身高 1.28 米，并进行输出。

根据实现步骤，绘制流程图，如图2.8所示。

根据流程图，实现个人信息的输出。编写代码如下：

```
#include<iostream>
using namespace std;
int main()
{
    string name="小明";
    cout<<"姓名："<<name<<endl;
    int age=9;
```

```
        cout<<" 年龄 : "<<age<<endl;
        float height=1.28;
        cout<<" 身高 : "<<height<<" 米 "<<endl;
    }
```

代码执行后的效果如下：

```
    姓名：小明
    年龄：9
    身高：1.28 米
```

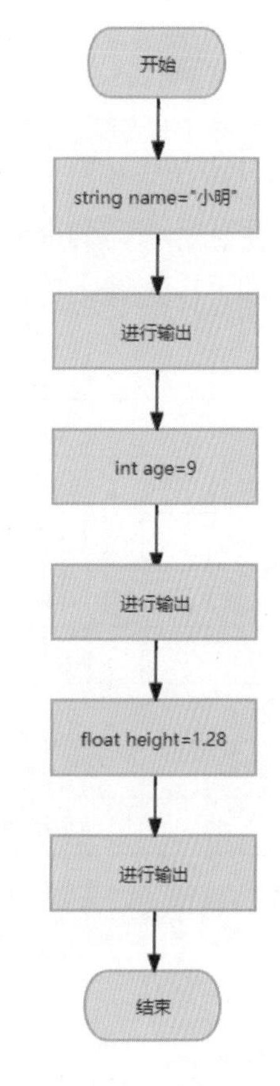

图2.8　输出个人信息的流程图

核心知识点

在C++中，变量名与后面将会讲解的方法名、类名等都统称为标识符。标识符其实就是程序中数据名称的符号。标识符命名有一套属于自己的规则，具体如下。

（1）标识符只能由字母、数字和下画线组成。

（2）标识符必须以字母或下画线开头，不能以数字开头。

（3）标识符对大小写敏感，如 "myVariable" 和 "MyVariable" 是不同的变量名。

（4）标识符不能是 C++ 的关键字（如 int、void 等）。

（5）标识符应具有描述性，能够清晰表达其所代表的含义。

（6）标识符不应过长，一般建议使用简洁的、有意义的命名方式。

思维导图

标识符命名规则的思维导图如图2.9所示。

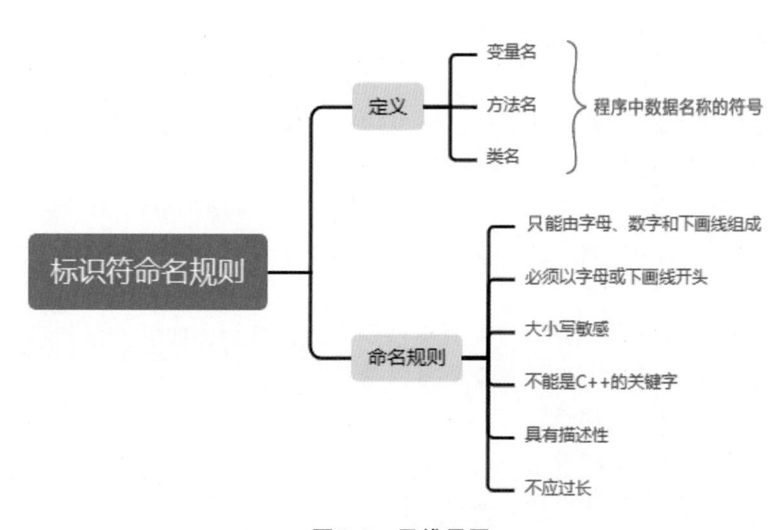

图2.9　思维导图

扩展阅读

关键字是编程语言中被保留并具有特殊含义的单词或标识符。在C++语言中，关键字用于定义语法结构、控制流程、声明变量类型等。这些关键字被编译器按照特定的方式使用，不能用作标识符的命名。如果使用关键字作为标识符，则会导致语法错误或编译错误。C++语言的常用关键字见表2.1。

表2.1　C++语言的常用关键字

asm	auto	bool	break	case	catch	char
class	const	continue	default	delete	do	double
else	enum	extern	false	float	for	friend
goto	if	inline	int	long	main	namespace
new	operator	private	protected	public	register	return
short	signed	sizeof	static	struct	switch	template
this	throw	true	try	typedef	typeied	typename
union	unsigned	using	virtual	void	volatile	while

练一练

（1）下列（　）是不合法的变量名。

A. name　　B. age　　C. h_　　D. 2a

（2）指出下列程序的错误及错误原因。

```
string if="小明";
cout<<"姓名:"<<if<<endl;
```

2.4 黑板的面积——常量

黑板的形状一般是长方形，通常被固定在教室前方的墙面上，以便教师和学生方便地进行书写和观察。教室黑板主要作为教学工具，用于展示和演示各种信息。

昨天学生刚学习了长方形的面积计算公式，即s = a × b。今天在数学课上，老师为了检查学生有没有复习昨天的知识，让学生计算教室黑板的面积。黑板信息如图2.10所示。

该实例可以使用C++代码求解，其中需要使用常量，其步骤如下。

（1）黑板的长是一个固定的值，可以使用常量a表示。

（2）黑板的宽是一个固定的值，可以使用常量b表示。

（3）计算黑板的面积：s=a*b。

根据实现步骤，绘制流程图，如图2.11所示。

图2.10　黑板信息

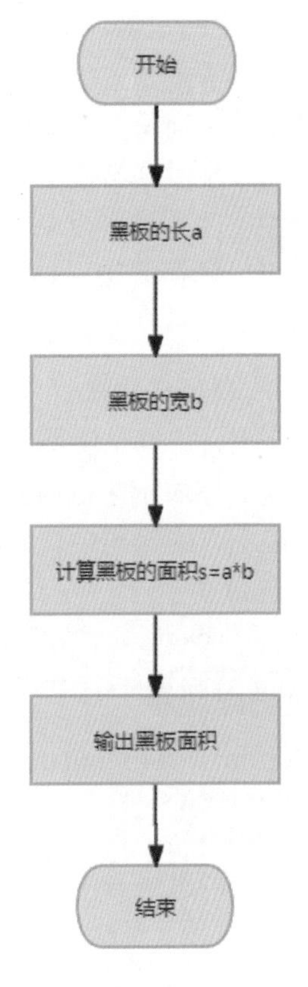

图2.11　计算黑板面积的流程图

根据流程图，实现黑板面积的计算。编写代码如下：

```
#include<iostream>
using namespace std;
int main()
{
    const int a=4;
    const int b=2;
    const int s=a*b;
    cout<<"黑板的面积为："<<s<<"平方米"<<endl;
}
```

程序中的第7行代码使用了星号(*),其在C++语言中表示乘号。代码执行后的效果如下：

```
黑板的面积为：8平方米
```

核心知识点

在C++语言中，常量是指在程序运行过程中其数值不会发生改变的量。常量在程序中起到固定数值或特定含义的作用，用于表示不可变的数据。常量可以分为字面常量（literal constants）和自定义常量两种类型。

1. 字面常量

字面常量是直接使用数值或字符来表示的常量。字面常量在代码中以字面的形式出现，不需要用任何符号或标识符表示。

（1）整型字面常量：如20、0xFF、-10等。

（2）浮点型字面常量：如3.14、1.0e-5等。

（3）字符常量：如'A'、'5'等。

（4）字符串常量：一系列字符组成的常量，如"Hello" "C++"等。

2. 自定义常量

自定义常量是使用const关键字进行定义的常量。自定义常量在程序中具有一个名称，并使用该名称表示常量的值。

在上方的代码中，a、b、s就是自定义常量，这些常量使用const关键字进行定义。其语法形式如下：

```
const 数据类型 常量名 = 值;
```

助记小词典

const：constant（常数，发音为[ˈkɑːnstənt]）的简写。

思维导图

常量的思维导图如图2.12所示。

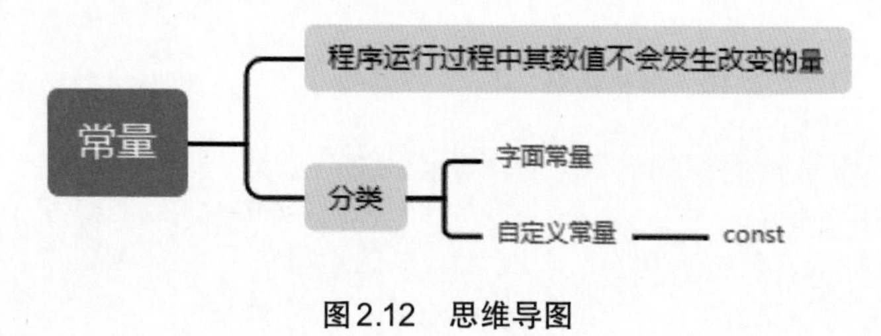

图2.12 思维导图

扩展阅读

（1）在使用const关键字定义常量时，不可以将常量声明和初始化分开写，如以下的代码：

```
#include<iostream>
using namespace std;
int main()
{
    const int a;
    a=4;
}
```

由于上述代码将声明常量和初始化常量分开进行书写，导致程序出现如图2.13所示的错误。

行	列	单元	信息
		C:\Users\lyy\Documents\未命名1.cpp	In function 'int main()':
5	12	C:\Users\lyy\Documents\未命名1.cpp	[Error] uninitialized const 'a' [-fpermissive]
6	3	C:\Users\lyy\Documents\未命名1.cpp	[Error] assignment of read-only variable 'a'

图2.13　错误信息

（2）自定义常量在定义后，无法在其他语句中对其进行修改或赋值，如以下的代码：

```
#include<iostream>
using namespace std;
int main()
{
    const int a=2;
    a=4;
}
```

由于上述代码在定义常量后为其进行了一次赋值，导致程序出现如图 2.14 所示的错误。

行	列	单元	信息
		C:\Users\lyy\Documents\未命名1.cpp	In function 'int main()':
6	3	C:\Users\lyy\Documents\未命名1.cpp	[Error] assignment of read-only variable 'a'

图2.14　错误信息

练一练

（1）编写程序，计算一个半径为 5cm 的圆的面积。

（2）指出下列程序的错误及错误原因。

```
const int a;
a=4;
```

2.5 鹦鹉学舌——cin语句

鹦鹉学舌是指鹦鹉能够模仿人类的语言、声音以及其他动物的叫声。这是一种鹦鹉特有的能力，它们可以模仿并重复人类的单词、短语以及各种音频。这种行为通常是通过反复听到并模仿人类说话来实现的。鹦鹉并不理解所模仿的语言的含义，它们只是通过模仿来产生声音，以引起人们注意或回应。鹦鹉学舌也被人类用作宠物娱乐的一种方式，让它们重复一些有趣的话语或歌曲。图2.15所示为一个关于鹦鹉学舌的有趣故事。小明去逛鸟市，发现一只鹦鹉标价3元钱。于是他就问老板："您的这只鹦鹉怎么这么便宜呀？"老板："我这只鹦鹉笨，我教了它好长时间了。到现在为止就只会说一句话——谁呀？"小明一想反正也便宜，于是就买下来了。晚上到了家，他想："我就不信教不会你！"于是小明教了它一夜说其他的话。可是到了早晨，那只鹦鹉还是只会说："谁呀？"于是小明一生气，锁上门去上班了。过了一会儿，来了一个查收煤气费的人（简称小张）。

小张："咚咚咚……"（敲门声）

鹦鹉："谁呀？"

小张："查煤气的。"

鹦鹉："谁呀？"

小张："查煤气的。"

鹦鹉："谁呀？"

小张："查煤气的。"

到了晚上小明回来了，看到家门口有个人躺在地上，已然晕倒。

小明："这是谁呀？"

就听见屋里："查煤气的。"

"鹦鹉学舌"实例是使计算机学玩家说话。玩家输入自己要说的话，计算机输出同样的话。要实现"鹦鹉学舌"，需要借助C++语言提供的cin语句，其步骤如下。

（1）定义变量g，用于保存玩家要说的话。

（2）玩家说话时，通过cin语句接收玩家要说的话，赋值给变量g。

（3）计算机学说这些话，使用cout语句输出学到的话g。

根据实现步骤，绘制流程图，如图2.16所示。

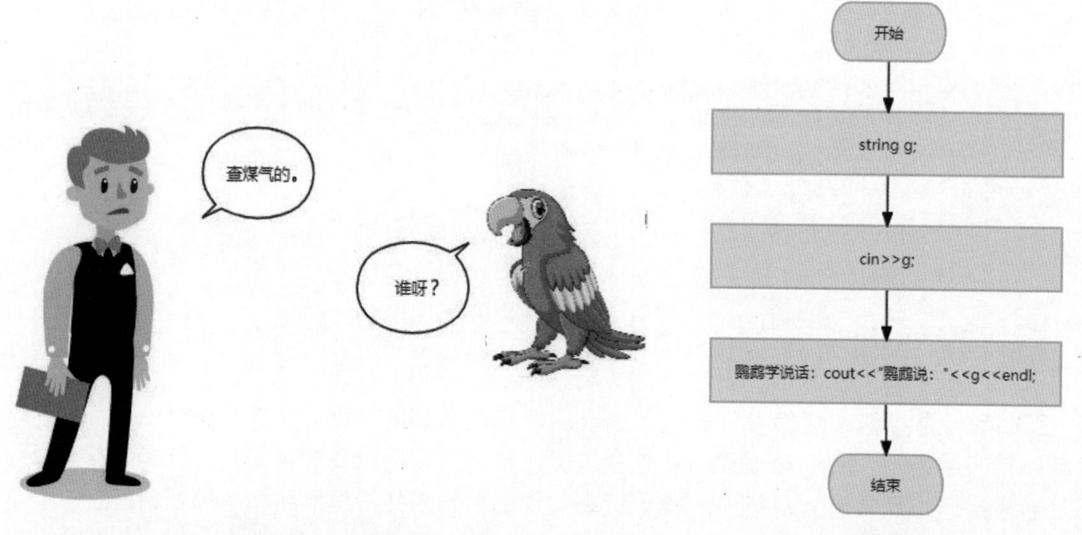

图2.15　鹦鹉学舌

图2.16　"鹦鹉学舌"流程图

根据流程图，实现鹦鹉学舌。编写代码如下：

```
#include<iostream>
using namespace std;
int main()
{
    string g;
```

```
        cout<<"请输入要玩家说的话：";
        cin>>g;
        cout<<"鹦鹉说："<<g<<endl;
    }
```

代码执行后的效果如下：

```
请输入要玩家说的话：
```

当玩家输入“谁呀”时，按Enter键，会看到如下效果：

```
请输入要玩家说的话：谁呀
鹦鹉说：谁呀
```

核心知识点

在C++语言中，如果想要获取用户输入的信息，可以使用cin语句。使用cin语句时，可以使用流提取运算符“>>”将用户的输入存储到指定的变量中。其语法形式如下：

```
cin>> 变量 1;
```

如果想要获取用户输入的多个信息，可以使用以下形式：

```
cin>> 变量 1>> 变量 2>> 变量 3>>…>> 变量 n;
```

助记小词典

cin：character input（字符输入，发音为['kærəktər 'ɪnpʊt]）的简写。

思维导图

cin语句的思维导图如图2.17所示。

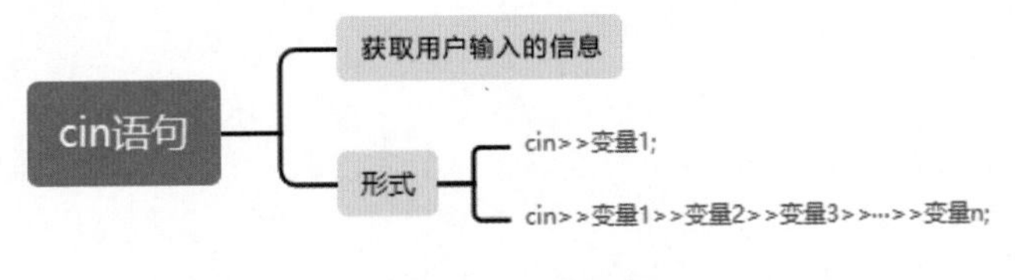

图2.17　思维导图

练一练

完善以下程序，实现输出用户在键盘上输入的内容。

```
#include<iostream>
using namespace std;
int main()
{
    string g;
    ________________________________________
    cout<<g<<endl;
}
```

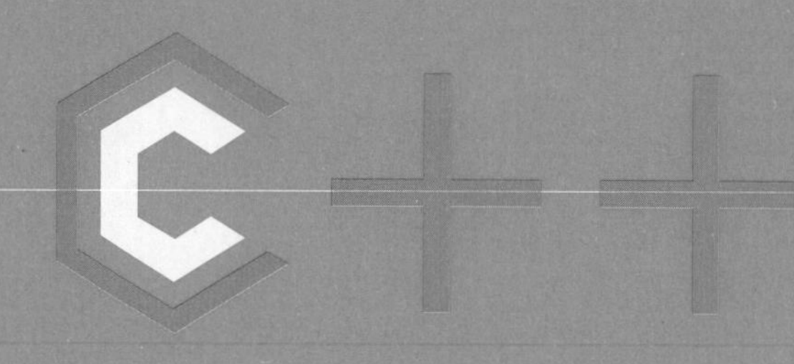

第 3 章

基本数据类型

计算机主要用于对数据进行计算处理。在计算机中，对不同类型的数据处理的方式也不同。为了方便处理，C++ 语言根据不同数据类型的复杂程度，将数据类型分为基本数据类型和复合数据类型。基本数据类型是 C++ 语言已经定义好的一组类型，它们具有固定的大小和特定的操作方式；复合数据类型是由基本数据类型组合而成的数据类型，它们可以表示更复杂的数据结构。本章将对基本数据类型进行详细的讲解。

3.1 入园年龄登记——整数

如图3.1所示，小朋友在进入幼儿园之前需要对其进行年龄登记，只有符合特定年龄范围的小朋友才能入园。年龄登记可以保证入学的公平性和合规性。

图3.1　入园年龄登记

编写一个程序，对图3.1中3个小朋友的年龄进行登记。该功能需要用到整数表示年龄大小，其步骤如下。

（1）对1号小朋友进行登记，使用整型变量first进行保存，并输出。

（2）对2号小朋友进行登记，使用整型变量second进行保存，并输出。

（3）对3号小朋友进行登记，使用整型变量third进行保存，并输出。

根据实现步骤，绘制流程图，如图3.2所示。

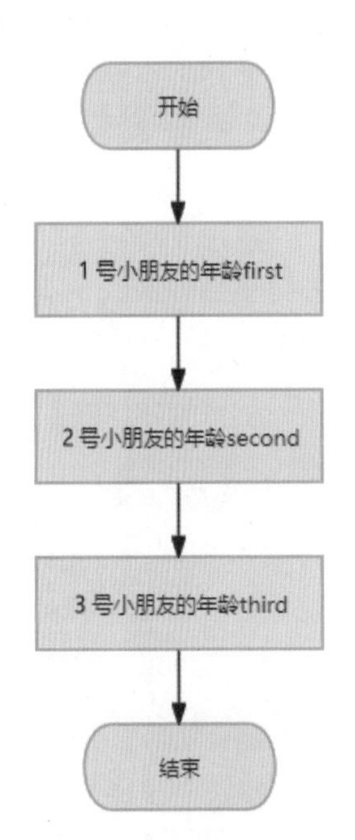

图3.2　入园年龄登记流程图

根据流程图，实现入园年龄登记功能。编写代码如下：

```
#include<iostream>
using namespace std;
int main()
{
    int first=3;
    cout<<"1号小朋友的年龄："<<first<<endl;
    int second=4;
    cout<<"2号小朋友的年龄："<<second<<endl;
    int third=5;
    cout<<"3号小朋友的年龄："<<third<<endl;
}
```

核心知识点

数值类型的数据有两种，分别为整数和小数。其中，整数指没有小数或分数部分的数值，如年龄。根据所占空间大小的不同，整数又可以分为四类，分别为整型、短整型、长整型和长长整型。以下对这四类整数进行介绍。

1. 整型

在C++语言中，整型是整数的默认数据类型，用int表示，占4字节。整型可以表示的数值范围为-2^{31}~$+2^{31}-1$（-2147483648~+2147483647）。如果要定义一个整型类型的变量，可以使用以下语法形式：

```
int 变量名 = 值 ;
```

2. 短整型

在C++语言中，短整型可以用于表示数值较小的整数，用short表示，占2字节。短整型可以表示的数值范围为-2^{15}~$+2^{15}-1$（-32768~+32767）。如果要定义一个短整型类型的变量，可以使用以下语法形式：

```
short 变量名 = 值 ;
```

3. 长整型

在C++语言中，长整型用于保存较大的整数，用long表示。长整型在32位系统中占4字节，可以表示的数字范围最小为-2^{31}~$+2^{31}-1$（-2147483648~+2147483647）；在64位系统中占8字节，可以表示的数字范围为-2^{63}~$+2^{63}-1$。如果要定义一个长整型类型的变量，可以使用以下语法形式：

```
long 变量名 = 值 ;
```

4. 长长整型

在C++语言中，长长整型用于保存更大的整数，用long long表示，占8字节。长长整型可以表示的数值范围为-2^{63}~$+2^{63}-1$。如果要定义一个长长整型类型的变量，可以使用以下语法形式：

```
long long 变量名 = 值 ;
```

助记小词典

（1）int：integer（整数，发音为 [ˈɪntɪdʒər]）的简写。
（2）short：短的，发音为 [ʃɔːrt]。
（3）long：长的，发音为 [lɔːŋ]。

思维导图

整数的思维导图如图3.3所示。

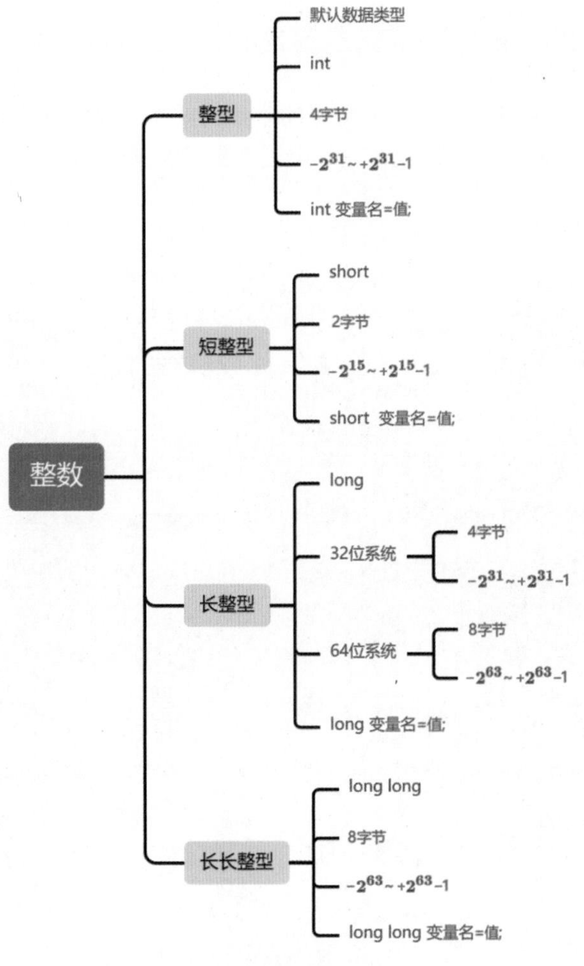

图3.3　思维导图

扩展阅读

整型默认是可正可负的。如果只想表示正数和0，那么所能表示的范围就又会增大一倍。以位的short为例，其本来表示的范围是−32768 ~ +32767，如果不考虑负数，那么就可以表示0~ 65535。在C++语言中，short、int、long、long long都有各自的“无符号”版本的类型，定义时只需在类型前加上unsigned即可。

练一练

（1）如果要保存较小的整数，需要使用（　）类型。

A. int　　B. short　　C. long　　D. long long

（2）编写程序，定义一个int类型的变量a，将其赋值为5，并输出。

3.2 今日菜价——浮点数

小蓝在放学的路上接到了妈妈的电话，妈妈让小蓝在路过的菜店看一下今天的菜价，并进行记录。挂掉电话后，小蓝来到了常去的菜店，看到今天的菜价如图3.4所示。

图3.4 今天的菜价

编写一个程序，在屏幕上输出每种菜的菜价是多少。由于图3.4中的数值都是小数，因此需要使用C++语言的浮点数，其步骤如下。

(1) 土豆的菜价使用浮点型变量 potato 表示。

(2) 白菜的菜价使用浮点型变量 cabbage 表示。

(3) 胡萝卜的菜价使用浮点型变量 carrot 表示。

(4) 西红柿的菜价使用浮点型变量 tomato 表示。

(5) 南瓜的菜价使用浮点型变量 pumpkin 表示。

(6) 青菜的菜价使用浮点型变量 greens 表示。

根据实现步骤，绘制流程图，如图3.5所示。

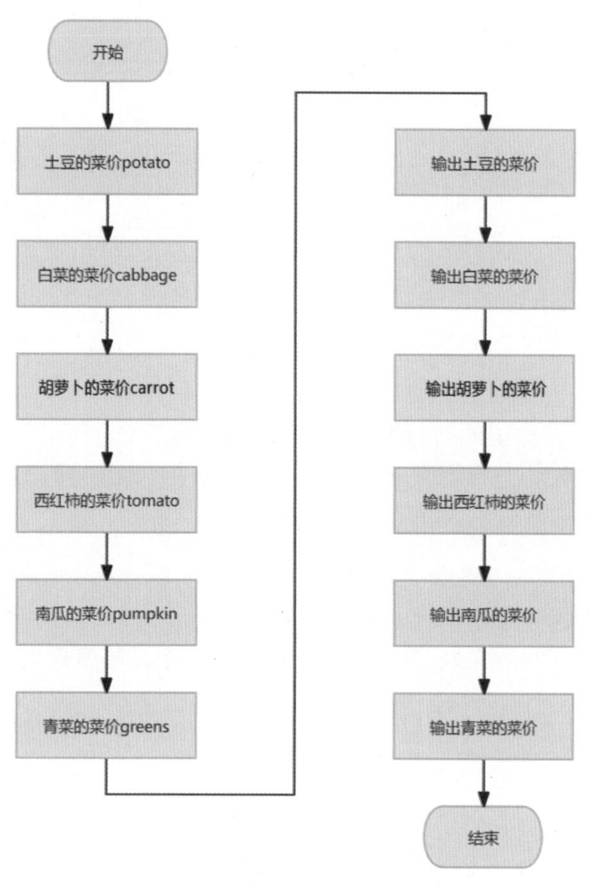

图3.5　输出今日菜价的流程图

根据流程图，输出今日菜价。编写代码如下：

```
#include<iostream>
using namespace std;
int main()
{
    float potato=1.25;
    float cabbage=3.8;
    float carrot=4.2;
    float tomato=2.5;
    float pumpkin=0.88;
    float greens=1.4;
    cout<<" 土豆每斤 "<<potato<<" 元 "<<endl;
    cout<<" 白菜每斤 "<<cabbage<<" 元 "<<endl;
    cout<<" 胡萝卜每斤 "<<carrot<<" 元 "<<endl;
    cout<<" 西红柿每斤 "<<tomato<<" 元 "<<endl;
    cout<<" 南瓜每斤 "<<pumpkin<<" 元 "<<endl;
```

```
        cout<<" 青菜每斤 "<<greens<<" 元 "<<endl;
    }
```

代码执行后的效果如下：

```
土豆每斤 1.25 元
白菜每斤 3.8 元
胡萝卜每斤 4.2 元
西红柿每斤 2.5 元
南瓜每斤 0.88 元
青菜每斤 1.4 元
```

核心知识点

在C++语言中，数值类型的数据有两种，即整数和小数。其中，小数使用浮点数表示。根据所占空间大小的不同，浮点数又可以分为三类，分别为单精度浮点型、双精度浮点型和扩展双精度浮点型。以下是对这三类浮点数的介绍。

1. 单精度浮点型

单精度浮点型用于保存较小的浮点数，用float表示。单精度浮点型占4字节，可以表示的数值范围为-3.4×10^{38} ~ $+3.4\times10^{38}$。如果要定义一个单精度浮点型的变量，可以使用以下语法形式：

```
float 变量名 = 值；
```

2. 双精度浮点型

双精度浮点型用于保存较大的浮点数，用double表示。双精度浮点型占8字节，可以表示的数值范围为-1.7×10^{308} ~ $+1.7\times10^{308}$。如果要定义一个双精度浮点型的变量，可以使用以下语法形式：

```
double 变量名 = 值；
```

3. 扩展双精度浮点型

扩展双精度浮点型用于有特殊浮点需求的硬件中，具体的实现方式和精度也不太相同，用long double表示。扩展双精度浮点型占8字节，可以表示的数值范围为-1.7×10^{308} ~ $+1.7\times10^{308}$，有效位为10位。如果要定义一个扩展双精度浮点型的变量，可以使用以下语法形式：

```
long double 变量名 = 值；
```

助记小词典

（1）float：浮动，发音为[fləʊt]。

（2）double：双的，发音为[ˈdʌbl]。

思维导图

浮点数的思维导图如图3.6所示。

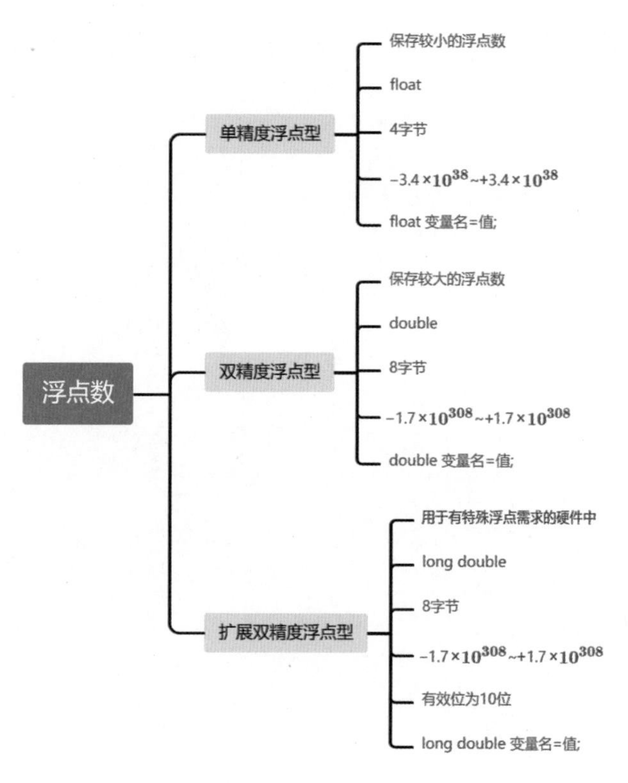

图3.6　思维导图

练一练

（1）单精度浮点型需要使用（　）关键字表示。

A. float　　B. double　　C. int　　D. long

（2）有效位为10位的浮点型是（　）。

A. float　　B. double　　C. long double　　D. int

3.3 考试分数等级——字符型

在期中或期末的时候，学生都会参加考试，以评估自己的学习成果，如图3.7所示。

图3.7中显示的是语文期中考试试卷的一部分，从图中不难看出该考生的成绩为92分，是以分数形式显示的。在其他的学校，成绩还有一种显示形式，即等级形式。等级形式将学生的成绩划分为5个不同的等级，这5个等级介绍如下。

（1）A（优秀）：90 ～ 100分。

（2）B（良好）：80 ～ 89分。

（3）C（中等）：70 ～ 79分。

（4）D（及格）：60 ~ 69分。

（5）E（不及格）：低于60分。

编写一个程序，将图3.8中的两个学生的成绩转换为等级形式表示。

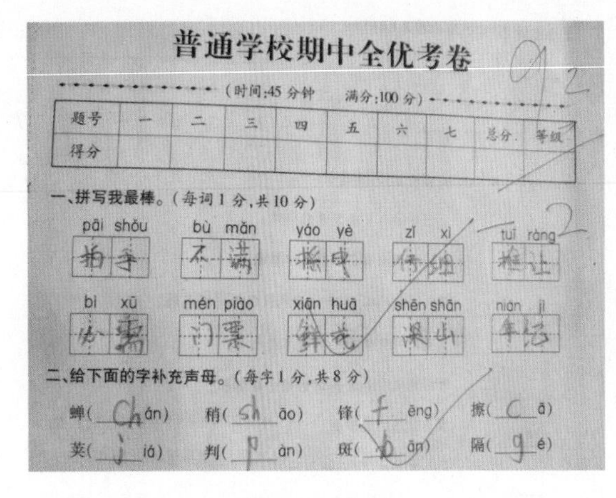

普通学校期中全优考卷

（时间:45分钟　满分:100分）

题号	一	二	三	四	五	六	七	总分	等级
得分									

一、拼写我最棒。（每词1分，共10分）

pāi shǒu　bù mǎn　yáo yè　zǐ xì　tuì ràng

bì xū　mén piào　xiān huā　shēn shān　nián jì

二、给下面的字补充声母。（每字1分，共8分）

蝉（　án）　稍（　āo）　锋（　ēng）　擦（　ā）

荚（　iá）　判（　àn）　斑（　ān）　隔（　é）

图3.7　试卷

图3.8　成绩

该功能可以通过定义两个字符型变量来实现，其步骤如下。

（1）定义变量female，存储左边女生的分数等级，并输出。

（2）定义变量male，存储右边男生的分数等级，并输出。

根据实现步骤，绘制流程图，如图3.9所示。

根据流程图，实现分数等级的输出。编写代码如下：

```
#include<iostream>
using namespace std;
int main()
{
    char female='A';
    cout<<"女生的分数为100分，所以分数等级为"<<
        female<<endl;
    char male='E';
    cout<<"男生的分数为53分，所以分数等级为"<<
        male<<endl;
}
```

代码执行后的效果如下：

```
女生的分数为100分，所以分数等级为A
男生的分数为53分，所以分数等级为E
```

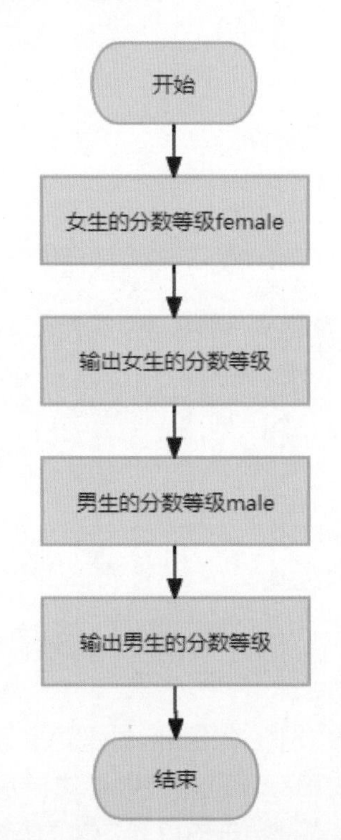

图3.9　输出考试分数等级流程图

核心知识点

在编程中，除了可以对数值类型的数据进行处理外，还可以对字符(如'd'、'A'、"hello"、"3+8")等进行处理。在C++语言中，有两种处理字符数据的类型，分别为字符型和字符串型。

其中，字符串型在第6章中进行讲解。下面只讲解字符型。

字符型用于处理字符数据，如单个字母、分数等级、选择题答案等。在C++语言中，字符类型在内存中占1字节，并用char表示，其对应的数值范围为-128~+127。如果要定义一个字符型的变量，可以使用以下语法形式：

```
char 变量名 =' 字符 ';
```

其中，这里的字符是一个字符。其可以是一个字母，也可以是一个符号或者数字，如0、1、2、3等。在书写时，不能省略单引号。

助记小词典

char：character（字母、文本，发音为 [ˈkærəktər]）的简写。

思维导图

字符型的思维导图如图3.10所示。

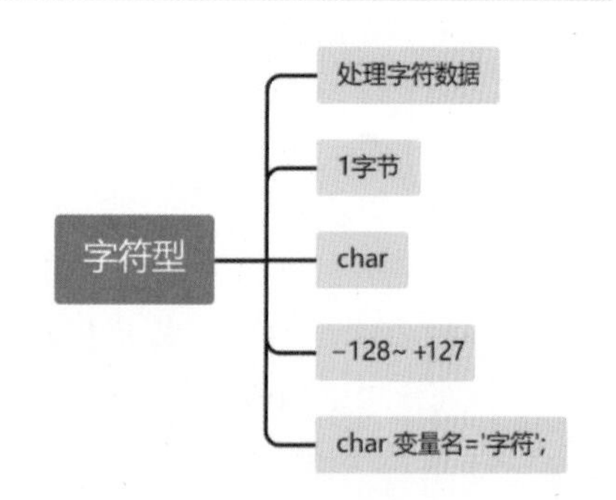

图3.10 思维导图

练一练

（1）以下（ ）是定义字符型变量的关键字。

A. int B. char C. float D. double

（2）编写程序，定义一个字符型的变量a，将其赋值为'a'，并输出。

3.4 大写字母转换为小写字母——ASCII码

在英文中，每个字母都有大写和小写两种形式，如图3.11所示。大写字母常常用于以下情况。

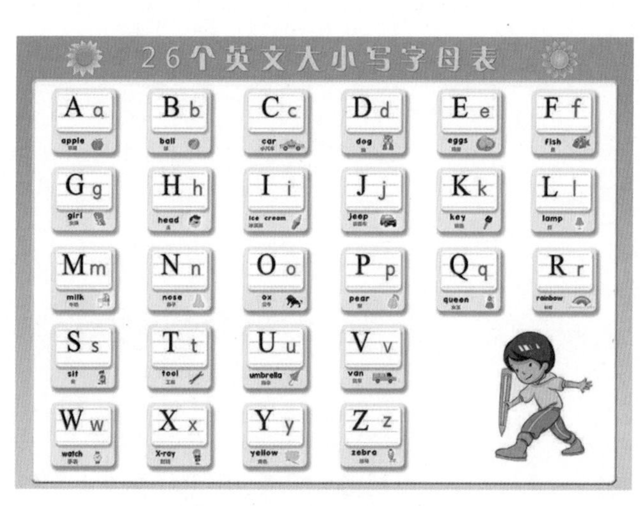

图3.11 字母大小写

（1）句首：英文句子的第一个字母通常是大写字母。

（2）专有名词：人名、地名、组织机构、特定产品等专有名词的首字母通常使用大写字母，如 John Smith、London、Apple Inc.。

（3）首字母缩写词：缩写词的每个字母通常是大写字母，如 USA（United States of America）、NASA（National Aeronautics and Space Administration）。

（4）习惯用法：某些习惯用法要求特定词汇使用大写字母，如 I（指代自己）和 Internet。

编写一个程序，将用户输入的大写字母转换为小写字母。该功能需要使用ASCII码值实现，其步骤如下。

（1）输出一行内容，提示用户输入大写字母。

（2）定义字符型变量 ch，用于保存用户输入的字符。

（3）用户在输入时，通过 cin 语句接收输入的字母，并将其赋值给变量 ch。

（4）实现大写字母转换为小写字母。大写字母（A~Z）的 ASCII 码值比小写字母（a ~ z）的 ASCII 码值小 32，所以要实现转换，需要在大写字母的基础上加 32。

（5）将转换后的小写字母输出。

根据实现步骤，绘制流程图，如图3.12所示。

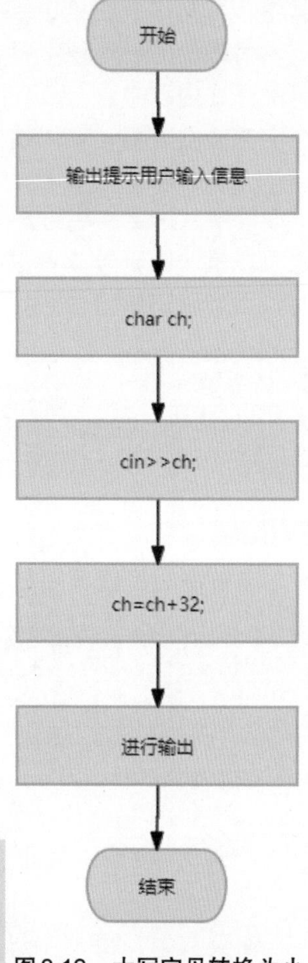

图3.12　大写字母转换为小写字母流程图

根据流程图，实现将大写字母转换为小写字母。编写代码如下：

```
#include<iostream>
using namespace std;
int main()
{
    cout<<"请输入大写字母：";
    char ch;
    cin>>ch;
    ch=ch+32;
    cout<<"转换为小写字母："<<ch<<endl;
}
```

代码执行后的效果如下：

```
请输入大写字母：
```

当输入F后，会看到如下效果：

```
请输入大写字母：F
转换为小写字母：f
```

核心知识点

字符型数据本质是存储字符的ASCII码值。根据ASCII码标准，数值65代表大写字母'A'，而97则代表小写字母'a'。表3.1列出了ASCII码前128个符号的ASCII码值。

表3.1　ASCII码表

ASCII 码值	符　号	ASCII 码值	符　号	ASCII 码值	符　号	ASCII 码值	符　号
0	NUT	32	(space)	64	@	96	、
1	SOH	33	!	65	A	97	a
2	STX	34	”	66	B	98	b
3	ETX	35	#	67	C	99	c
4	EOT	36	$	68	D	100	d
5	ENQ	37	%	69	E	101	e
6	ACK	38	&	70	F	102	f
7	BEL	39	,	71	G	103	g
8	BS	40	(	72	H	104	h
9	HT	41	)	73	I	105	i
10	LF	42	*	74	J	106	j
11	VT	43	+	75	K	107	k
12	FF	44	,	76	L	108	l
13	CR	45	–	77	M	109	m
14	SO	46	.	78	N	110	n
15	SI	47	/	79	O	111	o
16	DLE	48	0	80	P	112	p
17	DC1	49	1	81	Q	113	q
18	DC2	50	2	82	R	114	r
19	DC3	51	3	83	S	115	s
20	DC4	52	4	84	T	116	t
21	NAK	53	5	85	U	117	u
22	SYN	54	6	86	V	118	v
23	TB	55	7	87	W	119	w
24	CAN	56	8	88	X	120	x
25	EM	57	9	89	Y	121	y
26	SUB	58	:	90	Z	122	z
27	ESC	59	;	91	[	123	{
28	FS	60	<	92	\	124	|
29	GS	61	=	93	]	125	}
30	RS	62	>	94	^	126	~
31	US	63	?	95	—	127	DEL

ASCII码表中的特殊字母组合的含义见表3.2。

表3.2 特殊字母组合的含义

特殊字母组合	含 义	特殊字母组合	含 义	特殊字母组合	含 义
NUL	空	VT	垂直制表	SYN	空转同步
SOH	标题开始	FF	走纸控制	ETB	信息组传送结束
STX	正文开始	CR	回车	CAN	作废
ETX	正文结束	SO	移位输出	EM	纸尽
EOT	传输结束	SI	移位输入	SUB	换置
ENQ	询问字符	DLE	空格	ESC	换码
ACK	承认	DC1	设备控制 1	FS	文字分隔符
BEL	报警	DC2	设备控制 2	GS	组分隔符
BS	退一格	DC3	设备控制 3	RS	记录分隔符
HT	横向列表	DC4	设备控制 4	US	单元分隔符
LF	换行	NAK	否定	DEL	删除

助记小词典

ASCII：American Standard Code for Information Interchange(美国标准信息交换码，发音为[ə'merɪkən 'stændərd koʊd fɔːr ˌɪnfər'meɪʃn 'ɪntərtʃeɪndʒ])的简写。

思维导图

ASCII码的思维导图如图3.13所示。

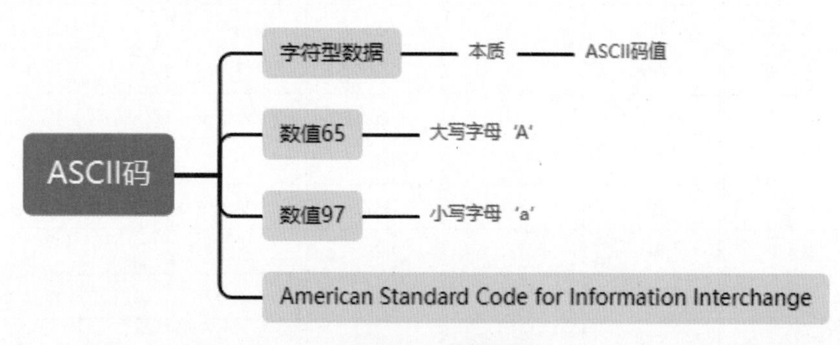

图3.13 思维导图

练一练

（1）下列（ ）是字母C的ASCII码值。

A. 65 B. 66 C. 67 D. 68

（2）编写程序，将用户输入的小写字母转换为大写字母。

3.5 咏柳——转义字符

《咏柳》是唐代诗人贺知章创作的一首七言绝句。这是一首咏物诗，诗中描写了二月的新柳在春风吹拂下，柔嫩的细叶葱翠袅娜，充分表现出早春的勃勃生机和诗人对春天到来的喜悦之情，如图3.14所示。

编写一个程序，在不使用endl的前提下在屏幕上输出这首诗。该功能可以在cout语句中使用转义字符实现，实现起来非常简单，只需要在cout语句中使用3次转义字符即可。

根据实现步骤，绘制流程图，如图3.15所示。

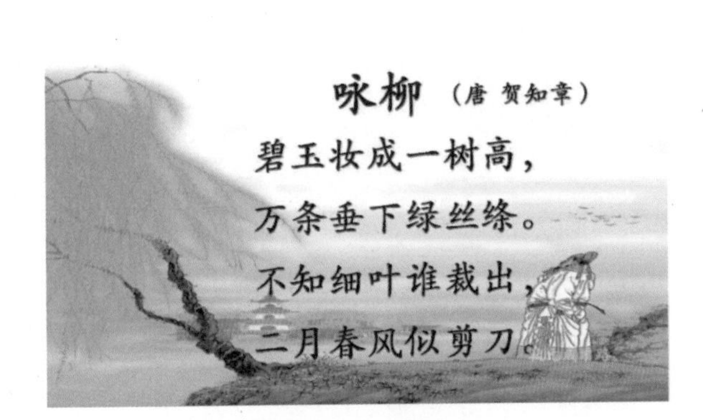

图3.14 咏柳

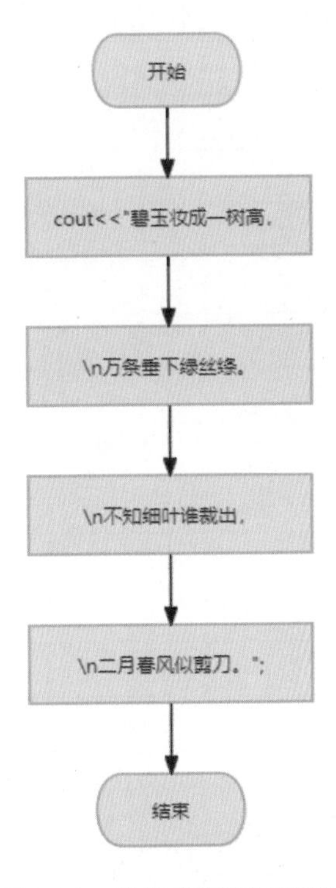

图3.15 输出《咏柳》流程图

根据流程图，实现《咏柳》的输出。编写代码如下：

```
#include<iostream>
using namespace std;
int main() {
    cout<<"碧玉妆成一树高,\n万条垂下绿丝绦。\n不知细叶谁裁出,\n二月春风似剪刀。";
    return 0;
}
```

代码执行后的效果如下：

```
碧玉妆成一树高,
万条垂下绿丝绦。
```

不知细叶谁裁出，
二月春风似剪刀。

核心知识点

转义字符是C++语言表示字符的一种特殊形式，通常使用转义字符表示ASCII码字符集中不可打印的控制字符和特定功能的字符。转义字符是由反斜线(\ )后跟特定字符组成的序列。转义字符都具有特殊的功能，见表3.3。

表3.3　转义字符

转义字符	说　明
\a	蜂鸣
\b	回退键
\f	换页
\n	换行
\r	回车换行
\t	水平制表
\v	垂直制表
\\	反斜线
\'	单引号
\"	双引号
\?	问号
\nnn	八进制位模式，nnn 是一个八进制数
\xnn	十六进制位模式，xnn 是一个十六进制数

思维导图

转义字符的思维导图如图3.16所示。

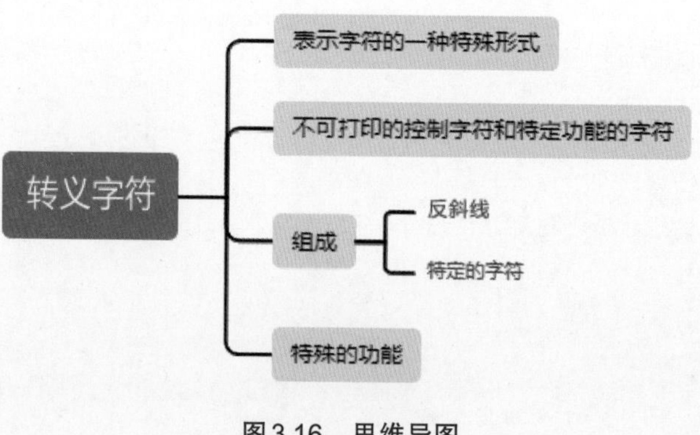

图3.16　思维导图

练一练

（1）下列（ ）转义字符可以实现换页功能。

A. \f B. \n C. \r D. \\

（2）\' 的功能是输出 ________。

3.6 小蝌蚪找妈妈——布尔类型

"小蝌蚪找妈妈"是一则经典的儿童故事，讲述了一群小蝌蚪寻找自己的妈妈的冒险经历。故事中，小蝌蚪孵化出来后，发现周围的动物都有妈妈陪伴，于是它们也希望能找到自己的妈妈。小蝌蚪们向各种动物询问，问过小鱼、小鸟、小猫等，但它们都不是自己的妈妈。小蝌蚪们感到沮丧和孤独，但它们没有放弃。最后，小蝌蚪们碰到了一只母鸭，它们告诉母鸭自己在寻找妈妈。母鸭感到同情，带领小蝌蚪们去找它们的妈妈。到达一片池塘后，小蝌蚪们看到一只大青蛙，它们从心底感觉到这就是自己的妈妈。最终，小蝌蚪们找到了妈妈，它们相互认出对方，幸福地团聚在一起，图3.17展示的就是小蝌蚪找妈妈。

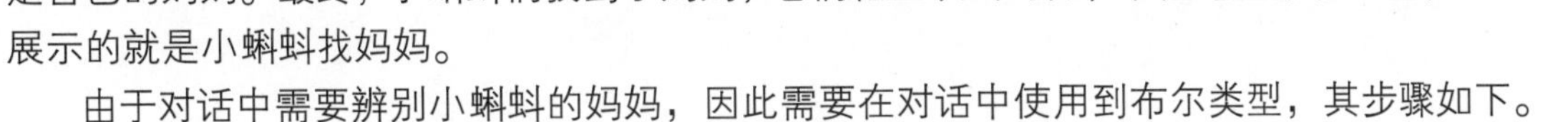

由于对话中需要辨别小蝌蚪的妈妈，因此需要在对话中使用到布尔类型，其步骤如下。

（1）定义是与否，使用 T（true）表示是，使用 F（false）表示否。

（2）编写对话，使用 cout 语句输出。

根据实现步骤，绘制流程图，如图3.18所示。

图3.17 小蝌蚪找妈妈

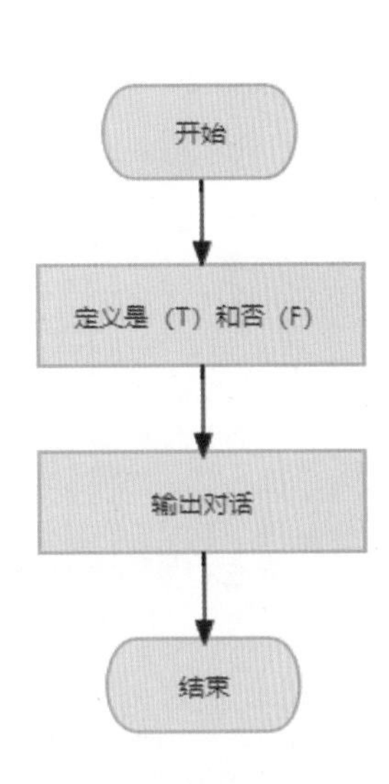

图3.18 小蝌蚪找妈妈流程图

根据流程图，实现小蝌蚪找妈妈的程序。编写代码如下：

```
#include<iostream>
using namespace std;
int main() {
    bool T=true;
    bool F=false;
    cout<<" 蝌蚪说：金鱼、金鱼你是我们的妈妈吗？"<<endl;
    cout<<" 金鱼说："<<F<<endl;
    cout<<" 蝌蚪说：青蛙、青蛙你是我们的妈妈吗？"<<endl;
    cout<<" 青蛙说："<<T<<endl;
    return 0;
}
```

代码执行后的效果如下：

```
蝌蚪说：金鱼、金鱼你是我们的妈妈吗?
金鱼说：F
蝌蚪说：青蛙、青蛙你是我们的妈妈吗?
青蛙说：T
```

核心知识点

布尔类型是一种用于表达逻辑判断的数据类型。在C++语言中，布尔类型使用英文字母bool表示，该类型只有真（true）和假（false）两个值。布尔类型的值true通常被映射为整数1，而false通常被映射为整数0。因此，在特定环境下，输出布尔类型的值true可能会显示为1。要定义一个布尔类型的变量，可以使用以下语法形式：

```
bool 变量名 = 布尔值；
```

助记小词典

bool：boolean(布尔，发音为[ˈbuːliən]）的简写。

思维导图

布尔类型的思维导图如图3.19所示。

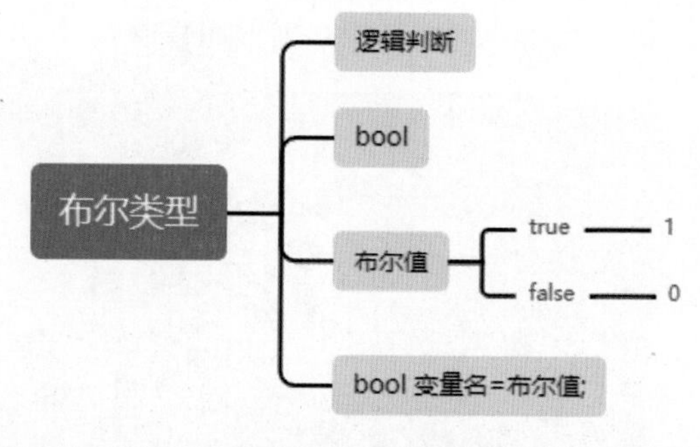

图3.19　思维导图

练一练

（1）在C++语言中，布尔值有 ______ 个。

（2）编写程序，定义一个布尔类型的变量，将其赋值为false，并输出。

第4章

数据运算

数据运算是指程序对数据进行数学或逻辑操作的过程。数据运算是实现算法和逻辑的关键部分，用于处理和转换数据，以产生所需的结果。数据运算的实现离不开众多的运算符，它们是用于执行具体运算的特殊符号或关键字。本章将对实现数据运算的各种运算符进行讲解。

4.1 拔萝卜——表达式

以前，一位老爷爷在地里种了很多萝卜。某一天，老爷爷来地里拔萝卜，可他用尽全身力气都拔不出来。这时，老奶奶来了，老爷爷请她一起拔，还是拔不动。老奶奶又叫来了他们的孙女和小狗一起来拔萝卜，还是拔不动。小狗又叫醒了还在睡觉的小猫，大家一起拔萝卜，如图4.1所示。上午拔出了3个萝卜，下午拔出了4个萝卜。

编写一个程序，计算老爷爷一天拔了多少萝卜，此功能需要使用表达式实现，其步骤如下。

（1）定义一个变量cnt。

（2）使用加法运算符计算上午和下午一共拔的萝卜数，并存储在变量cnt中。

（3）输出一天拔的萝卜数。

根据实现步骤，绘制流程图，如图4.2所示。

图4.1　拔萝卜

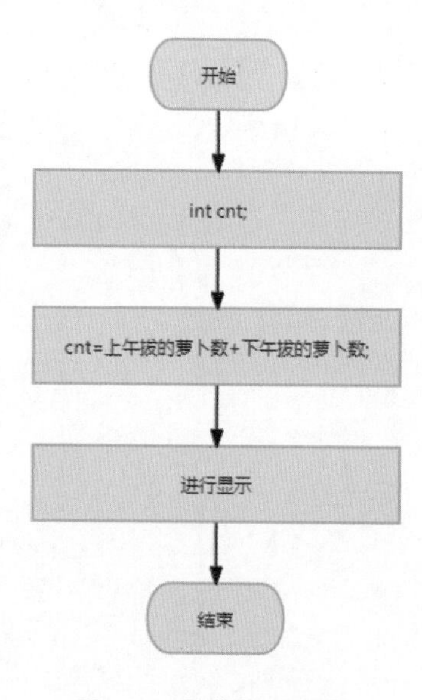

图4.2　拔萝卜流程图

根据流程图，编写计算萝卜数的代码如下：

```
#include<iostream>
using namespace std;
int main()
{
    int cnt;
    cnt=3+4;
    cout<<"一天拔的萝卜数为："<<cnt<<endl;
}
```

代码执行后的效果如下：

```
一天拔的萝卜数为：7
```

核心知识点

表达式是由一个或多个操作数与操作符连接而成的有效运算式，可以求值并返回求值结果。在上面的代码中，3+4就是一个表达式。其中，3和4都是操作数，而+是操作符，返回的求值结果是cnt。在C++语言中，最简单的表达式是变量和字面量。

思维导图

表达式的思维导图如图4.3所示。

- 表达式
  - 组成
    - 操作数
    - 操作符
  - 最简单的表达式
    - 变量
    - 字面量

图4.3 思维导图

练一练

（1）表达式由 ______ 和操作数组成。

（2）最简单的表达式是变量和 ______。

4.2 计算公交车上的人数——运算符

公交车是一种大型的公共交通工具，通常由政府或私营经营者提供。它们在城市和乡村地区的道路上运营，为乘客提供从一个地方到另一个地方的交通服务，如图4.4所示。今天数学课上，老师出了一道计算公交车上人数的题目。题目是这样的：公交车上有42人，到北京路站下了29人，又上15人，现在车上有多少人？

图4.4 公交车

该题目可以使用C++代码实现，其中需要使用运算符，其步骤如下。

（1）定义一个整型变量cnt，用于存储当前公交车上的人数。

（2）使用当前人数cnt减去下车的人数，将结果再存储到cnt中。

（3）使用当前人数cnt加上上车的人数，将结果再存储到cnt中。

（4）输出现在车上的人数。

根据实现步骤，绘制流程图，如图4.5所示。

根据流程图，实现计算公交车上的人数。编写代码如下：

```
#include<iostream>
using namespace std;
int main()
{
    int cnt=42;
    cnt=cnt-29;
    cnt=cnt+15;
    cout<<" 现在车上有 "<<cnt<<" 人 "<<endl;
}
```

代码执行后的效果如下：

```
现在车上有 28 人
```

核心知识点

在上方的代码中，“=”“+”“-”等都属于运算符。运算符也称为操作符，用于执行程序代码运算，会针对一个或一个以上操作数项目进行运算。例如，在表达式42-29中，操作数为42和29，运算符为减号“-”。根据操作数的个数，运算符可以分为三种，分别为单目运算符（一元运算符）、双目运算符（二元运算符）和三目运算符（三元运算符），这里的“目”代表的就是操作数。

根据功能，运算符还可以划分为赋值运算符、算术运算符、位运算符、关系运算符、逻辑运算符、条件运算符、逗号运算符、sizeof运算符及其他运算符。

思维导图

运算符思维导图如图4.6所示。

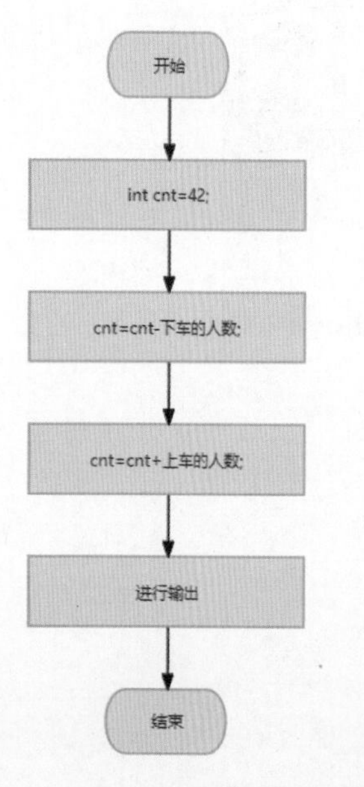

图4.5 计算公交车上的人数流程图

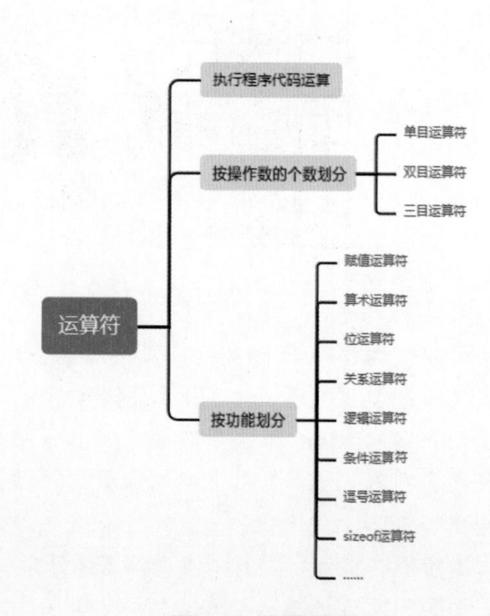

图4.6 思维导图

练一练

（1）草地上有公鸡7只、母鸡39只，编写一个程序，计算母鸡比公鸡多多少只。

（2）加法运算符属于 ____ 目运算符。

4.3 压岁钱——赋值运算符

压岁钱是我国特有的一种传统习俗。在除夕那天，父母都会给孩子压岁钱，并对孩子进行祝福，希望孩子在新的一年里可以更健康快乐地成长，如图4.7所示。

图4.7 压岁钱

给孩子发压岁钱源于一个久远的传说。很久以前，有个叫“祟”的妖怪专在除夕夜出来祸害孩子。一年除夕夜，一对夫妇用红线串了8枚铜钱逗孩子玩。半夜，一阵阴风将灯烛吹灭，“祟”溜了进来。当“祟”把手伸向孩子额头时，孩子枕边那串铜钱突然发出一道雪亮的光，吓得“祟”仓皇逃窜。此事传开后，人们都在除夕夜用红线串上8枚铜钱置于孩子枕边。果然，“祟”再也不来祸害孩子了。从此，这串专给孩子度岁避祸的铜钱就被称为“压祟钱”。“祟”“岁”同音，后来就被讹为“压岁钱”了。

编写一个程序，输出今年收到的各种压岁钱，如妈妈给的压岁钱1000、爸爸给的压岁钱1000、奶奶给的压岁钱600、爷爷给的压岁钱600、姑姑给的压岁钱500。此功能需要使用赋值运算符实现，其步骤如下。

（1）妈妈给的压岁钱使用变量 mother 进行指定，并输出。

（2）爸爸给的压岁钱使用变量 father 进行指定，并输出。

（3）奶奶给的压岁钱使用变量 grandmother 进行指定，并输出。

（4）爷爷给的压岁钱使用变量 grandfather 进行指定，并输出。

（5）姑姑给的压岁钱使用变量 aunt 进行指定，并输出。

根据实现步骤，绘制流程图，如图4.8所示。

根据流程图，实现压岁钱的输出。编写代码如下：

```
#include<iostream>
using namespace std;
int main()
{
    int mother=1000;
    cout<<"妈妈给的压岁钱"<<mother<<"元"<<endl;
    int father=1000;
    cout<<"爸爸给的压岁钱"<<father<<"元"<<endl;
    int grandmother=600;
    cout<<"奶奶给的压岁钱"<<grandmother<<"元"<<endl;
    int grandfather=600;
    cout<<"爷爷给的压岁钱"<<grandfather<<"元"<<endl;
    int aunt=500;
    cout<<"姑姑给的压岁钱"<<aunt<<"元"<<endl;
}
```

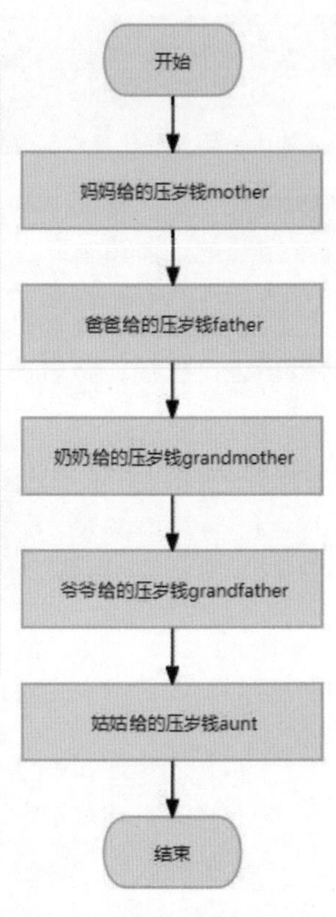

图4.8 输出压岁钱流程图

核心知识点

赋值运算符属于双目运算符，拥有两个操作数，符号为“=”。赋值运算符与数学中的等号一样，但其具体的功能不同。赋值运算符的操作数位于其左右两侧，其作用是将右侧的值赋值给左侧。例如，a=b的含义是将变量b的值赋值给变量a，a的值就会变为b的值，如图4.9所示。

思维导图

赋值运算符的思维导图如图4.10所示。

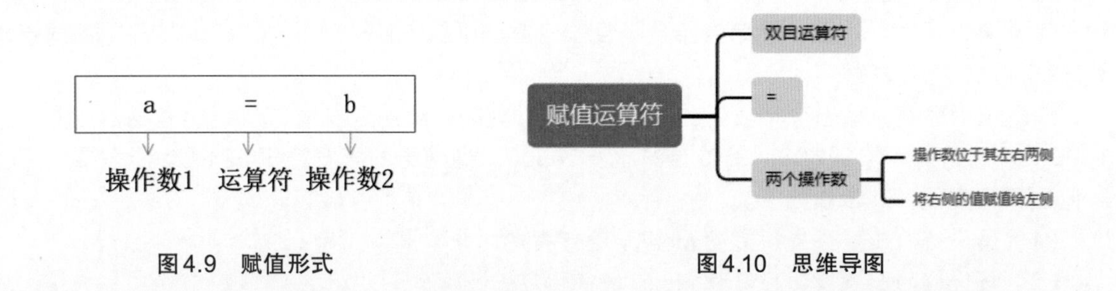

图4.9 赋值形式

图4.10 思维导图

练一练

（1）赋值运算符属于 ____ 目运算符。

（2）下列（　）是赋值运算符。

A. =　　　B. ?　　　C. -　　　D. +

4.4 计算器——四则运算符

计算器是一种用于进行数学运算的设备或应用程序，如图4.11所示。计算器可以进行基本的数学运算，如加法、减法、乘法和除法，以及更复杂的运算，如指数、对数、三角函数等。

编写一个程序，实现计算器的基本功能。例如，用户输入两个操作数，程序输出这两个操作数的加法结果、减法结果、乘法结果和除法结果。此功能需要使用算术运算符中的加法、减法、乘法和除法运算符实现，其步骤如下。

（1）定义变量a，用于保存第一个操作数。

（2）通过cin语句接收用户输入的第一个操作数，赋值给变量a。

（3）定义变量b，用于保存第二个操作数。

（4）通过cin语句接收用户输入的第二个操作数，赋值给变量b。

（5）定义变量add，保存变量a加上变量b的值。

（6）定义变量sub，保存变量a减去变量b的值。

（7）定义变量mul，保存变量a乘以变量b的值。

（8）定义变量div，保存变量a除以变量b的值。

（9）输出各个结果。

根据实现步骤，绘制流程图，如图4.12所示。

图4.11 计算器

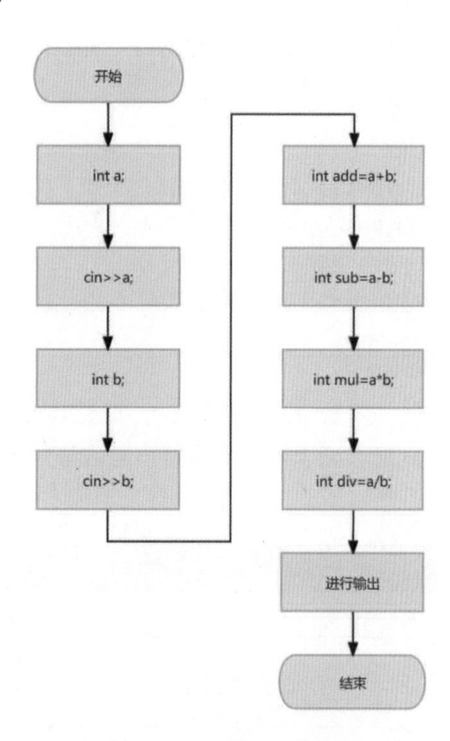

图4.12 计算器实现流程图

根据流程图，实现计算器的简单计算功能。编写代码如下：

```
#include<iostream>
using namespace std;
int main()
{
    int a;
    cin>>a;
    int b;
    cin>>b;
    int add=a+b;
    int sub=a-b;
    int mul=a*b;
    int div=a/b;
    cout<<"a+b="<<add<<endl;
    cout<<"a-b="<<sub<<endl;
    cout<<"a*b="<<mul<<endl;
    cout<<"a/b="<<div<<endl;
}
```

代码执行后，输入第一个操作数：

```
56
```

按Enter键，输入第二个操作数：

```
54
```

按Enter键，会看到如下效果：

```
56
54
a+b=110
a-b=2
a*b=3024
a/b=1
```

核心知识点

加法、减法、乘法和除法运算符被称为四则运算符，属于双目运算符，拥有两个操作数，见表4.1。加、减、乘、除运算符与数学中的四则运算功能相同，只是乘法和除法的符号不同。

表4.1　四则运算符

运 算 符	运算符名称	功　能
+	加法运算符	表示两个数相加
−	减法运算符	表示两个数相减
*	乘法运算符	表示两个数相乘
/	除法运算符	表示两个数相除

思维导图

四则运算符的思维导图如图4.13所示。

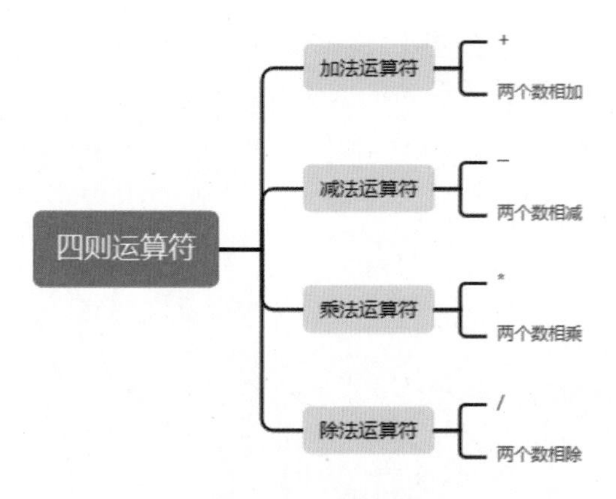

图4.13　思维导图

扩展阅读

对于除法运算符"/"，其执行计算的结果与操作数的类型有关。如果它的两个操作数（也就被除数和除数）都是整数，那么得到的结果也只能是整数，小数部分会直接舍弃，这称为整数除法；当有一个操作数是浮点数时，结果就会是浮点数，即保留小数部分。

练一练

（1）四则运算符属于 _____ 目运算符。

（2）编写程序，实现一个减法计算器的功能。

4.5 小朋友分糖果——取余运算符

今天是6月1日儿童节，老师给小朋友准备了50个糖果，并对小米说："这里有50个糖果。小米，你的任务是将这50个糖果平均分给4个小朋友，将剩余的糖果给我。"（图4.14）。

图4.14　小朋友分糖果

编写一个程序，计算剩余的糖果数是多少。此功能需要使用取余运算符实现，其步骤如下。

（1）定义一个变量 residue。

（2）将 50 除以 4 的余数存储到变量 residue 中。

（3）输出计算结果。

根据实现步骤，绘制流程图，如图 4.15 所示。

根据流程图，编写代码实现计算剩余的糖果数。代码如下：

```
    #include<iostream>
    using namespace std;
    int main()
    {
        int residue;
        residue=50%4;
        cout<<" 将 50 个糖果平均分给 4 个小朋友后，剩余 "<<
residue <<" 个糖果 "<<endl;
    }
```

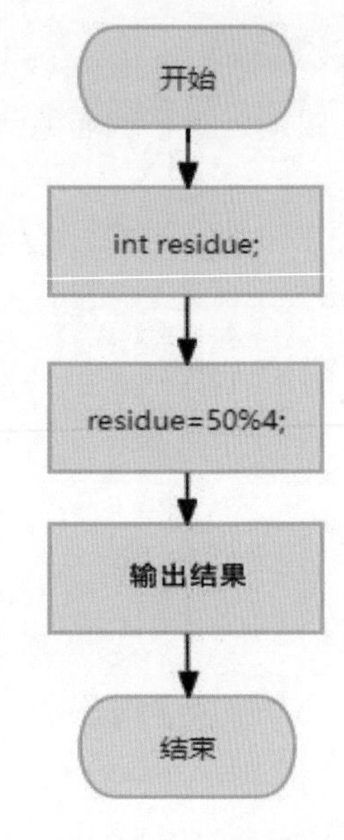

图 4.15　小朋友分糖果流程图

代码执行后的效果如下：

```
    将 50 个糖果平均分给 4 个小朋友后，剩余 2 个糖果
```

核心知识点

“%”是取余运算符，又称取模运算符，用于求整除后的余数。“%”运算符也是双目运算符，与四则运算符组成算术运算符。取余运算符的两个操作数必须为整数类型。

思维导图

取余运算符的思维导图如图 4.16 所示。

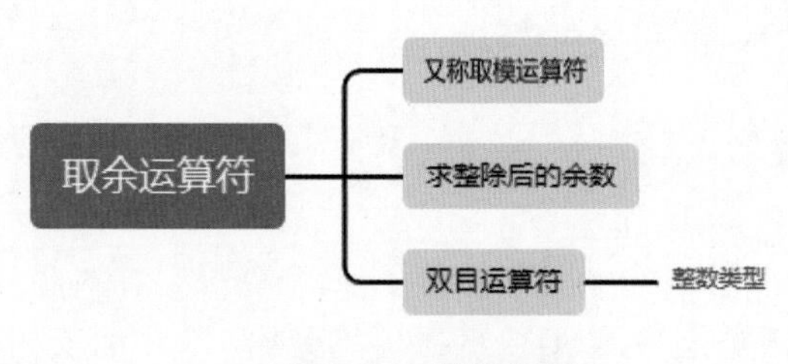

图 4.16　思维导图

扩展阅读

余数是一个数学用语。在整数的除法中，只有能整除与不能整除两种情况。当不能整除时，就产生余数。在取余运算中，residue=50%4 表示整数 50 除以整数 4 所得余数为 residue。这类似于数字中的 50 ÷ 4 = 12…2，余数为 2。

练一练

（1）四则运算符与 ____ 运算符组成算术运算符。

（2）编写程序，输出 10 除以 3 的余数。

4.6 松鼠过冬——复合赋值运算符

在一个美丽的森林里，住着一只聪明的小松鼠小橙，如图4.17所示。每年冬天，它都会储备很多的松果，吃都吃不完，甚至还会将一些松果送给其他松鼠。一天，松鼠小红问它："也不见你忙碌地准备冬天的粮食，为什么还有这么多，甚至可以给我们分。"小橙说："一到秋天我就开始收集松果了，每天都会收集3个，这样既不忙碌，到冬天也会有很多。"

根据小橙储备松果的描述，编写一个程序，输出3天后小橙收集了多少个松果。此功能可以使用复合赋值运算符实现，其步骤如下。

（1）定义一个变量 cnt，存储收集到的松果数。

（2）第 1 天收集了 3 个松果，所以将 cnt 直接赋值为 3。

（3）第 2 天又收集了 3 个松果，在第 1 天的基础上加上 3。

（4）第 3 天又收集了 3 个松果，在第 2 天的基础上加上 3。

（5）输出松果的个数。

根据实现步骤，绘制流程图，如图4.18所示。

图4.17　松鼠过冬

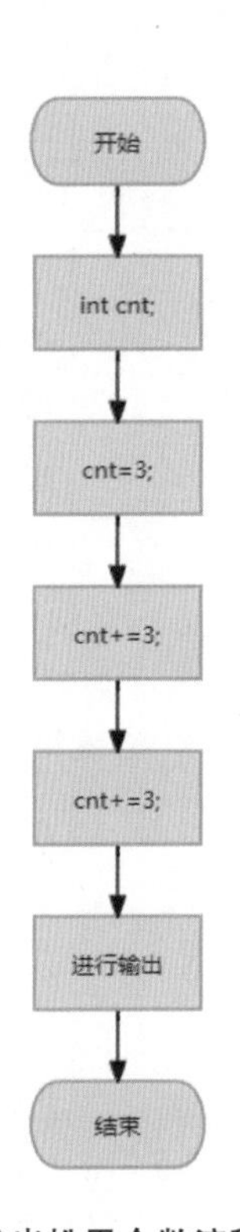

图4.18　输出松果个数流程图

根据流程图，编写代码，计算并输出松果的个数。代码如下：

```
#include<iostream>
```

```
using namespace std;
int main()
{
    int cnt;
    cnt=3;
    cnt+=3;
    cnt+=3;
    cout<<" 第 3 天共有 "<<cnt<<" 个松果 "<<endl;
}
```

代码执行后的效果如下：

```
第 3 天共有 9 个松果
```

核心知识点

在进行算术运算时，如果赋值运算符左右两侧存在相同的变量（图4.19），就可以使用复合赋值运算符简化代码。

为了提高运算效率和简化代码，C++语言提供了复合赋值运算符，也称扩展赋值运算符。该类型运算符有五种，见表4.2。

表4.2　复合赋值运算符

运 算 符	名　称	用　法	说　明	等效形式
+=	加法赋值运算符	a+=b	a+b 的值放在 a 中	a=a+b
-=	减法赋值运算符	a-=b	a-b 的值放在 a 中	a=a-b
*=	乘法赋值运算符	a*=b	a*b 的值放在 a 中	a=a*b
/=	除法赋值运算符	a/=b	a/b 的值放在 a 中	a=a/b
%=	取余赋值运算符	a%=b	a%b 的值放在 a 中	a=a%b

思维导图

复合赋值运算符的思维导图如图4.20所示。

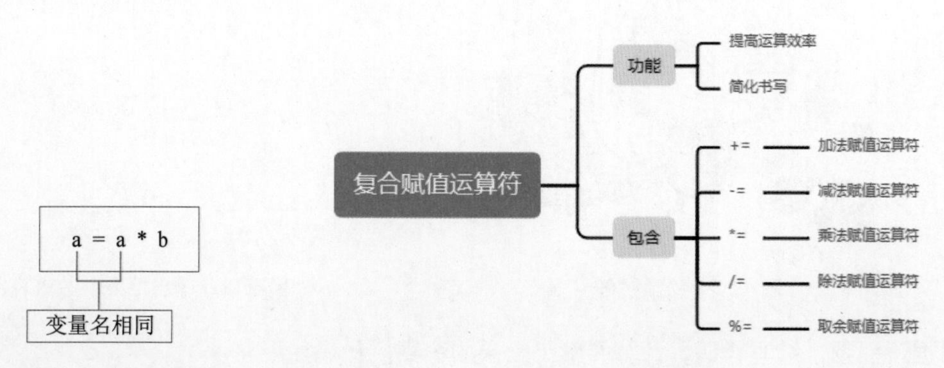

图4.19　相同的变量　　　　图4.20　思维导图

练一练

（1）“+=” 运算符称为 ______ 运算符。

（2）a-=3 的功能是将 a-3 的值放在 _____ 中。

4.7 预测人的年龄——自增运算符

在一节数学课上，老师给学生出了一道预测人年龄的数学题：当前小米的年龄为5岁，每年小米长大一岁，问5年后，小米几岁？这个题目很简单，但如何使用C++语言来实现每年增加一岁呢？这需要使用自增运算符，其计算步骤如下。

（1）输入一个年龄，使用变量 a 存储。

（2）第 1 年需要在原来的基础上加 1，即 a++。

（3）第 2 年需要在原来的基础上加 1，即 a++。

（4）第 3 年需要在原来的基础上加 1，即 a++。

（5）第 4 年需要在原来的基础上加 1，即 a++。

（6）第 5 年需要在原来的基础上加 1，即 a++。

根据实现步骤，绘制流程图，如图4.21所示。

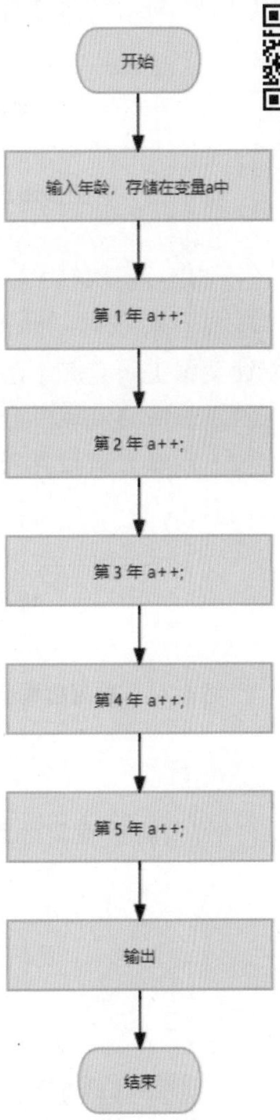

根据流程图，编写代码，计算5年后小米的年龄。代码如下：

```
#include<iostream>
using namespace std;
int main()
{
    cout<<" 请输入小米当前年龄：";
    int a;
    cin>>a;
    a++;
    a++;
    a++;
    a++;
    a++;
    cout<<"5 年后小米 "<<a<<" 岁 "<<endl;
}
```

代码执行后，输入小米的当前年龄，计算机开始计算并输出结果。例如，输入5后，执行过程如下：

```
请输入小米当前年龄：5
5 年后小米 10 岁
```

开始
输入年龄，存储在变量a中
第 1 年 a++;
第 2 年 a++;
第 3 年 a++;
第 4 年 a++;
第 5 年 a++;
输出
结束

图4.21 预测小米的年龄流程图

核心知识点

在C++中，对变量进行加1或者减1可以使用自增或者自减运算符。以下对这两个运算符进行详细介绍。

1. 自增运算符

自增运算符“++”属于单目运算符，拥有一个操作数，并且操作数必须是变量。该运算符可以让变量进行自加1运算。根据自增运算符出现位置的不同，其有两种语法形式。

（1）前缀自增运算符：操作数自增1后再参与其他运算，其语法形式如图4.22所示。

（2）后缀自增运算符：操作数参与运算后，操作数的值再自增1，其语法形式如图4.23所示。

++ 操作数

图4.22 前缀自增运算符的语法形式

操作数 ++

图4.23 后缀自增运算符的语法形式

2. 自减运算符

自减运算符“--”也属于单目运算符，拥有一个操作数，操作数也必须是变量。该运算符可以让变量进行自减1运算。根据自减运算符出现位置的不同，其也有两种语法形式。

（1）前缀自减运算符：操作数自减1后再参与其他运算，其语法形式如图4.24所示。

（2）后缀自减运算符：操作数参与其他运算后，操作数的值再自减1，其语法形式如图4.25所示。

-- 操作数

图4.24 前缀自减运算符的语法形式

操作数 --

图4.25 后缀自减运算符的语法形式

思维导图

自增/自减运算符的思维导图如图4.26所示。

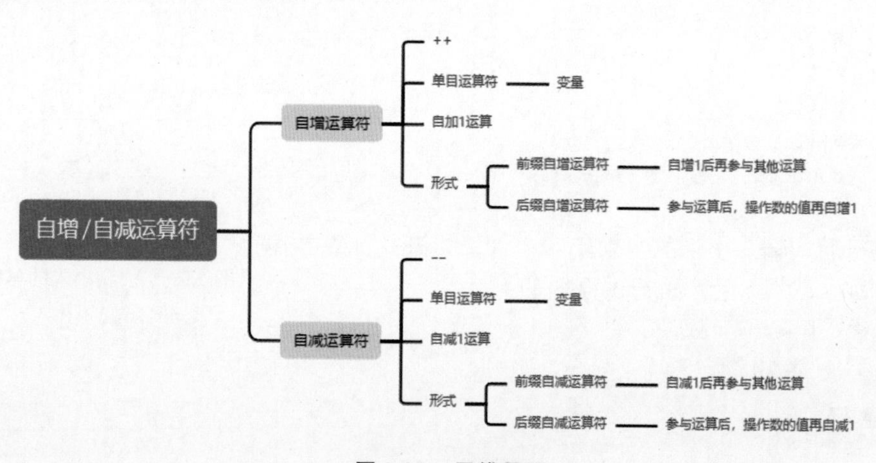

图4.26 思维导图

练一练

（1）自增 / 自减运算符的操作数必须是 ________。

（2）写出以下代码的输出结果。

```
int a=-6;
++a;
cout<<a<<endl;
```

4.8 正负转换——负号运算符

在数学中，正负转换是将一个数与其相反数对应起来的过程。例如，从5转换为–5，或从–5转换为5。在数学中，正负转换是通过改变数值的符号来实现的，即将正数变为负数或将负数变为正数。在C++代码中，该如何实现该转换呢？

编写一个程序，实现正负转换的功能，即用户输入一个正数，程序输出该数的负数。此功能需要使用负号运算符，其步骤如下。

（1）输入一个正数，使用变量 a 存储。

（2）使用负号运算符将 a 存储的数转换为负数，并使用变量 b 存储。

（3）输出转换后的数。

根据实现步骤，绘制流程图，如图4.27所示。

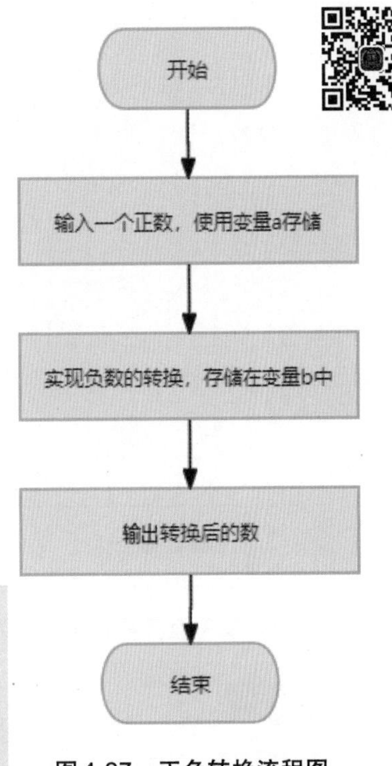

图4.27　正负转换流程图

根据流程图，实现正数转换为负数的功能。编写代码如下：

```
#include<iostream>
using namespace std;
int main()
{
    cout<<" 请输入一个正数 : ";
    int a;
    cin>>a;
    int b=-a;
    cout<<a<<" 转换后为 : "<<b;
}
```

代码执行后，用户输入正数，计算机进行转换并输出结果。例如，输入3后，执行过程如下：

```
请输入一个正数 : 3
3 转换后为 : -3
```

核心知识点

在C++中，负号运算符（也称为取反运算符）用符号“–”表示。其是单目运算符，可以应用于各种数值类型，包括整数、浮点数、字符等。负号运算符的作用只有一个——将数值取反，即将正数变为负数，负数变为正数。负号运算符的语法形式如图4.28所示。

其中，操作数是待取反的数值，等号左边是存储结果的变量。负号运算符作用在一个数值上，不会改变原始数值的值，而是生成一个新的取反数值。此外，负号运算符的优先级相对较高，通常和其他算术运算符一起使用时，负号运算符会先于其他运算符进行计算。

思维导图

负号运算符的思维导图如图4.29所示。

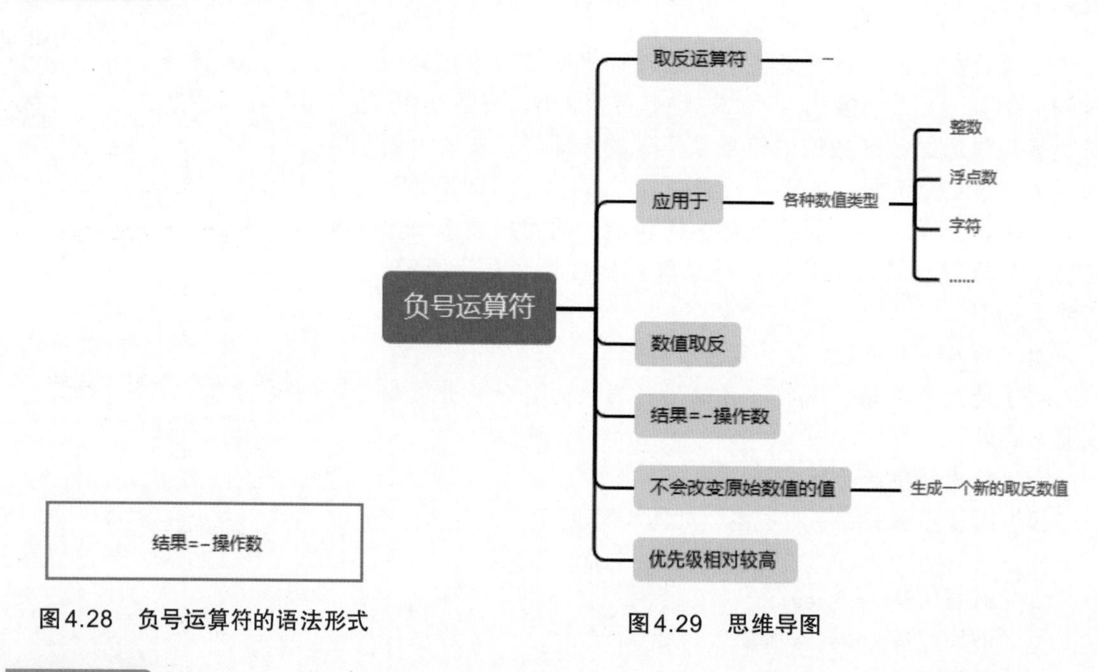

图4.28　负号运算符的语法形式

图4.29　思维导图

扩展阅读

在C++语言中，与负号运算符相对应的是正号运算符。正号运算符也是单目运算符，并使用符号“+”表示。正号运算符可以应用于各种数值类型，包括整数、浮点数等。正号运算符的作用是显式地表示一个数是正数。在编程中，正号运算符在数值表达式中很少使用，因为正数默认没有显式的正号表示。正号运算符的主要应用场景是确保数值的正数表示，以增加代码的可读性。

练一练

（1）负号运算符的操作数有 ____ 个。

（2）请写出以下代码的输出结果。

```
int a=-6;
int b=-a;
cout<<b<<endl;
```

4.9 谁最大——关系运算符

昨天在数学课上刚学习了比较数字大小的内容，如8比7大，7比5大。今天上课时，老师为了加深学生对知识的理解，做了一个游戏，即“谁最大”。两个学生分别说出一个数字，第三个学生说出谁的数字大，如果答对，则第三个学生可以指定另一个学生来玩“谁最大”游戏。

这个游戏非常有意思，如果将此游戏编写成C++程序，则该程序可描述如下：由用户输入任意两个数，让计算机判断两个数的大小，并输出较大的数字。此程序需要使用到关系运算符，其步骤如下。

（1）输入第一个数和第二个数，使用变量a保存第一个数，使用变量b保存第二个数。

（2）比较这两个数的大小，通过关系运算符实现。如果a>b，则输出“a变量中的数字大”；否则输出“b变量中的数字大”。

根据实现步骤，绘制流程图，如图4.30所示。

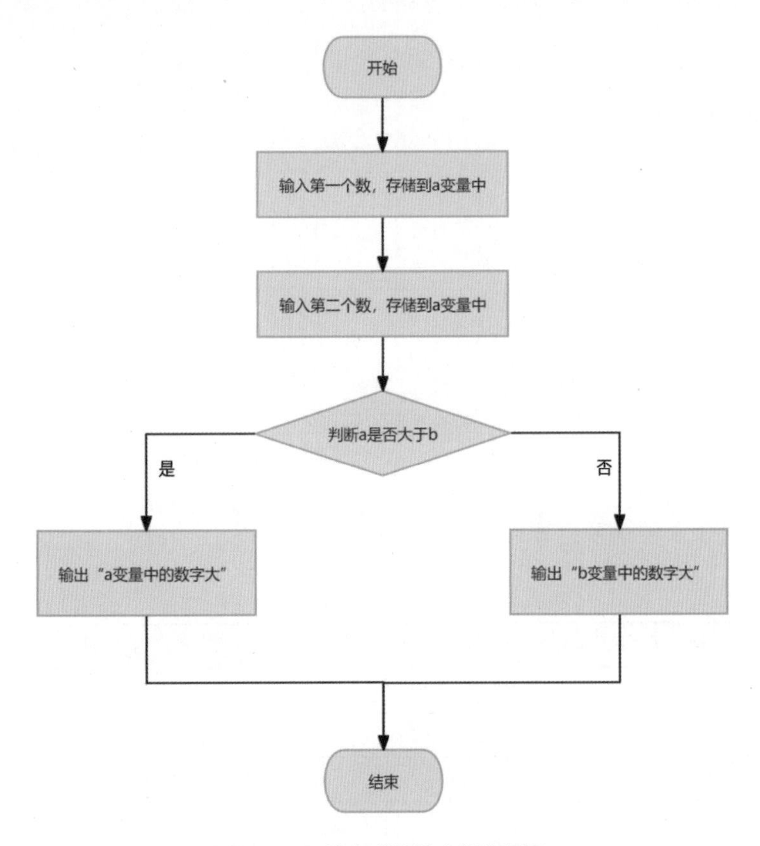

图4.30 输出“谁最大”流程图

根据流程图，实现从两个数值中找到较大的一个的功能。编写代码如下：

```
#include<iostream>
using namespace std;
int main()
{
    int a;
    cin>>a;
    int b;
    cin>>b;
    cout<<"a="<<a<<" "<<"b="<<b<<endl;
    if(a>b)
    {
        cout<<"a 变量中的数字大 "<<endl;
    }
    else
    {
        cout<<"b 变量中的数字大 "<<endl;
    }
}
```

代码执行后，输入第一个数：

```
25
```

按Enter键，输入第二个数：

```
5
```

按Enter键，会看到如下效果：

```
25
5
a=25 b=5
a 变量中的数字大
```

核心知识点

C++语言提供了六种关系运算符，见表4.3。

表4.3　关系运算符

运 算 符	说　明
<	小于
<=	小于或等于
>	大于
>=	大于或等于
==	等于
!=	不等于

这些关系运算符拥有两个操作数，其语法形式如图4.31所示。其运算规则是比较两个操作数的关系是否与关系运算符的含义相同。如果两者相同，则运算结果为1；如果两者不相同，则运算结果为0。

操作数1　关系运算符　操作数2

图4.31　关系运算符的语法形式

例如，在表达式6>8中，6并不大于8，与“>”的含义不相同，所以表达式6>8的运算结果为0；在表达式5>3中，5确实大于3，与“>”的含义相同，所以表达式5>3的运算结果为1。

思维导图

关系运算符的思维导图如图4.32所示。

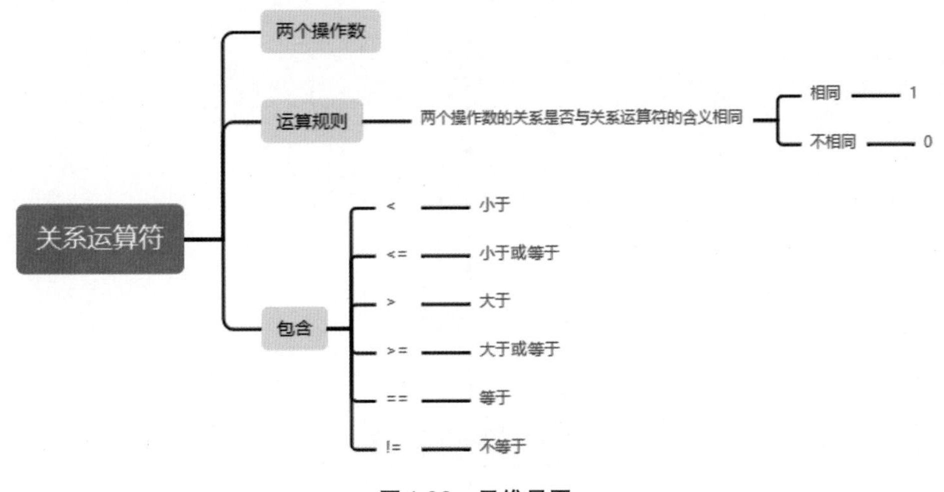

图4.32　思维导图

练一练

（1）关系运算符拥有 ____ 个操作数。

（2）编写程序，判断输入的两个数是否相等。如果两者相等，则输出“两个数相等”；否则，输出“两个数不相等”。

4.10 三角形的奥秘——逻辑与运算符

三角形(triangle)是由不在同一直线上的三条线段“首尾”顺次连接所组成的封闭图形。在数学、建筑学中，三角形到处可见。由于三角形是极为稳定的几何形状之一，因此我们看到的金字塔也都是三角形的，如图4.33所示。

要构成一个三角形，三条线段必须满足一个条件：任意两条边的长度之和必须大于第三条边的长度。下面使用C++语言编写程序，根据给出的任意三条边的长度，判断其能否构成一个三角形。在实现该功能时，需要使用逻辑与运算符，其步骤如下。

图4.33　金字塔

（1）依次输入三条边的长度，并使用变量a表示第一条边的长度，使用变量b表示第二条边的长度，使用变量c表示第三条边的长度。

（2）判断输入的三条边能否构成三角形，并输出结果。使用if-else语句进行判断，判断条件需要使用逻辑与运算符，因为要同时满足任意两条边的长度之和大于第三条边的长度。

根据实现步骤，绘制流程图，如图4.34所示。

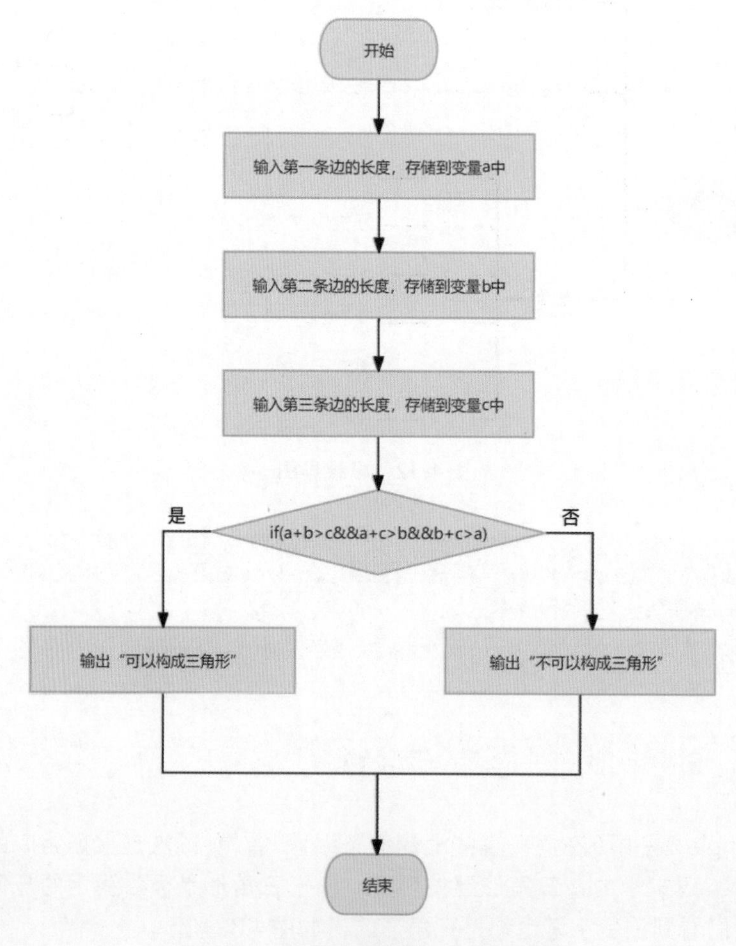

图4.34　判断能否构成三角形流程图

根据流程图，实现判断能否构成三角形的功能。编写代码如下：

```
#include<iostream>
using namespace std;
int main()
{
    cout<<"输入第一条边的长度：";
    int a;
    cin>>a;
    cout<<"输入第二条边的长度：";
    int b;
    cin>>b;
    cout<<"输入第三条边的长度：";
    int c;
    cin>>c;
    if(a+b>c&&a+c>b&&b+c>a)
    {
        cout<<"可以构成三角形"<<endl;
    }
    else
    {
        cout<<"不可以构成三角形"<<endl;
    }
}
```

代码执行后，需要用户依次输入三条边的长度，由计算机判断这三条边能否构成三角形，并输出结果。例如，判断57、24、38是否能构成三角形，执行过程如下：

```
输入第一条边的长度：57
输入第二条边的长度：24
输入第三条边的长度：38
可以构成三角形
```

核心知识点

逻辑与运算符是逻辑运算符的一种，使用“&&”表示。其属于双目运算符，拥有两个操作数，其语法形式如图4.35所示。

操作数1 && 操作数2

图4.35　逻辑与运算符的语法形式

其中，操作数1与操作数2都属于条件表达式。当两个操作数都为真时，运算结果为1，表示真；否则为0，表示假。

思维导图

逻辑与运算符的思维导图如图4.36所示。

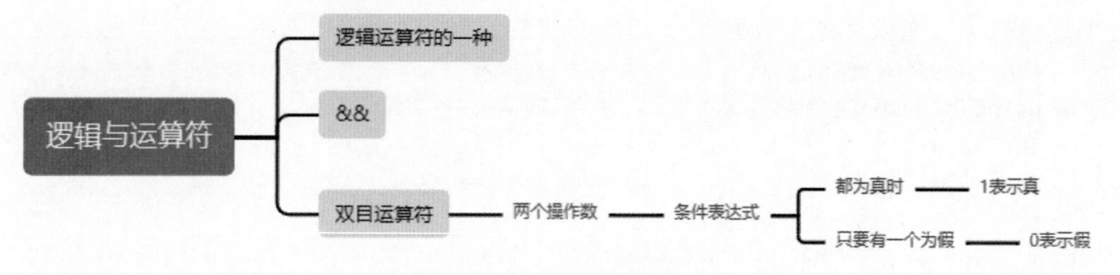

图4.36　思维导图

练一练

（1）逻辑与运算符属于 ________ 目运算符，拥有 ________ 个操作数。

（2）逻辑与运算符中，只要有一个条件不成立，则结果输出 ____。

4.11 校运会——逻辑或运算符

过几天是一年一度的校运会，如图4.37所示。老师说跳远超过2米的、100米跑步在12秒以内、跳绳1分钟超过100下的学生都可以参加校运会。

图4.37　校运会

编写一个程序，看一下班里的学生有没有参赛资格。这个问题可以使用C++语言实现。因为要在多个条件中只需要满足一个，所以可以使用逻辑或运算符，其步骤如下。

（1）输入运动项目，保存在变量p中。

（2）输入与运动项目相关的成绩，保存在变量s中。

（3）判断输入的两个内容是否为跳远超过2米、100米跑步在12秒以内、跳绳1分钟超过100下三个条件中的任意一个。如果符合条件，则输出“恭喜你，可以参加本届校运会！！！”；否则，输出“很抱歉，你暂时还不可以参加！！！”。

根据实现步骤，绘制流程图，如图4.38所示。

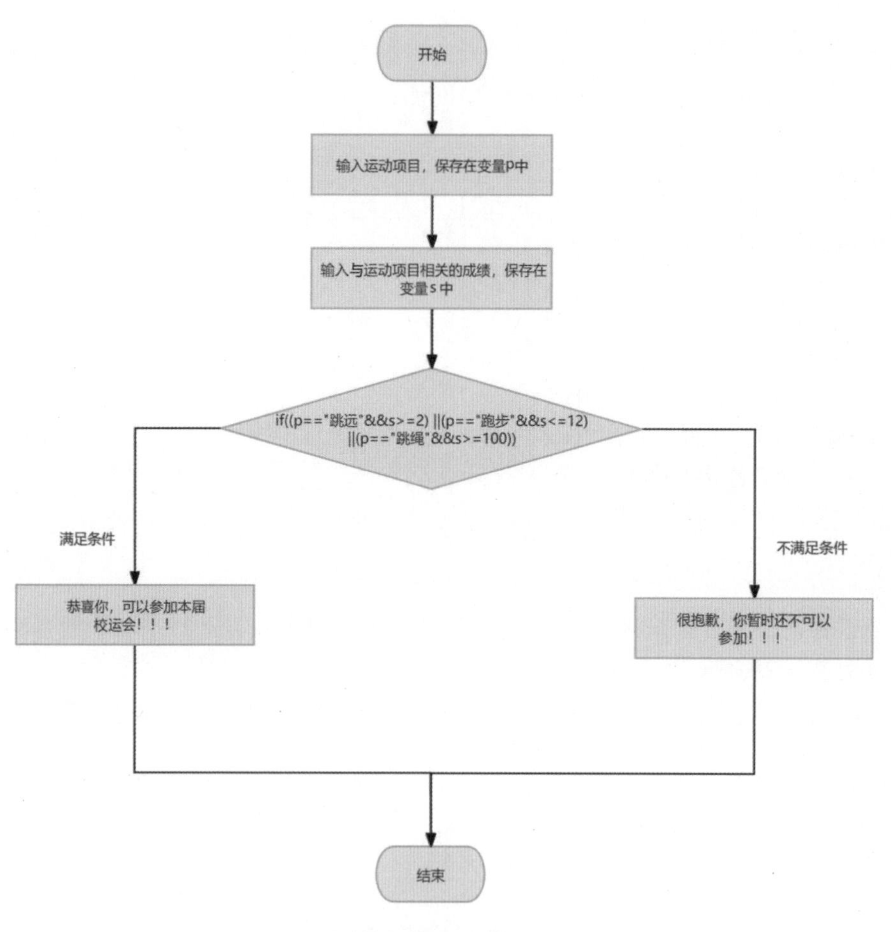

图4.38 判断能否参加校运会流程图

根据流程图，实现判断学生的体育成绩的功能。编写代码如下：

```
#include<iostream>
using namespace std;
int main()
{
    cout<<"输入运动项目（跳远、跑步、跳绳）：";
    string p;
    cin>>p;
    cout<<"与运动项目相关的成绩：";
    int s;
    cin>>s;
    if((p=="跳远"&&s>=2) ||(p=="跑步"&&s<=12)||(p=="跳绳"&&s>=100))
    {
        cout<<"恭喜你，可以参加本届校运会！！！";
    }
```

```
        else
        {
            cout<<" 很抱歉，你暂时还不可以参加！！！ ";
        }
    }
```

代码执行后，需要用户依次输入运动项目和相关的成绩，计算机进行判断并输出结果。例如，输入跳绳和160，执行过程如下：

```
输入运动项目（跳远、跑步、跳绳）：跳绳
运动项目相关的成绩：160
恭喜你，可以参加本届校运会！！！
```

再如，输入跳绳和80，执行过程如下：

```
输入运动项目（跳远、跑步、跳绳）：跳绳
运动项目相关的成绩：80
很抱歉，你暂时还不可以参加！！！
```

核心知识点

逻辑或运算符是逻辑运算符的一种，使用“||”表示，属于双目运算符。它拥有两个操作数，其语法形式如图4.39所示。

其中，操作数1与操作数2都属于条件表达式。当两个操作数都为假时，结果为0，表示假；否则为1，表示真。

思维导图

逻辑或运算符的思维导图如图4.40所示。

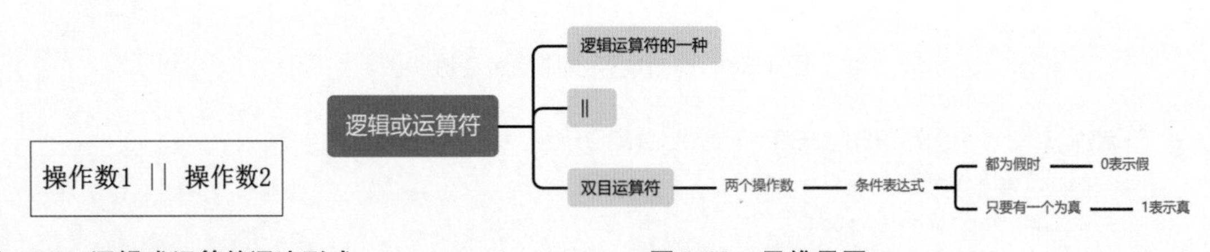

图4.39　逻辑或运算符语法形式　　**图4.40　思维导图**

练一练

（1）逻辑或运算符属于 ____ 目运算符，拥有 ____ 个操作数。

（2）逻辑或运算符中，只要有一个条件成立，则结果输出 ____。

4.12 开车限龄——条件运算符

今天，在“家长进校园”的活动中来了一位交警爸爸，他给学生普及了很多知识。在这一刻，小朋友才明白为什么很多人会在高考后或者大学时期才开始考驾照，如

图4.41所示。这和开车限龄相关。

根据法律规定，驾驶机动车辆有年龄限制。例如，驾驶小型汽车必须年满18岁。

编写一个程序，实现开车限龄功能：用户输入一个年龄，计算机判断是否满足开车条件（年满18岁）。此功能需要使用条件运算符实现，其步骤如下。

（1）输入年龄，并使用变量age存储。

（2）判断输入的年龄是否大于18，通过条件运算符实现。如果大于18，则输出“满足开车条件”；否则输出“不满足开车条件”。

根据实现步骤，绘制流程图，如图4.42所示。

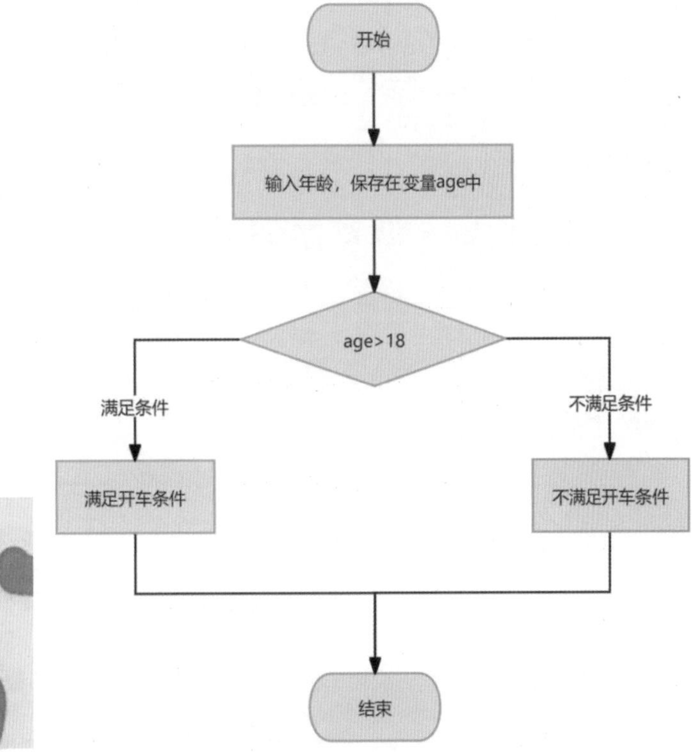

图4.41　考驾照

图4.42　判断是否满足开车条件流程图

根据流程图，实现是否满足开车条件的判断。编写代码如下：

```
#include<iostream>
using namespace std;
int main()
{
    cout<<"请输入年龄:";
    int age;
    cin>>age;
    string canDrive=age>=18?"满足开车条件":"不满足开车条件";
```

```
        cout<<canDrive;
    }
```

代码执行后，需要用户输入年龄，计算机进行判断并输出结果。例如，输入年龄20，执行过程如下：

```
请输入年龄:20
满足开车条件
```

核心知识点

在C++语言中，条件运算符"?:"可以根据条件选择运算结果。条件运算符属于三目运算符，有3个操作数。其中，操作数1为条件，如果条件为真，则运算值为操作数2；如果条件为假，则运算值为操作数3。其语法形式如图4.43所示。

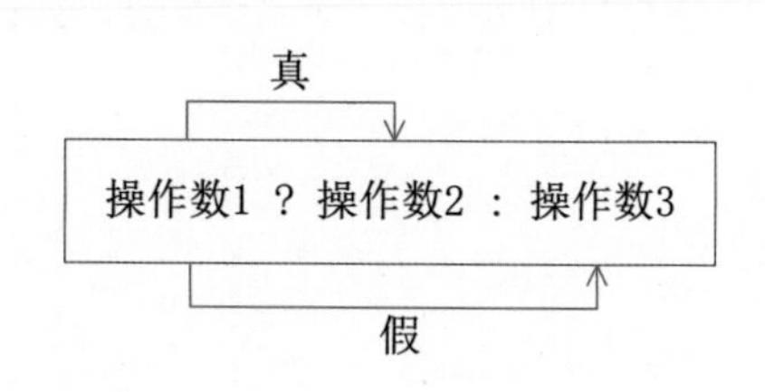

图4.43 条件运算符的语法形式

思维导图

条件运算符的思维导图如图4.44所示。

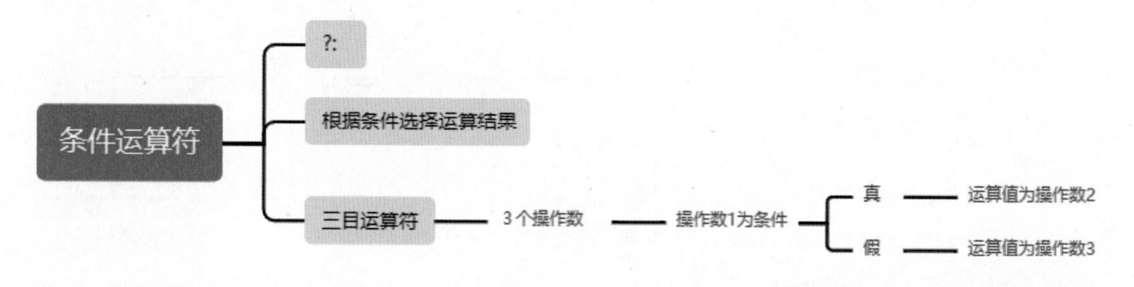

图4.44 思维导图

练一练

（1）条件运算符属于________目运算符，拥有________个操作数。

（2）编写一个程序，要求输入两个数，使用条件运算符进行判断，输出较大的数。

4.13 温度转换——运算符优先级

温度是描述物体或环境热量状况的物理量。在生活中，人们使用温度作为一种重要的指标，进行天气预报、室内温度调节等活动。

天气预报中，温度是重要的气象要素之一。气象部门通过测量和收集不同地区的温度数据，预测未来天气的变化，包括气温的升降和季节性的变化。

在室内环境调节中，温度是一个关键的参数。人们使用恒温器或空调系统调节室内温度，使其适宜舒适。在冬季，人们通过提高室内温度以保持温暖；在夏季，人们通过降低室内温度以保持凉爽，如图4.45所示。

图4.45中显示当前温度为26摄氏度。摄氏度(℃)是一种常用的温度计量单位，用于描述温度的高低。除了摄氏度外，还有另一种温度计量单位，即华氏度(℉)。在中国，主要使用摄氏度作为温度的度量单位，尽管一些地方也使用华氏度。为了方便统一，可以使用如图4.46所示的公式将摄氏度转换为华氏度。

图4.45　室内环境调节

华氏度=摄氏度×1.8+32

图4.46　摄氏度转换为华氏度计算公式

使用该公式，可以将摄氏度转换为华氏度，以满足不同国家和地区的温度表示需求。

编写一个程序，实现温度转换功能：用户输入一个摄氏温度，使用温度转换公式将其转换为华氏温度。在该公式中使用了两个运算符，此时需要注意运算符的优先级，其步骤如下。

（1）输入摄氏温度，使用变量 celsius 保存。

（2）使用温度转换公式将 celsius 存储的温度转换为华氏温度，并保存在变量 fahrenheit 中。

（3）输出转换后的华氏温度。

根据实现步骤，绘制流程图，如图4.47所示。

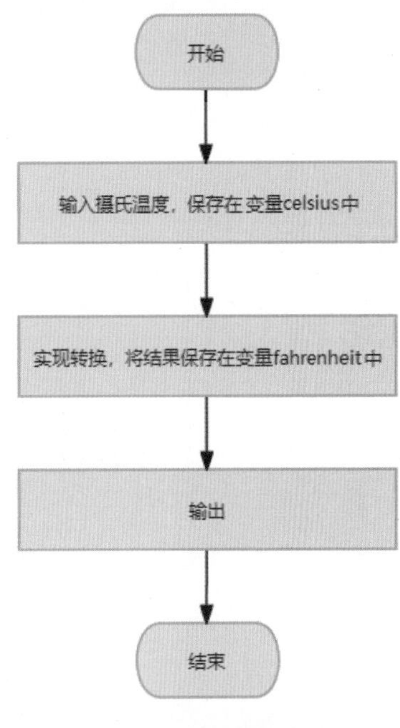

图4.47　温度转换流程图

根据流程图，实现温度转换功能。编写代码如下：

```
#include<iostream>
using namespace std;
int main() {
    double celsius;
    cout<<"请输入摄氏温度:";
    cin>>celsius;
    double fahrenheit=celsius * 1.8 + 32;
    cout<<"华氏温度为:"<<fahrenheit<<std::endl;
    return 0;
}
```

代码执行后，需要用户输入摄氏温度，计算机会对其进行转换并输出结果。例如，输入摄氏温度为37，执行过程如下：

```
请输入摄氏温度： 37
华氏温度为： 98.6
```

核心知识点

该实例利用乘法运算符和加法运算符将摄氏温度转换为华氏温度。那先进行加法运算还是先进行乘法运算呢？在数学中，会首先进行乘法运算，然后进行加法运算。在C++中也是如此。该规律称为运算符的优先级。优先级是一种约定，即优先级高的先执行，优先级低的后执行。运算符优先级决定了在同一个表达式中各个运算符执行的先后顺序。运算符优先级见表4.4。

表4.4　运算符优先级

优先级	名　称	运算符
1	作用域运算符	::
2	成员访问运算符	.
	指向成员运算符	->
	下标运算符	[ ]
	括号 / 函数运算符	()
3	自增运算符	++
	自减运算符	--
	按位取反运算符	~
	逻辑非运算符	!
	正号	+
	负号	-
	取地址运算符	&
	地址访问运算符	*
	强制类型转换运算符	(Type)
	类型长度运算符	sizeof()
	内存分配运算符	new
	取消分配内存运算符	delete
	类型转换运算符	castname_cast
4	成员指针运算符	.*
		->*

续表

<table>
<tr><th>优先级</th><th>名称</th><th>运算符</th></tr>
<tr><td rowspan="3">5</td><td>乘法运算符</td><td>*</td></tr>
<tr><td>除法运算符</td><td>/</td></tr>
<tr><td>取余运算符</td><td>%</td></tr>
<tr><td rowspan="2">6</td><td>加法运算符</td><td>+</td></tr>
<tr><td>减法运算符</td><td>-</td></tr>
<tr><td rowspan="2">7</td><td>位左移运算符</td><td><<</td></tr>
<tr><td>位右移运算符</td><td>>></td></tr>
<tr><td rowspan="4">8</td><td>小于</td><td><</td></tr>
<tr><td>小于或等于</td><td><=</td></tr>
<tr><td>大于</td><td>></td></tr>
<tr><td>大于或等于</td><td>>=</td></tr>
<tr><td rowspan="2">9</td><td>等于（判等运算符）</td><td>==</td></tr>
<tr><td>不等于</td><td>!=</td></tr>
<tr><td>10</td><td>按位与</td><td>&</td></tr>
<tr><td>11</td><td>按位异或</td><td>^</td></tr>
<tr><td>12</td><td>按位或</td><td>|</td></tr>
<tr><td>13</td><td>逻辑与</td><td>&&</td></tr>
<tr><td>14</td><td>逻辑或</td><td>||</td></tr>
<tr><td>15</td><td>条件运算符</td><td>? :</td></tr>
<tr><td rowspan="11">16</td><td>赋值运算符</td><td>=</td></tr>
<tr><td rowspan="10">复合赋值运算符</td><td>+=</td></tr>
<tr><td>-=</td></tr>
<tr><td>*=</td></tr>
<tr><td>/=</td></tr>
<tr><td>%=</td></tr>
<tr><td><<=</td></tr>
<tr><td>>>=</td></tr>
<tr><td>&=</td></tr>
<tr><td>|=</td></tr>
<tr><td>^=</td></tr>
<tr><td>17</td><td>抛出异常运算符</td><td>throw</td></tr>
<tr><td>18</td><td>逗号运算符</td><td>,</td></tr>
</table>

从表4.4中可以看到，优先级最高的是作用域运算符，最低的是逗号运算符。乘法和除法运算符优先于加法和减法运算符。

思维导图

运算符优先级的思维导图如图4.48所示。

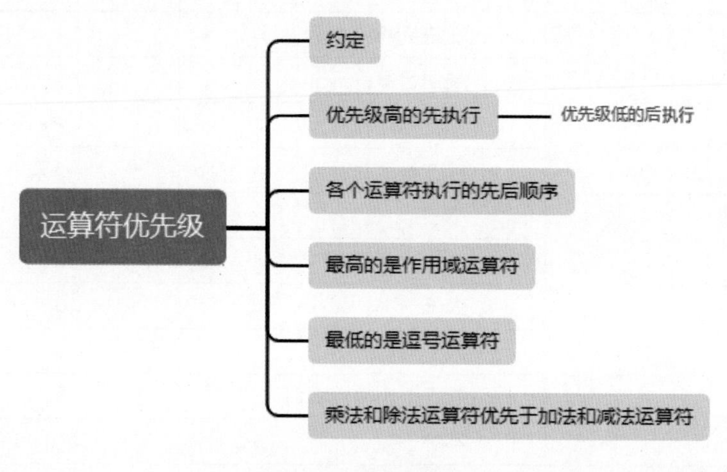

图4.48　思维导图

练一练

（1）优先级最高的是＿＿＿＿＿＿＿运算符。

（2）乘法和除法运算符＿＿＿＿于加法和减法运算符。

4.14 10-2-5的结果——运算符的结合性

在数学中经常会遇到拥有多个相同运算符的式子，如图4.49所示。

图4.49　拥有相同运算符的式子

图4.49中使用了两个减法运算符，如果要求写出它的计算过程，那么是先计算10-2呢还是先计算2-5呢？在数学中，先计算10-2，再将结果-5，最后得到结果3。那在C++中也是如此吗？

编写一个程序，计算10-2-5，验证我们的猜想。此功能的实现需要考虑运算符的结合性，其步骤如下。

（1）声明一个变量result，将10-2-5的结果保存在此变量中。

（2）输出计算后的结果，即变量result。

根据实现步骤，绘制流程图，如图4.50所示。

根据流程图，实现10–2–5的计算。编写代码如下：

```
#include<iostream>
using namespace std;
int main()
{
    int result = 10-2-5;
    cout <<" 结果 :"<<result<<std::endl;
}
```

代码执行后的效果如下：

```
结果：3
```

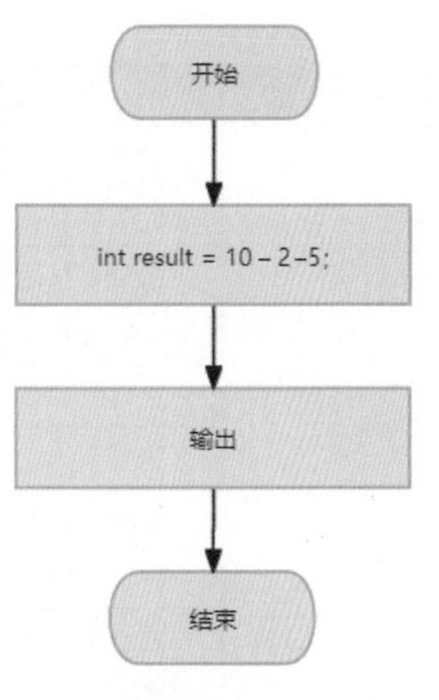

图4.50　计算10–2–5流程图

核心知识点

在该实例中使用减法运算符进行了两次运算。在C++中，减法的结合性是从左到右，因此先计算左边的操作数(10–2)，然后与右边的操作数进行运算((10–2)–5)，结果为3。该实例展示了相同运算符结合性的计算顺序对表达式的影响。通过合理使用运算符的结合性，可以控制表达式的计算顺序，并得到期望的结果。

在C++中，运算符结合性指定了当多个相同优先级的运算符出现在同一表达式中时运算符的操作顺序。运算符可以是左结合性(left associative)、右结合性(right associative)或无结合性(non–associative)。

（1）左结合性：左结合性的运算符从左到右进行计算。大多数运算符是左结合性的，如算术运算符（+、–、*、/）、赋值运算符（=）、逻辑运算符（&&、||）等。

（2）右结合性：右结合性的运算符从右到左进行计算，如赋值运算符（=）、复合赋值运算符等。

（3）无结合性：无结合性的运算符不允许通过多个相同优先级的运算符进行连接。C++中只有一个无结合性的运算符，即条件运算符（?:）。

运算符的结合性见表4.5。

表4.5　运算符的结合性

优先级	名　称	运算符	所需变量个数	结合性
1	作用域运算符	::		自左向右
2	成员访问运算符	.	双目运算符	自左向右
	指向成员运算符	–>		
	下标运算符	[ ]		
	括号 / 函数运算符	()		

续表

优先级	名称	运算符	所需变量个数	结合性
3	自增运算符	++	单目运算符	自右向左
	自减运算符	--		
	按位取反运算符	~		
	逻辑非运算符	!		
	正号	+		
	负号	-		
	取地址运算符	&		
	地址访问运算符	*		
	强制类型转换运算符	(Type)		
	类型长度运算符	sizeof()		
	内存分配运算符	new		
	取消分配内存运算符	delete		
	类型转换运算符	castname_cast		
4	成员指针运算符	.*	双目运算符	自左向右
		->*		
5	乘法运算符	*	双目运算符	自左向右
	除法运算符	/		
	取余运算符	%		
6	加法运算符	+	双目运算符	自左向右
	减法运算符	-		
7	位左移运算符	<<	双目运算符	自左向右
	位右移运算符	>>		
8	小于	<	双目运算符	自左向右
	小于或等于	<=		
	大于	>		
	大于或等于	>=		
9	等于（判等运算符）	==	双目运算符	自左向右
	不等于	!=		
10	按位与	&	双目运算符	自左向右
11	按位异或	^	双目运算符	自左向右
12	按位或	|	双目运算符	自左向右

续表

<table>
<tr><th>优先级</th><th>名 称</th><th>运 算 符</th><th>所需变量个数</th><th>结 合 性</th></tr>
<tr><td>13</td><td>逻辑与</td><td>&&</td><td>双目运算符</td><td>自左向右</td></tr>
<tr><td>14</td><td>逻辑或</td><td>||</td><td>双目运算符</td><td>自左向右</td></tr>
<tr><td>15</td><td>条件运算符</td><td>? :</td><td>三目运算符</td><td>自右向左</td></tr>
<tr><td rowspan="11">16</td><td>赋值运算符</td><td>=</td><td rowspan="11">双目运算符</td><td rowspan="11">自右向左</td></tr>
<tr><td rowspan="10">复合赋值运算符</td><td>+=</td></tr>
<tr><td>-=</td></tr>
<tr><td>*=</td></tr>
<tr><td>/=</td></tr>
<tr><td>%=</td></tr>
<tr><td><<=</td></tr>
<tr><td>>>=</td></tr>
<tr><td>&=</td></tr>
<tr><td>|=</td></tr>
<tr><td>^=</td></tr>
<tr><td>17</td><td>抛出异常运算符</td><td>throw</td><td></td><td>自左向右</td></tr>
<tr><td>18</td><td>逗号运算符</td><td>,</td><td>双目运算符</td><td>自左向右</td></tr>
</table>

思维导图

运算符的结合性的思维导图如图4.51所示。

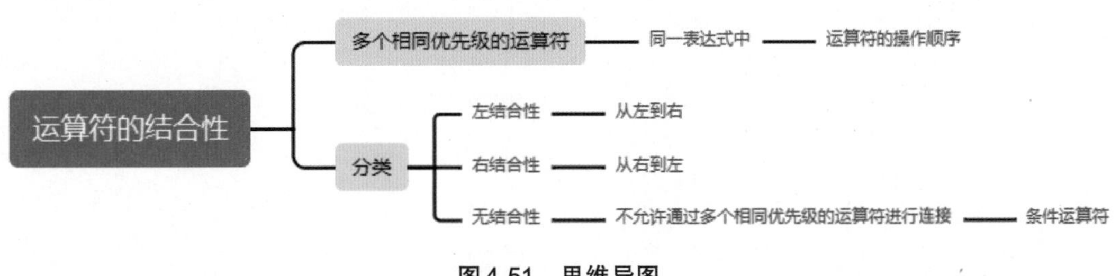

图4.51 思维导图

练一练

（1）减法运算符的结合性是____。

（2）表达式 10+2-3 中先计算的是____。

第 5 章

程序控制结构

在 C++ 语言中，程序控制结构用于控制程序的执行流程。计算机可以根据条件执行不同的代码块或循环执行特定的代码块。C++ 中主要的程序控制结构包括顺序结构、选择结构（if 语句、if-else 语句、多分支条件语句和 switch 语句）和循环结构（for 语句、while 语句和 do-while 语句），本章将详细讲解这些语句的使用。

5.1 春晓——顺序结构

孟浩然是唐代著名的山水田园派诗人，世称“孟襄阳”。孟浩然的诗在艺术上有独特的造诣，后人把孟浩然与盛唐另一山水诗人王维并称为“王孟”。《春晓》是孟浩然最为著名的诗，在小学课本中也是必学的诗，如图5.1所示。

编写一个程序，在屏幕上输出《春晓》这首诗。该功能可以使用4个cout语句，并且需要使用顺序结构实现。

根据实现步骤，绘制流程图，如图5.2所示。

图5.1 《春晓》

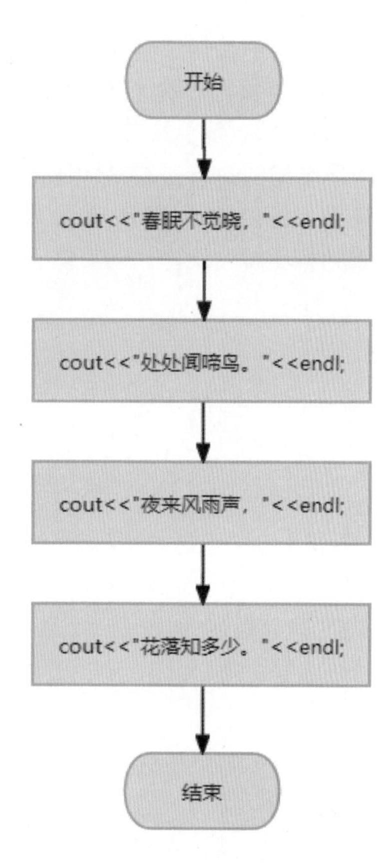

图5.2 输出《春晓》流程图

根据流程图，实现《春晓》的输出。编写代码如下：

```
#include<iostream>
using namespace std;
int main()
{
    cout<<" 春眠不觉晓，"<<endl;
    cout<<" 处处闻啼鸟。"<<endl;
```

```
        cout<<" 夜来风雨声，"<<endl;
        cout<<" 花落知多少。"<<endl;
    }
```

代码执行后的效果如下：

```
春眠不觉晓，
处处闻啼鸟。
夜来风雨声，
花落知多少。
```

核心知识点

在此代码中使用了顺序结构。顺序结构是指程序按照顺序，从上到下逐条执行代码，每条代码都会被执行一次，直到到达程序的结尾。这就像在队列中报数一样，从队头位置开始依次报数直到队尾。

顺序结构的执行方式是代码的最基本执行方式。顺序结构中的代码之间通常没有明显的依赖关系，每条代码都可以独立地按照顺序执行，与其他代码的执行结果无关。这简化了程序的设计和理解，使得代码更易于维护和调试。顺序结构的执行方式如图5.3所示。

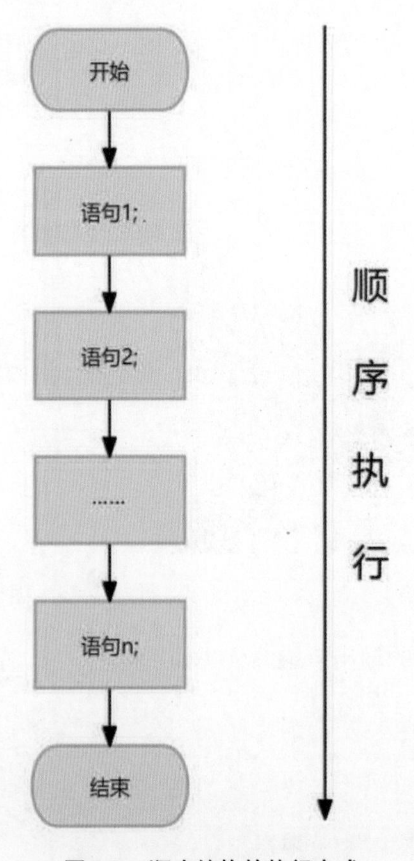

图5.3　顺序结构的执行方式

思维导图

顺序结构的思维导图如图5.4所示。

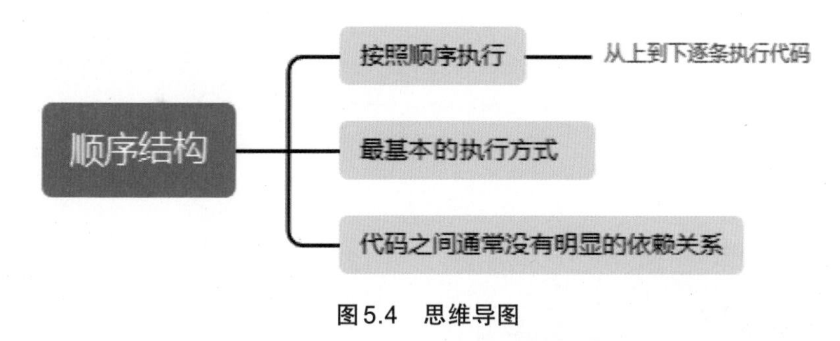

图5.4　思维导图

练一练

（1）代码的最基本执行方式是＿＿＿＿＿＿。

（2）编写代码，输入三角形的底和高，计算其面积。

5.2 灰姑娘——if语句

从前，有一位长得很漂亮的女孩，她有一位恶毒的继母与两位心地不好的姐姐。她经常受到继母与两位姐姐的欺负，被逼着做粗重的工作，经常弄得全身满是灰尘，因此被戏称为“灰姑娘”。有一天，城里的王子举行舞会，邀请全城的女孩出席，但继母与两位姐姐却不让灰姑娘出席，还要她做很多的工作，使她失望伤心。

这时，有一位仙女出现了，把她变成高贵的千金小姐，并将老鼠变成马夫，南瓜变成马车，又变了一套漂亮的衣服和一双水晶鞋给灰姑娘穿上。灰姑娘很开心，赶快前往皇宫参加舞会。

出发前，仙女提醒灰姑娘，不可逗留至午夜十二点，十二点以后魔法会自动解除，灰姑娘答应了。她出席了舞会，王子一看到她便被她迷住了，立即邀她共舞。欢乐的时光过得很快，眼看就要到午夜十二点了，灰姑娘不得不马上离开，在仓皇间留下了一只水晶鞋。王子很伤心，于是派大臣至全国探访，找出能穿上这只水晶鞋的女孩。尽管有后母及姐姐的阻碍，但大臣仍成功地找到了灰姑娘。王子很开心，便向灰姑娘求婚，灰姑娘也答应了，两人从此过着幸福快乐的生活，如图5.5所示。

大臣拿水晶鞋一个一个地找人既费时又费力，请编写一个帮助王子找到灰姑娘的程序。这个程序的功能如下：用户输入一个鞋号，和水晶鞋的鞋号进行比较，如果鞋号相等，则显示“您就是王子要找的人”。此功能需要使用if语句实现，其步骤如下。

（1）输入鞋号，使用变量size存储。

（2）使用变量size存储的数据和水晶鞋的鞋号36进行比较，如果相等，则显示“您就是王子要找的人”。

根据实现步骤，绘制流程图，如图5.6所示。

图5.5　灰姑娘

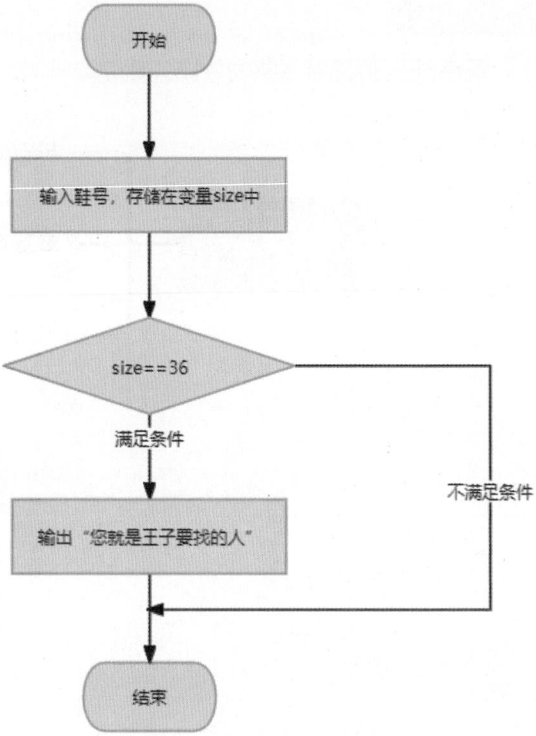

开始

输入鞋号，存储在变量size中

size==36

满足条件

不满足条件

输出“您就是王子要找的人”

结束

图5.6　寻找灰姑娘流程图

根据流程图，实现寻找灰姑娘的功能。编写代码如下：

```
#include<iostream>
using namespace std;
int main()
{
    cout<<"请输入您平时穿鞋子的鞋号：";
    int size;
    cin>>size;
    if(size==36)
    {
        cout<<"您就是王子要找的人";
    }
}
```

代码执行后，需要用户输入鞋号，计算机判断是否和水晶鞋的鞋号相等并输出结果。例如，输入36，执行过程如下：

```
请输入您平时穿鞋子的鞋号：36
您就是王子要找的人
```

核心知识点

if 语句是程序控制结构中的选择结构。在 C++ 语言中，选择结构有三种，分别为单分支选择结构、双分支选择结构和多分支选择结构。if 语句属于单分支选择结构，所以也被称为单分支条件语句，适用于处理简单的选择执行。if 语句由 if 条件和执行语句块组成，只有一个分支。当条件为真时，执行语句块；当条件为假时，不执行语句块。其语法形式如图 5.7 所示。

当执行语句块只有一行语句时，花括号可以省略，其语法形式如图 5.8 所示。

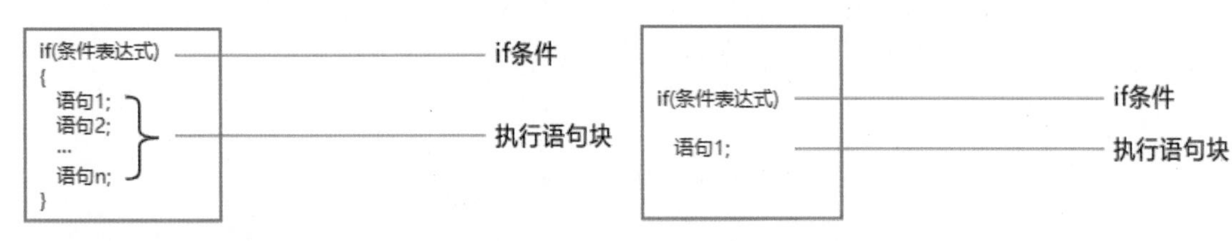

图 5.7　if 语句语法形式（不省略花括号）　　图 5.8　if 语句语法形式（省略花括号）

if 语句的执行流程如图 5.9 所示。

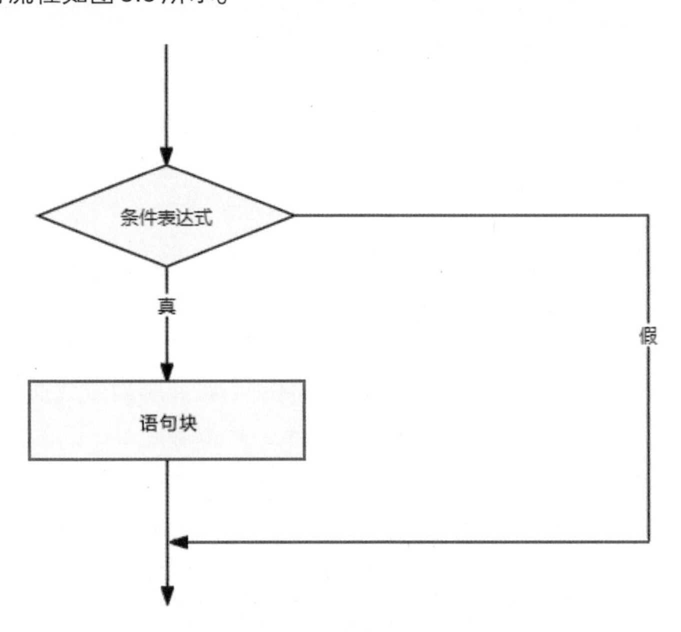

图 5.9　if 语句的执行流程

从图 5.9 中可以看出，if 语句的执行顺序由条件表达式的值决定。当条件表达式为真时（满足条件），执行语句块；当条件表达式为假时（不满足条件），则不执行语句块。

助记小词典

if：如果，假若，发音为 [ɪf]。

思维导图

if 语句的思维导图如图 5.10 所示。

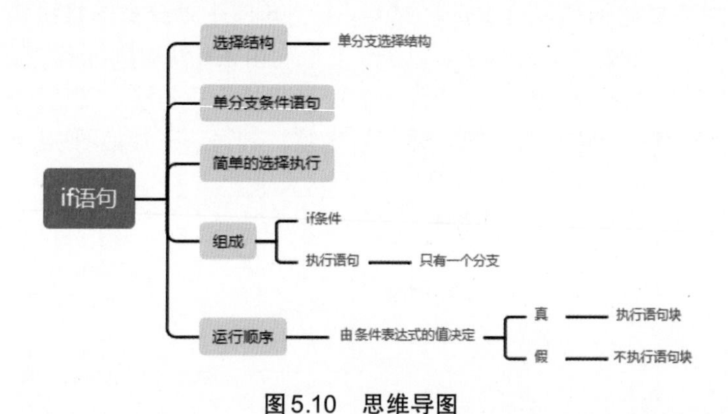

图 5.10　思维导图

练一练

（1）if 语句的执行顺序由 ____________ 的值决定。

（2）编写一个程序，判断输入的数字是否大于 18，如果大于，则输出“此数字大于 18”。

5.3 空气质量——if 语句的连用

在天气预报中经常会看到 PM2.5 这个词，如图 5.11 所示。PM2.5 是指大气中的细颗粒物(particulate matter)，其直径小于或等于 2.5 微米。PM2.5 包括各种来源的颗粒物，如灰尘、烟雾、汽车尾气和工业废气等。这些细颗粒物对人体健康有害，它们可以深入呼吸系统，引发呼吸问题，甚至对心脏和肺部造成损害。天气预报中的 PM2.5 值表示空气中每立方米的 PM2.5 颗粒物的浓度。该数字通常以微克/立方米(μg/m³)为单位表示。较高的 PM2.5 值表示空气中颗粒物的浓度较高，意味着空气质量较差。

图 5.11　天气预报

根据国际空气质量指数(Air Quality Index，AQI)标准，常见的 PM2.5 浓度级别和对应的空气质量状况如下。

（1）0 ~ 50：空气质量优，对健康没有明显影响。

（2）51 ~ 100：空气质量良好，一些特别敏感的人可能会有轻微不适。

（3）101 ~ 150：轻度污染，敏感人群可能出现健康问题。

（4）151 ~ 200：中度污染，健康人群普遍出现不适症状。

（5）201 ~ 300：重度污染，健康人群明显受到影响，敏感人群可能出现严重症状。

（6）301及以上：严重污染，对健康影响非常严重。

试编写一个程序，由用户输入PM2.5值，计算机输出对应的空气质量。在上述介绍中有六种情况，所以此功能需要使用多分支选择结构实现。在C++语言中，if语句的连用是实现多分支选择结构的一种方式，其步骤如下。

（1）输入数字，用变量pm存储。

（2）判断pm存储的数字是否在0 ~ 50的范围内，如果是则输出“空气质量优”。

（3）判断pm存储的数字是否在51 ~ 100的范围内，如果是输出“空气质量良好”。

（4）判断pm存储的数字是否在101 ~ 150的范围内，如果是则输出“轻度污染”。

（5）判断pm存储的数字是否在151 ~ 200的范围内，如果是则输出“中度污染”。

（6）判断pm存储的数字是否在201 ~ 300的范围内，如果是则输出“重度污染”。

（7）判断pm存储的数字是否大于301，如果是则输出“严重污染”。

根据实现步骤，绘制流程图，如图5.12所示。

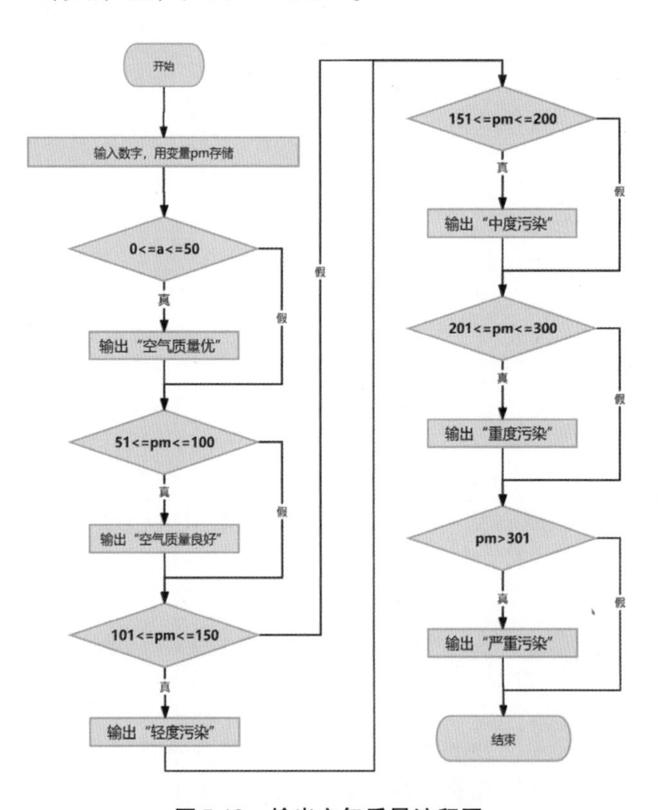

图5.12　输出空气质量流程图

根据流程图，实现输出空气质量功能。编写代码如下：

```
#include<iostream>
using namespace std;
int main()
{
    cout<<"PM2.5 值：";
    int pm;
    cin>>pm;
    if(pm>=0&&pm<=50)
    {
        cout<<" 空气质量优 ";
    }
    if(pm>=51&&pm<=100)
    {
        cout<<" 空气质量良好 ";
    }
    if(pm>=101&&pm<=150)
    {
        cout<<" 轻度污染 ";
    }
    if(pm>=151&&pm<=200)
    {
        cout<<" 中度污染 ";
    }
    if(pm>=201&&pm<=300)
    {
        cout<<" 重度污染 ";
    }
    if(pm>=301)
    {
        cout<<" 严重污染 ";
    }
}
```

代码执行后，需要用户输入PM2.5值，计算机判断对应的空气质量并输出结果。例如，输入200，执行过程如下：

```
PM2.5 值：200
中度污染
```

核心知识点

在C++语言中，除了单分支选择结构外，还有双分支选择结构和多分支选择结构。其中，多分支选择结构可以使用多个if语句的连用实现，每个if语句都会根据条件的真假确定是否执行相应的代码块。多个if语句可以依次判断多个条件，并根据条件的满足情况执行相应的逻辑。多分支选择结构的语法形式如下：

```
if(条件表达式1)
{
    语句块1
}
if(条件表达式2)
{
    语句块2
}
if(条件表达式3)
{
    语句块3
}
...
if(条件表达式n)
{
    语句块n
}
```

多分支选择结构的执行流程如图5.13所示。

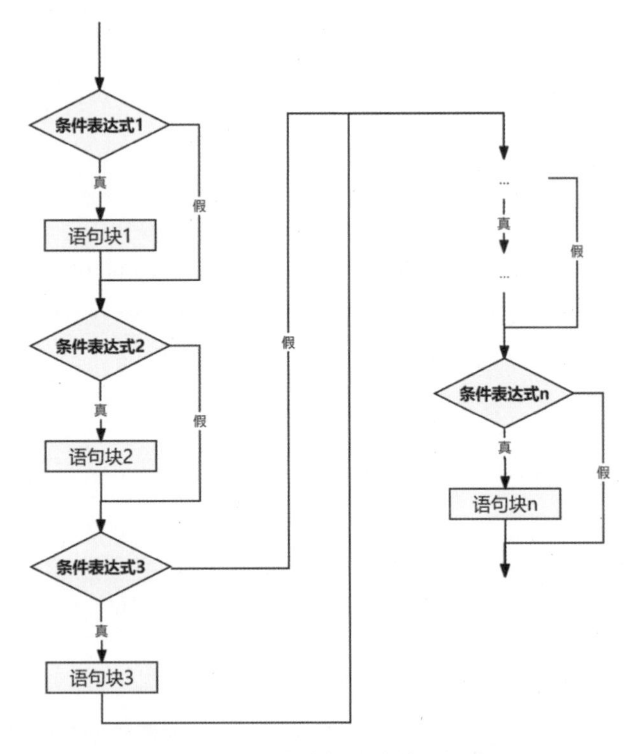

图5.13　多分支选择结构的执行流程

思维导图

if语句的连用的思维导图如图5.14所示。

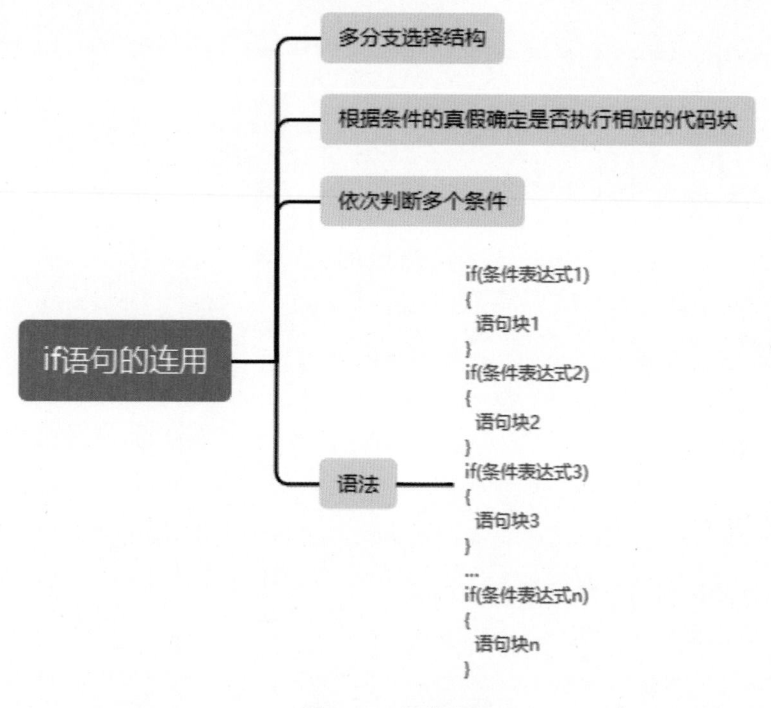

图5.14　思维导图

练一练

（1）多分支选择结构可以使用多个 ______ 语句的连用实现。

（2）编写一个程序，判断输入的温度如何。如果此温度小于10摄氏度，则显示“天气太冷了”；如果在10 ~ 30摄氏度之间，则显示“天气舒适”；如果大于31摄氏度，则显示“天气太热”。

5.4 判断两位数——if语句的嵌套

今天在数学课堂上学习了两位数。老师为了加深学生对两位数的理解，准备了一个游戏小环节。游戏规则如下：老师说出一个数字，站起来的学生需要判断该数字是否为两位数，如果是，就说“这个数是两位数”。可以使用C++代码实现该游戏。由于两位数是大于9且小于100的数字，因此可以使用if语句的嵌套实现，其步骤如下。

（1）输入数字，用变量num存储。

（2）判断num存储的数字是否大于9，如果大于9，再判断该数字是否小于100。如果是，则输出“这个数是两位数”。

根据实现步骤，绘制流程图，如图5.15所示。

根据流程图，实现两位数的判断。编写代码如下：

```
#include<iostream>
using namespace std;
int main()
{
    cout<<" 请输入一个数字 ：";
    int num;
    cin>>num;
    if(num>9)
    {
        if(num<100)
        {
            cout<<" 这个数是两位数 "<<endl;
        }
    }
}
```

代码执行后，需要用户输入一个数字，计算机判断这个数字是否为两位数并输出结果。例如，输入29，执行过程如下：

```
请输入一个数字：29
这个数是两位数
```

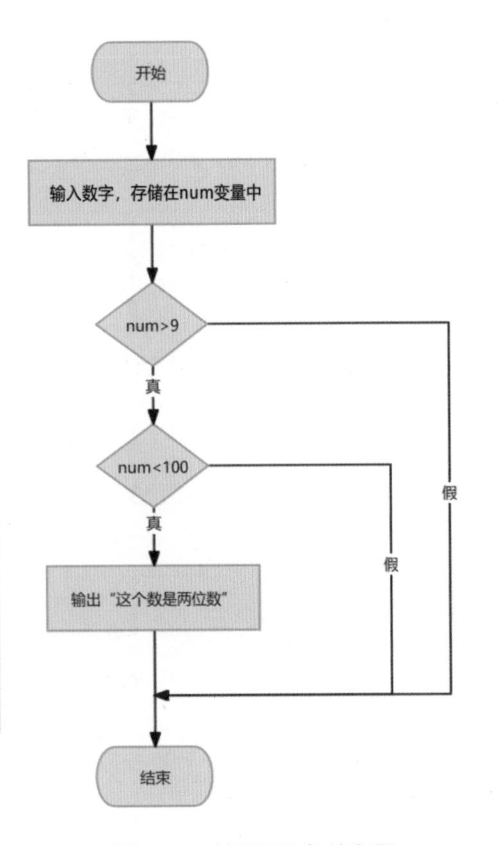

图5.15　判断两位数流程图

核心知识点

在C++中，经常需要判断多个条件是否同时满足，使用if语句的嵌套实现是其中的一种方式，即在if语句中嵌套if语句。其语法形式如下：

```
if( 条件表达式 1)
{
    if( 条件表达式 2)
    {
        语句块
    }
}
```

代码执行后，首先会对条件表达式1进行判断，如果满足条件，再进一步对条件表达式2进行判断；如果满足条件，则执行语句块，如图5.16所示。

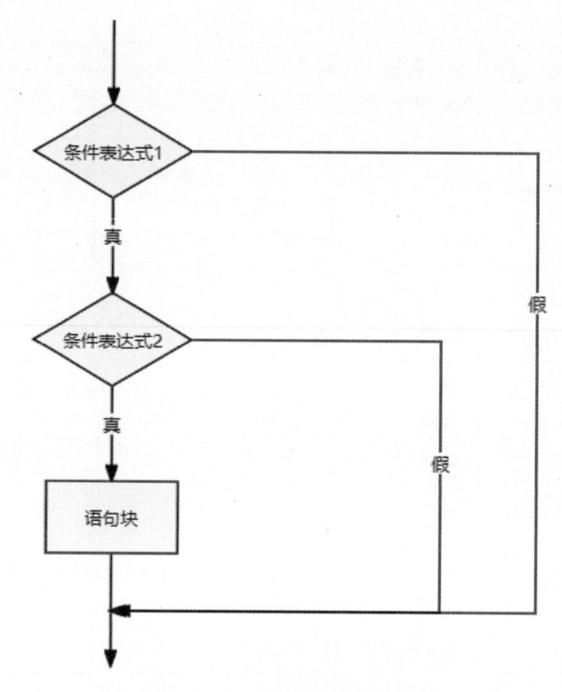

图 5.16　if 语句的嵌套流程图

思维导图

if 语句的嵌套的思维导图如图 5.17 所示。

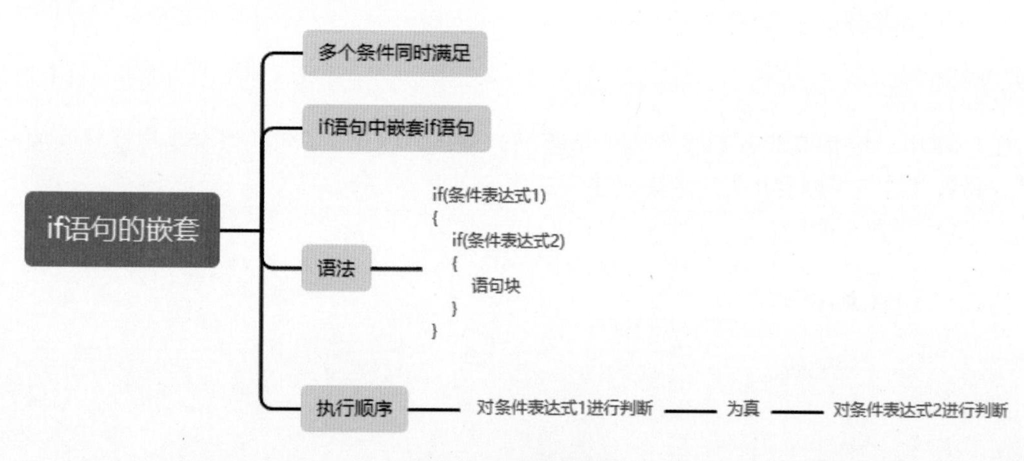

图 5.17　思维导图

练一练

（1）编写程序，判断给定的数字是否为三位数。如果是，则输出“这是一个三位数”。

（2）if 语句的嵌套是在 if 语句中嵌套了一个 ________ 语句。

5.5 匹诺曹——if-else语句

图5.18 匹诺曹

《匹诺曹》是一个著名的童话故事，讲述了一个老木匠杰佩托雕刻了一个名为匹诺曹的木偶，并赋予了他生命。匹诺曹最显著的特征是他的鼻子在他说谎时会不断变长，如图5.18所示。这一细节成为故事的标志性象征，提醒我们诚实与虚伪之间的对立。

期末考试成绩出来了，匹诺曹考了28分，回去之后，爸爸问他考了多少分。试编写一个程序，判断匹诺曹是否在说谎。如果匹诺曹说的成绩不是真实成绩，就输出"鼻子变长"；如果是真实的成绩，就输出"虽然成绩不理想，但是我很欣慰，你没有说谎"。此功能需要双分支选择结构实现，在C++语言中，if-else语句可以实现双分支选择结构，其步骤如下。

（1）使用变量score存储匹诺曹的实际成绩。

（2）输入匹诺曹说的成绩，使用变量s存储。

（3）对变量s存储的数据和变量score存储的数据进行比较，若两者相等，则输出"虽然成绩不理想，但是我很欣慰，你没有说谎"；如果不相等，则输出"鼻子变长"。

根据实现步骤，绘制流程图，如图5.19所示。

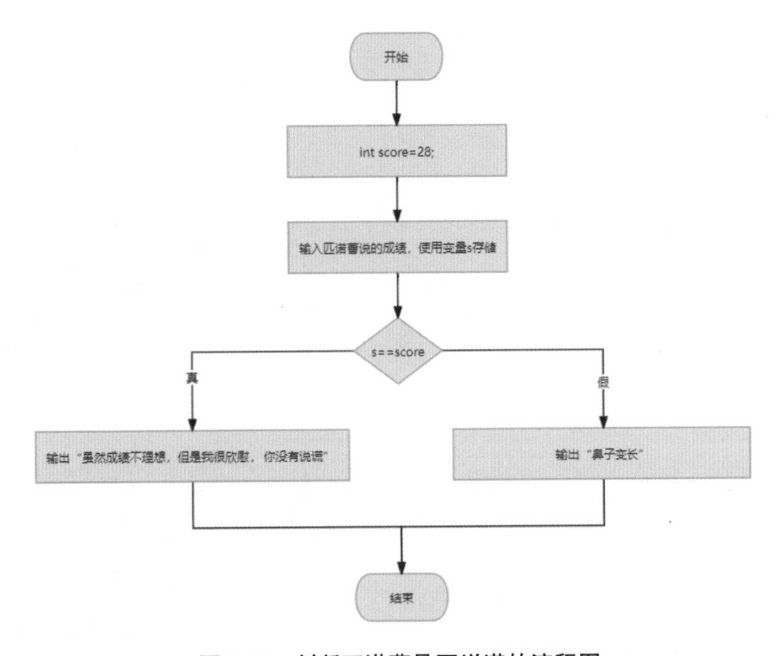

图5.19 判断匹诺曹是否说谎的流程图

根据流程图，实现判断匹诺曹是否说谎的功能。编写代码如下：

```
#include<iostream>
using namespace std;
int main()
{
    int score=28;
    cout<<" 匹诺曹你的期末成绩是多少：";
    int s;
    cin>>s;
    if(s==score)
    {
        cout<<" 虽然成绩不理想，但是我很欣慰，你没有说谎 "<<endl;
    }
    else
    {
        cout<<" 鼻子变长 "<<endl;
    }
}
```

代码执行后，需要用户输入匹诺曹的成绩，计算机判断是否为真实成绩并输出结果。例如，输入28，执行过程如下：

```
匹诺曹你的期末成绩是多少：28
虽然成绩不理想，但是我很欣慰，你没有说谎
```

核心知识点

在C++语言中，双分支选择结构一般推荐使用if-else语句实现。if-else语句也称为双分支条件语句，拥有一个条件和两个分支的语句或语句块。其语法形式如下：

```
if( 条件表达式 )
{
    语句块 1
}
else
{
    语句块 2
}
```

if-else语句的执行流程如图5.20所示。

从图5.20中可以看到，if-else语句可以根据条件的值选择执行的分支语句。如果条件的值为真，则执行语句块1；如果条件的值为假，则执行语句块2。if-else语句中，只能执行两个分支语句中的一个语句块。

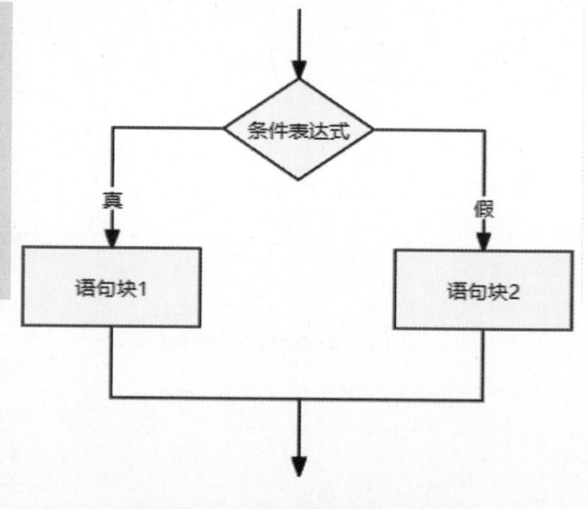

图5.20　if-else语句的执行流程

助记小词典

else：其他的、另外的，发音为[els]。

思维导图

if-else语句的思维导图如图5.21所示。

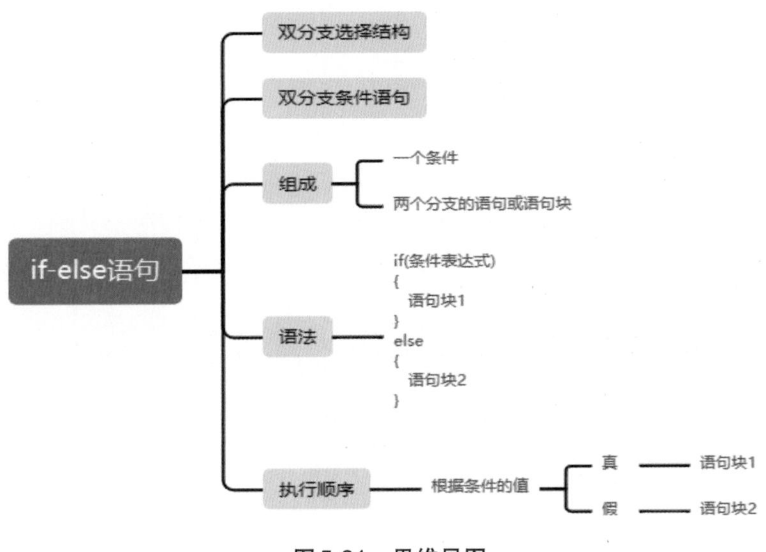

图5.21　思维导图

练一练

（1）双分支选择结构一般推荐使用 ________ 语句实现。

（2）编写一个程序，判断输入的数字是否为奇数。如果是，则输出“该数字是奇数”；否则，输出“该数字不是奇数”。

5.6 给数字分类——if-else语句的嵌套

在数学中，数字通常可以分为3个主要类别：0、正数和负数。这种分类方式基于数字的符号和它们所代表的值的正负性质。零表示数值为0，既不是正数也不是负数；正数表示大于0的数值，它们表示具有正号的数值，如1、2、3等；负数表示小于0的数值，它们表示具有负号的数值，如−1、−2、−3等。通过这3个分类，我们可以更准确地描述和区分不同类型的数值。

试编写一个程序，为输入的数字进行分类。该功能可以通过if-else语句的嵌套实现，其步骤如下。

（1）输入数字，使用变量num存储。

（2）使用变量num存储的数字和0进行比较，如果是大于0的数字，则输出“该数字为正数”；如果是不大于0的数字，还需要分为两种情况，即小于0和等于0。如果是小于0的数字，则输出“该数字为负数”；否则输出“该数字是0”。

根据实现步骤，绘制流程图，如图5.22所示。

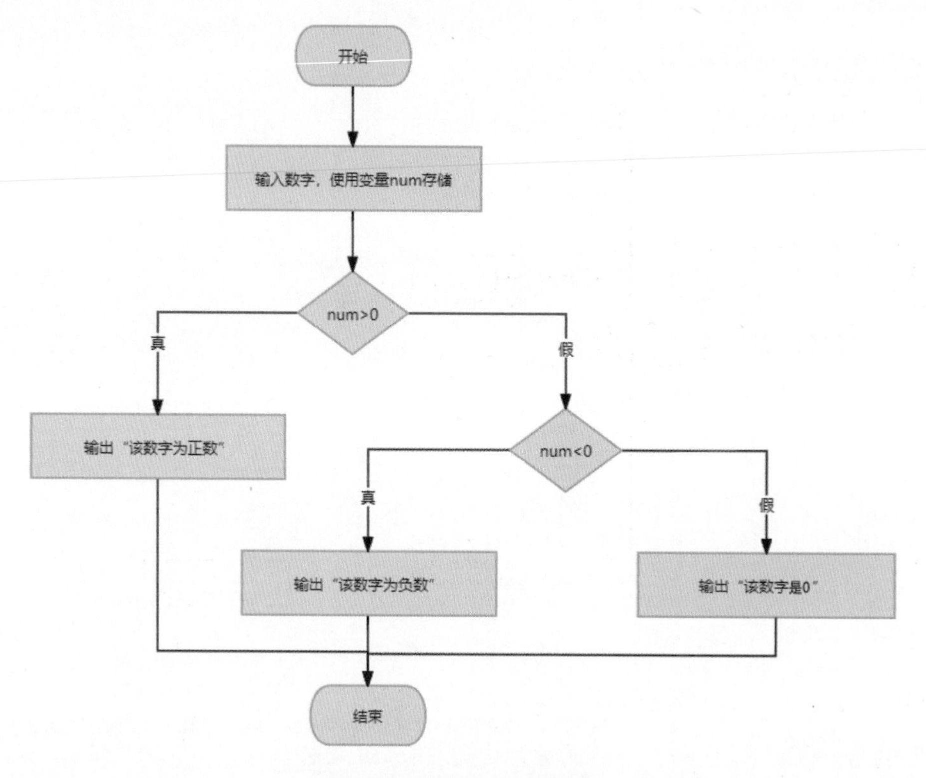

图5.22　给数字分类流程图

根据流程图，实现为数字分类的功能。编写代码如下：

```
int number;
cout<<"请输入一个数字：";
cin>>number;
if (number > 0) {
    cout<<"该数字为正数"<<endl;
} else {
    if (number<0) {
        cout<<"该数字为负数"<<endl;
    } else {
        cout<<"该数字是0"<<endl;
    }
}
```

代码执行后，需要用户输入数字，计算机判断其为哪一类数字并输出结果。例如，输入28，执行过程如下：

```
请输入一个数字：28
该数字为正数
```

核心知识点

在C++代码中，如果要根据多个条件判断和执行相应的代码块，可以使用if-else语句的嵌套。其语法形式如下：

```
if(条件表达式1)
{
    if(条件表达式2)
    {
        语句块1
    }
    else
    {
        语句块2
    }
}
else
{
    if(条件表达式3)
    {
        语句块3
    }
    else
    {
        语句块4
    }
}
```

if-else语句的嵌套的执行流程如图5.23所示。

从图5.23中可以看出，首先会检查条件表达式1，如果条件表达式1的结果为真，则进入第一个if语句块并继续执行。在第一个if语句块中会进一步检查条件表达式2，根据其结果的真假执行相应的语句块，即语句块1或语句块2。如果条件表达式1的结果为假，则代码将跳过第一个if语句块，进入else分支。在else分支中会检查条件表达式3。如果条件表达式3的结果为真，则代码将进入第二个if语句块并执行语句块3；如果条件表达式3的结果为假，则代码将执行else分支的最后一个else语句块，即语句块4。

注意：此语法形式只是if-else语句的嵌套的一种，还可以在if-else的if分支中嵌套if-else，或在else分支中嵌套if-else。本实例就是在else分支中嵌套了if-else。

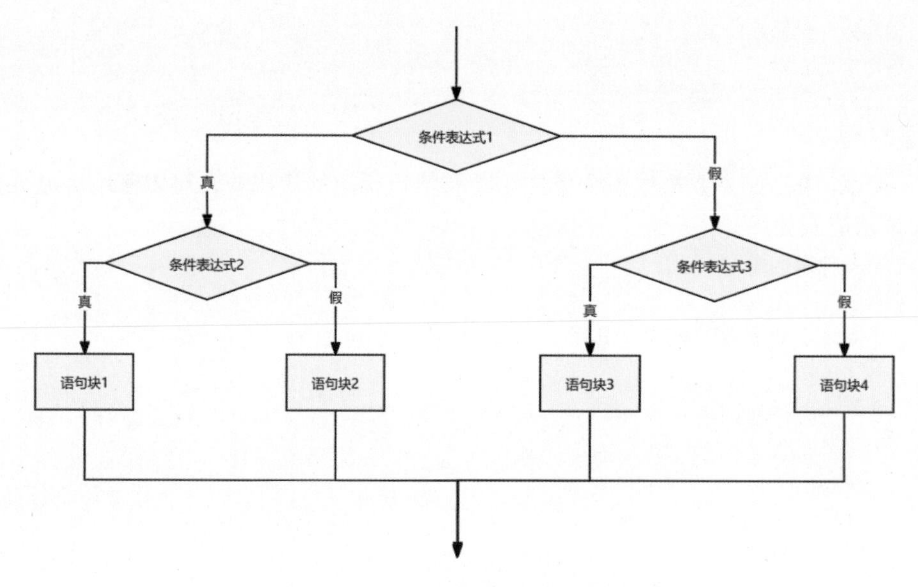

图5.23　if-else语句的嵌套的执行流程

思维导图

if–else语句的嵌套的思维导图如图5.24所示。

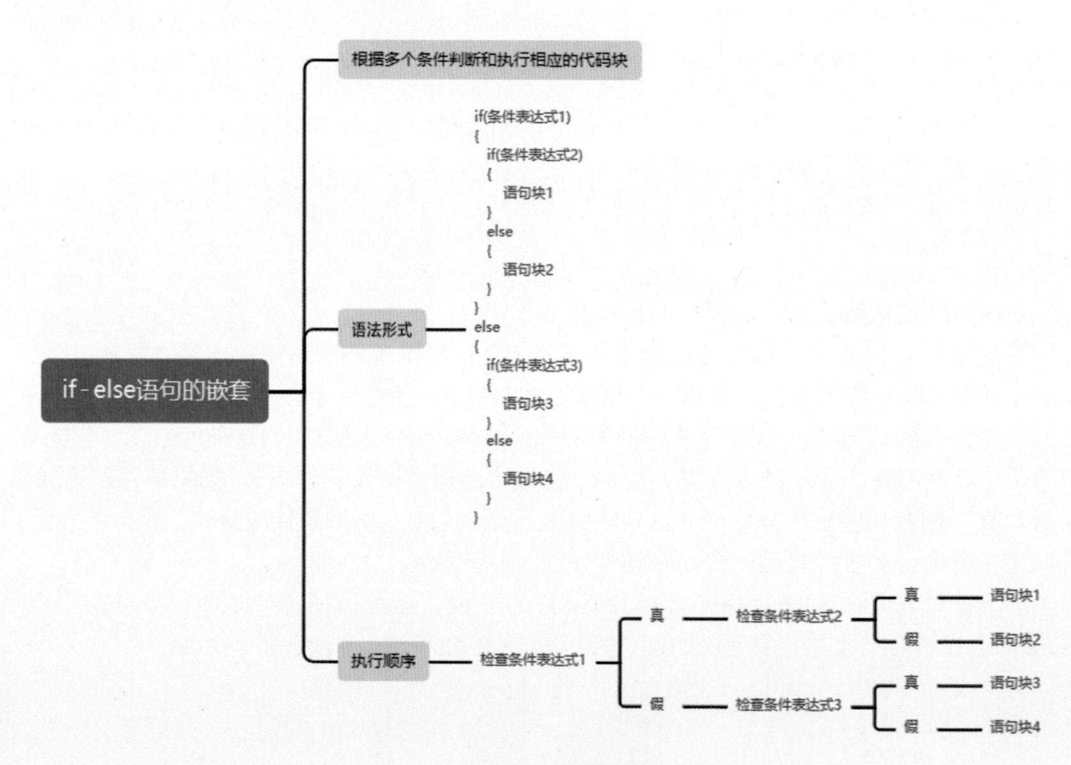

图5.24　思维导图

练一练

（1）if-else 语句的嵌套是在 if-else 语句中嵌套了 ____________ 语句。

（2）编写程序，输出 3 个数的最大值（这 3 个数需要用户输入）。

5.7 闰年神器——if 和 if-else 语句一起使用

闰年基本的定义是指每4年增加一天，即2月29日。这额外的一天是为了弥补地球绕太阳公转周期不是完整的365天，而是约为365.2422天，从而导致日历和实际季节之间的脱节。因此，闰年的引入旨在确保我们的时间计量与天文现象保持同步。闰年分为普通闰年和世纪闰年。

（1）普通闰年：能够被 4 整除但不能被 100 整除的年份。这类闰年是为了将日历与地球公转周期相对接近而引入的。例如，2008 年、2012 年、2016 年就是普通闰年。

（2）世纪闰年：能够被 400 整除的年份。世纪年份通常不是普通闰年。然而，如果一个世纪年能够被 400 整除，那么它仍然是闰年。例如，2000 年是世纪闰年。

试编写一个程序，输入年份判断是否为闰年。如果是闰年，则输出闰年的类别；如果是世纪闰年，则输出“这一年是世纪闰年”；否则为“这一年是普通闰年”。该功能可以用 if 和 if-else 语句一起实现，其步骤如下。

（1）输入年份，存储在变量 year 中。

（2）判断输入的年份是否可以被 4 整除，如果可以被 4 整除，则判断是否可以被 100 整除;如果可以被 100 整除，再判断是否可以被 400 整除;如果可以被 400 整除，则是世纪闰年，否则是普通闰年。

根据实现步骤，绘制流程图，如图5.25所示。

根据流程图，实现判断是否为闰年的功能。编写代码如下：

```
#include<iostream>
using namespace std;
int main()
{
    int year;
    cin>>year;
    if (year % 4 == 0)
    {
        if (year % 100 == 0)
        {
            if (year % 400 == 0)
            {
                cout <<" 这一年是世纪闰年 "<< endl;
            }
        }
```

```
            else
            {
                cout << " 这一年是普通闰年 " << endl;
            }
        }
    }
```

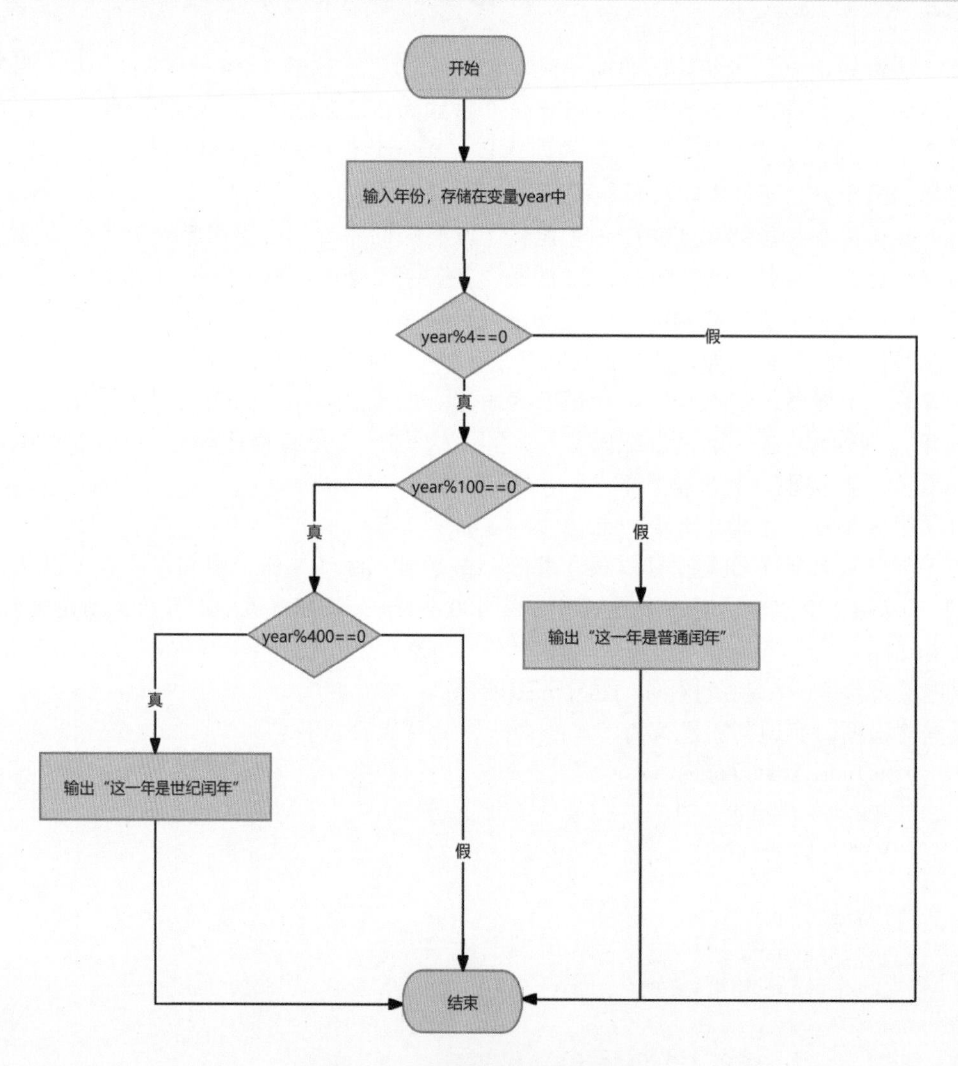

图 5.25　判断是否为闰年流程图

代码执行后，需要用户输入数字，计算机判断为哪一类闰年并输出结果。例如，输入 2000，执行过程如下：

```
2000
这一年是世纪闰年
```

核心知识点

在C++语言中，if语句可以和if–else语句一起使用，即在if语句中嵌套if–else语句，也可以在if–else语句中嵌套if语句。在if语句中嵌套if–else语句的语法形式如下：

```
if( 条件表达式 1)
{
    if( 条件表达式 2)
    {
        语句块 1
    }
    else
    {
        语句块 2
    }
}
```

在if语句中嵌套if–else语句的执行流程如图5.26所示。

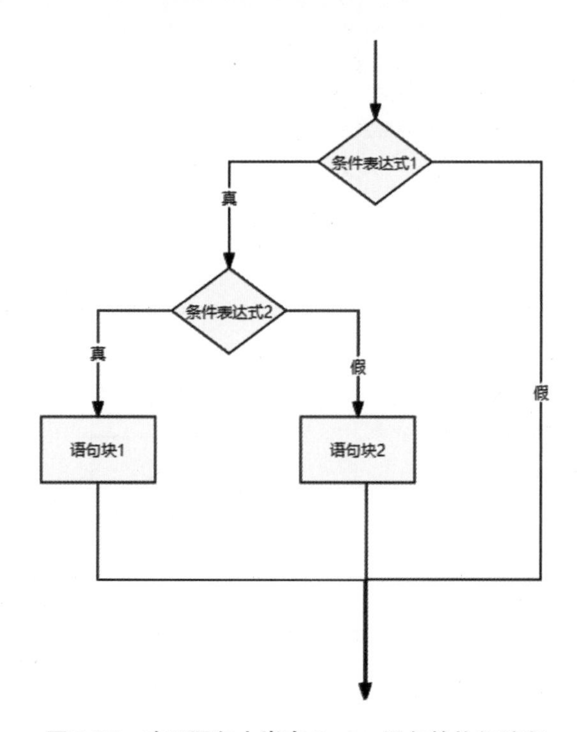

图5.26　在if语句中嵌套if-else语句的执行流程

从图5.26中可以看到，首先会判断条件表达式1的结果。如果条件表达式1的结果为真，则执行条件表达式1下的代码。再次判断条件表达式2的结果。如果条件表达式2的结果也为真，则执行语句块1，否则执行语句块2。

在if–else语句中嵌套if语句的语法形式如下：

```
if( 条件表达式 1)
{
    if( 条件表达式 2)
    {
        语句块 1
    }
}
else
{
    if( 条件表达式 3)
    {
        语句块 2
    }
}
```

在 if-else 语句中嵌套 if 语句的执行流程如图 5.27 所示。

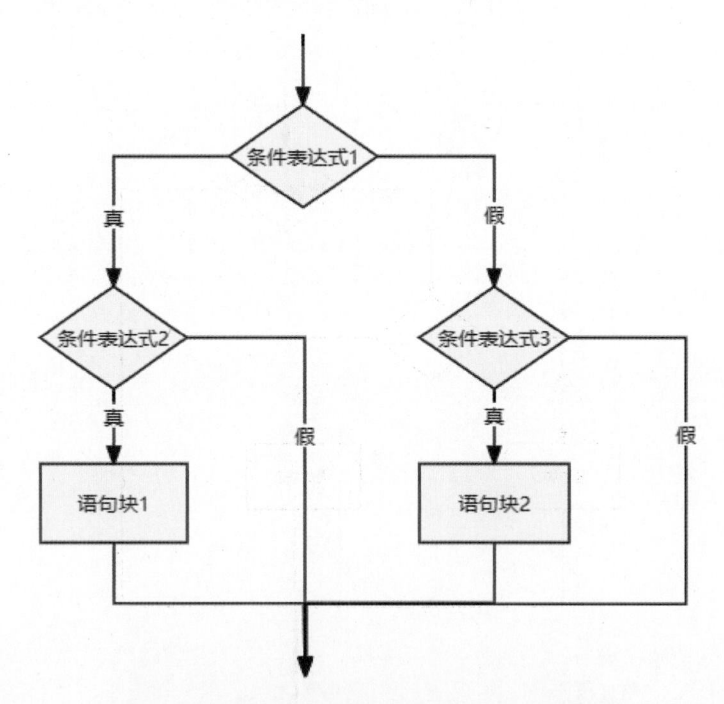

图 5.27　在 if-else 语句中嵌套 if 语句的执行流程

从图 5.27 中可以看到，首先会判断条件表达式 1 的结果。如果条件表达式 1 的结果为真，再判断条件表达式 2 的结果。如果条件表达式 2 的结果也为真，则执行语句块 1；否则会判断条件表达式 3 的结果。如果条件表达式 3 的结果也为真，则执行语句块 2。

注意：在 if-else 语句中嵌套 if 语句的形式以上只介绍了一种，还可以在 if-else 语句的 if 分支中嵌套 if 语句，还可以在 else 分支中嵌套 if 语句。

思维导图

if和if-else语句一起使用的思维导图如图5.28所示。

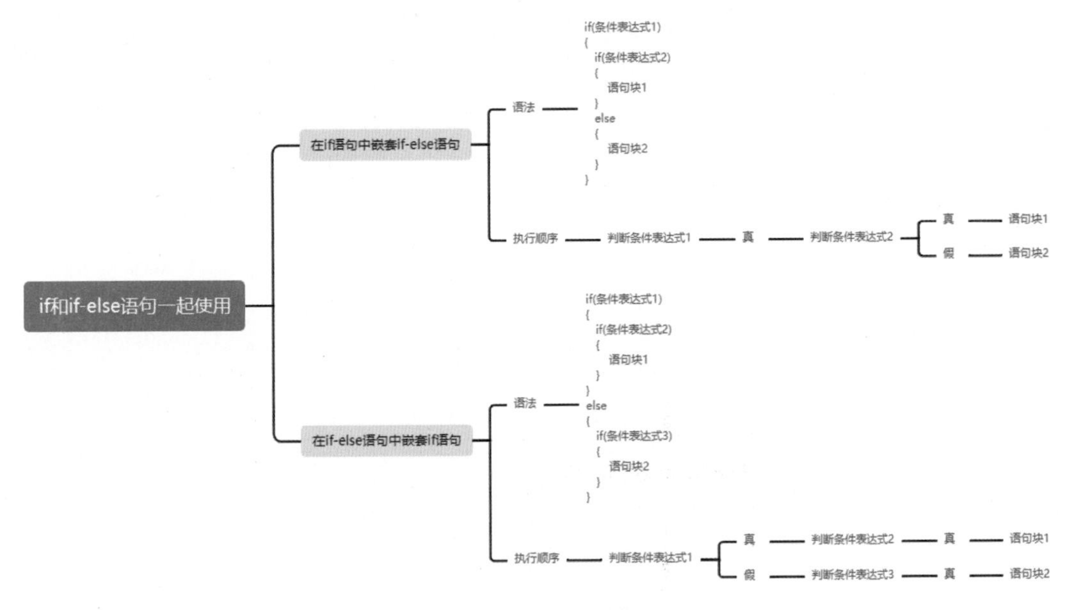

图5.28 思维导图

练一练

（1）编写程序，判断一个整数是否为偶数。如果是，则进一步判断其是否能被4整除，根据结果输出不同的信息。

（2）编写程序，判断一个数是否为奇数并且大于10，根据结果输出不同的信息。

5.8 出租车计费——多分支条件语句

随着城市化进程的加快，出租车作为一种重要的公共交通工具，在人们的生活中扮演着越来越重要的角色，如图5.29所示。今天数学老师上班快迟到了，打了一辆出租车。上课时他给学生出了一道关于出租车计费的问题。

图5.29 出租车

某城市出租车计费标准如下。

（1）3千米内（含3千米），收费8元。

（2）超过3千米但未超过6千米部分（含6千米），按1.5元/千米收费。

（3）超过6千米部分，按2.25元/千米收费。

根据以上标准，当给出任意出租车行驶的千米数时，计算顾客需付费多少元？这个问题可以使用C++实现。该问题中有3个条件，就相当于有3个选择分支，所以可以使用多分支条件语句实现。其步骤如下。

（1）输入千米数，用变量 num 存储。

（2）判断 num 存储的千米数是否在 3 千米范围内（含 3 千米），如果是，则收费 8 元。

（3）如果不在 3 千米范围内，则判断 num 存储的千米数是否在大于 3 千米小于 6 千米（含 6 千米）的范围内，如果是，则超出部分按 1.5 元 / 千米收费。

（4）如果不在大于 3 千米小于 6 千米的范围内，则判断 num 存储的千米数是否大于 6 千米，如果是，则超出部分按 2.25 元 / 千米收费。

根据实现步骤，绘制流程图，如图 5.30 所示。

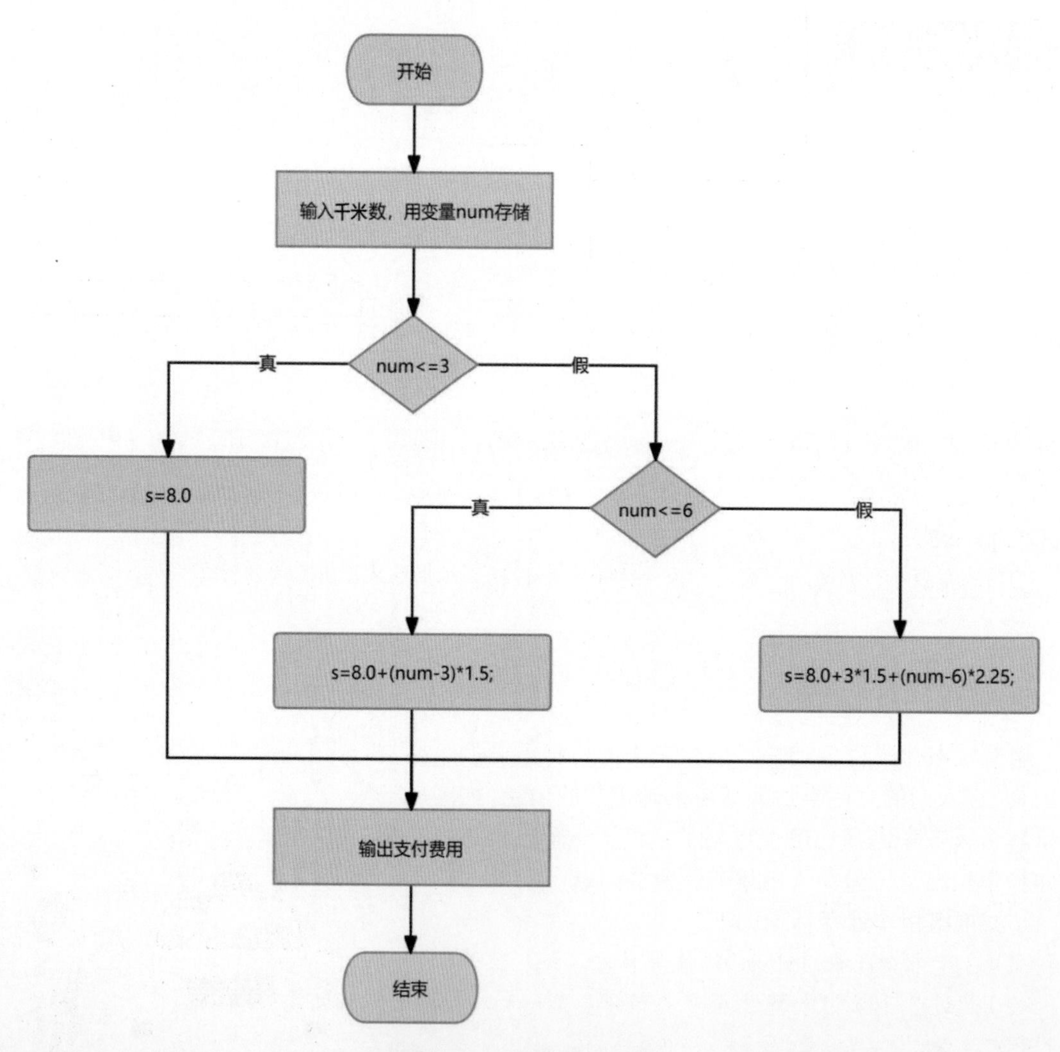

图 5.30　出租车计费流程图

根据流程图，实现出租车计费功能。编写代码如下：

```
#include<iostream>
using namespace std;
int main()
{
    int num;
    cin>>num;
    float s=0;
    if(num<=3)
    {
        s=8.0;
    }
    else if(num<=6)
    {
        s=8.0+(num-3)*1.5;
    }
    else
    {
        s=8.0+3*1.5+(num-6)*2.25;
    }
    cout<<"顾客需支付的费用为"<<s<<endl;
}
```

代码执行后，需要用户输入千米数，计算机计算费用并输出结果。例如，输入8，执行过程如下：

```
8
顾客需支付的费用为 17
```

核心知识点

在C++代码中，多分支选择结构可以有多种实现方式，如if语句的连用、if语句的嵌套等。这里再介绍一种实现方式，即多分支条件语句，其也称为if-else-if语句，一般多分支选择结构使用此语句实现的比较多。if-else-if语句的语法形式如下：

```
if (条件表达式1)
{
    语句块1
}
else if (条件表达式2)
{
    语句块2
}
else if (条件表达式3)
{
    语句块3
```

```
    }
    else
    {
        语句块 4
    }
```

if-else-if 语句的执行流程如图 5.31 所示。

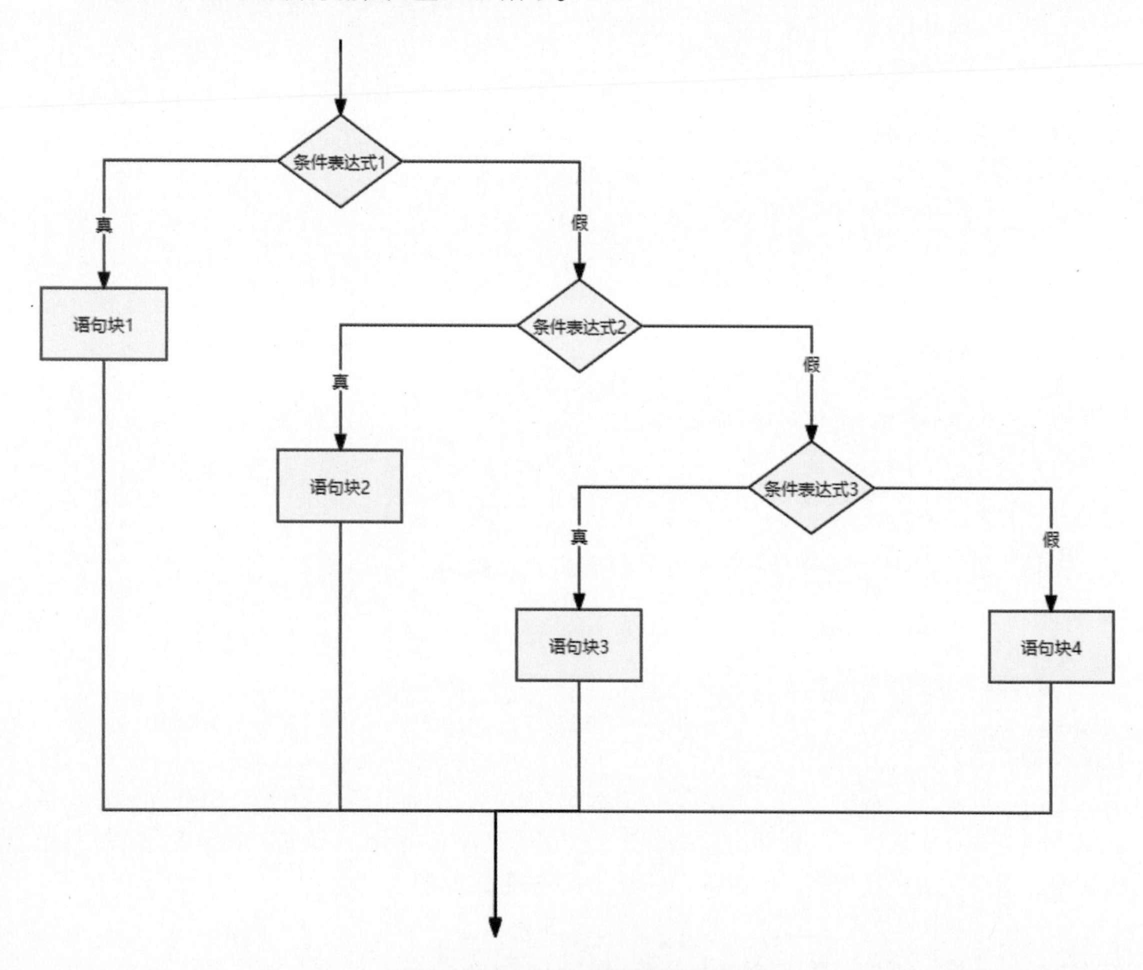

图 5.31　if-else-if 语句的执行流程

从图 5.31 可以看到，首先会判断条件表达式 1 的结果。如果条件表达式 1 的结果为真，则执行语句块 1；如果条件表达式 1 的结果为假，则判断条件表达式 2 的结果。如果条件表达式 2 的结果为真，则执行语句块 2；如果条件表达式 2 的结果为假，则判断条件表达式 3 的结果。如果条件表达式 3 的结果为真，则执行语句块 3；否则执行语句块 4。

思维导图

多分支条件语句的思维导图如图 5.32 所示。

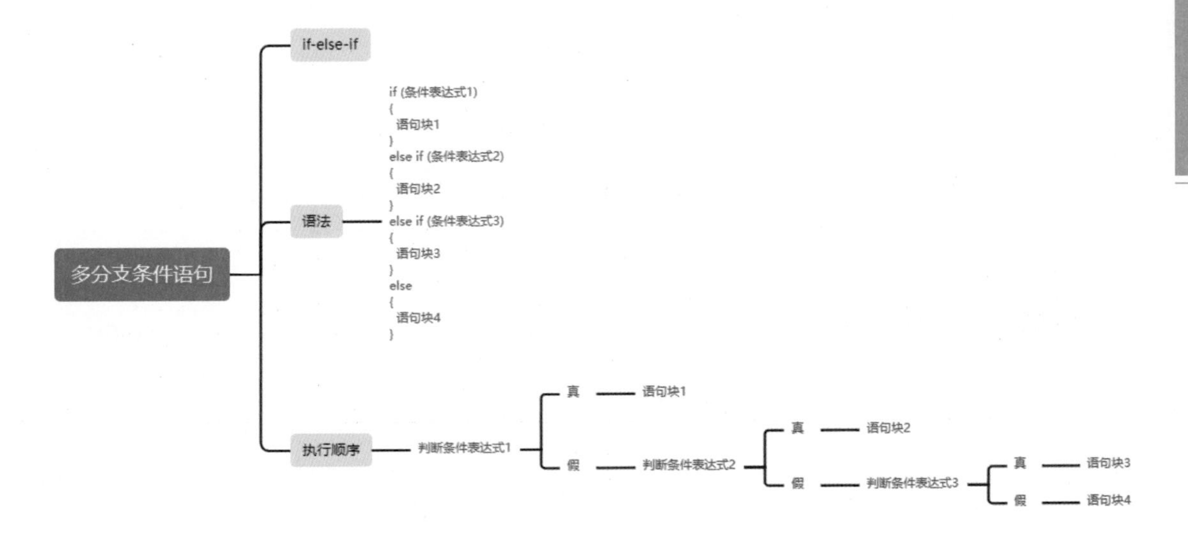

图5.32 思维导图

练一练

（1）多分支条件语句也被称为 ________ 语句。

（2）编写程序，根据输入的分数，输出对应的等级。

5.9 小明的小学生涯——switch语句的基础形式

小学是人们接受初等正规教育的学校，是基础教育的重要组成部分，属于九年义务教育范围。现阶段小学阶段教育的年限为6年（少数地方仍是5年）。试编写一个程序，用户输入小明现在上几年级，计算机输出小明还需要上几个年级才可以结束小学生涯。该功能可以使用switch语句实现，其步骤如下。

（1）输入年级，用变量 g 存储。

（2）判断 g 存储的数字是否是 1，如果是，则小明还需要读一年级、二年级、三年级、四年级、五年级、六年级。

（3）判断 g 存储的数字是否是 2，如果是，则小明还需要读二年级、三年级、四年级、五年级、六年级。

（4）判断 g 存储的数字是否是 3，如果是，则小明还需要读三年级、四年级、五年级、六年级。

（5）判断 g 存储的数字是否是 4，如果是，则小明还需要读四年级、五年级、六年级。

（6）判断 g 存储的数字是否是 5，如果是，则小明还需要读五年级、六年级。

（7）判断 g 存储的数字是否是 6，如果是，则小明还需要读六年级。

根据实现步骤，绘制流程图，如图5.33所示。

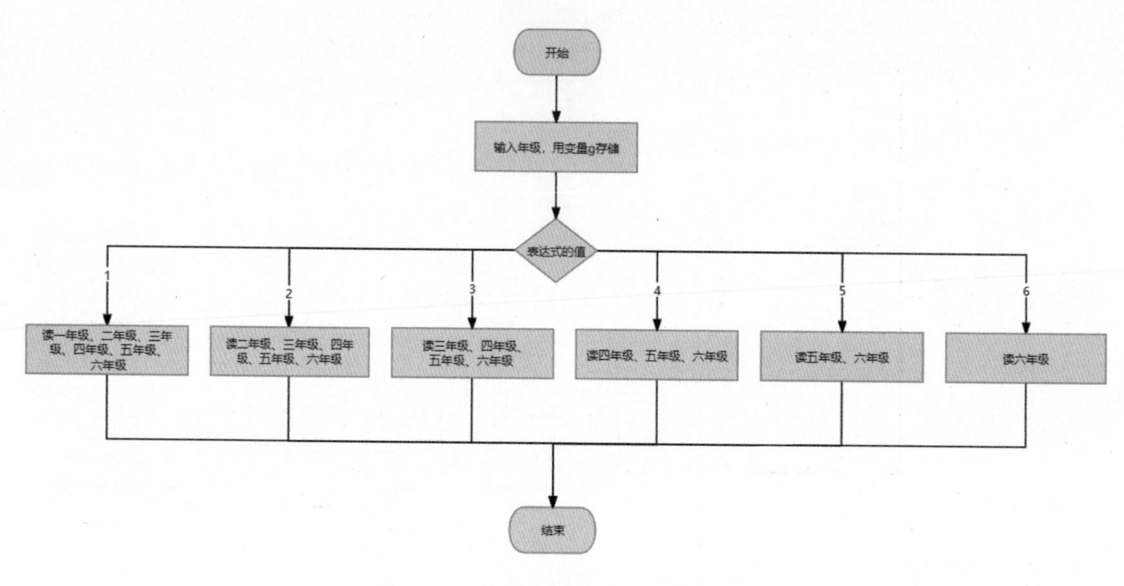

图5.33　输出小明的小学生涯流程图

根据流程图，实现小明小学生涯的输出。编写代码如下：

```
#include<iostream>
using namespace std;
int main()
{
    int g;
    cin>>g;
    switch(g)
    {
        case 1:
            cout<<" 你还需要读一年级 "<<endl;
        case 2:
            cout<<" 你还需要读二年级 "<<endl;
        case 3:
            cout<<" 你还需要读三年级 "<<endl;
        case 4:
            cout<<" 你还需要读四年级 "<<endl;
        case 5:
            cout<<" 你还需要读五年级 "<<endl;
        case 6:
            cout<<" 你还需要读六年级 "<<endl;
    }
}
```

代码执行后，需要用户输入小明当前的年级，计算机输出小明还需要读哪些年级。例如，输入2，执行过程如下：

```
2
你还需要读二年级
你还需要读三年级
你还需要读四年级
你还需要读五年级
你还需要读六年级
```

核心知识点

switch语句也可以称为开关语句，适合处理有三个以上选项的数据，其每个分支都相当于一个开关。switch语句可以分为三种形式，分别为基础形式、带跳转语句形式和带默认语句形式。本节讲解语句的基础形式。

switch语句的基础形式由switch条件、case子句、常量表达式和执行语句组成。其语法形式如下：

```
switch( 条件表达式 )
{
    case 常量表达式 1:
        执行语句 1;
    case 常量表达式 2:
        执行语句 2;
    case 常量表达式 3:
        执行语句 3;
    ...
    case 常量表达式 n:
        执行语句 n;
}
```

switch语句会使用条件表达式的值，依次与case子句的常量表达式的值进行比较。如果相等，则从当前case子句的执行语句开始，顺序执行后面所有case子句的执行语句；如果不相等，则与下一个case子句进行比较，以此类推。switch语句基础形式的执行流程如图5.34所示。

助记小词典

（1）switch：开关，发音为 [swɪtʃ]。

（2）case：情况，发音为 [keɪs]。

思维导图

switch语句的基础形式的思维导图如图5.35所示。

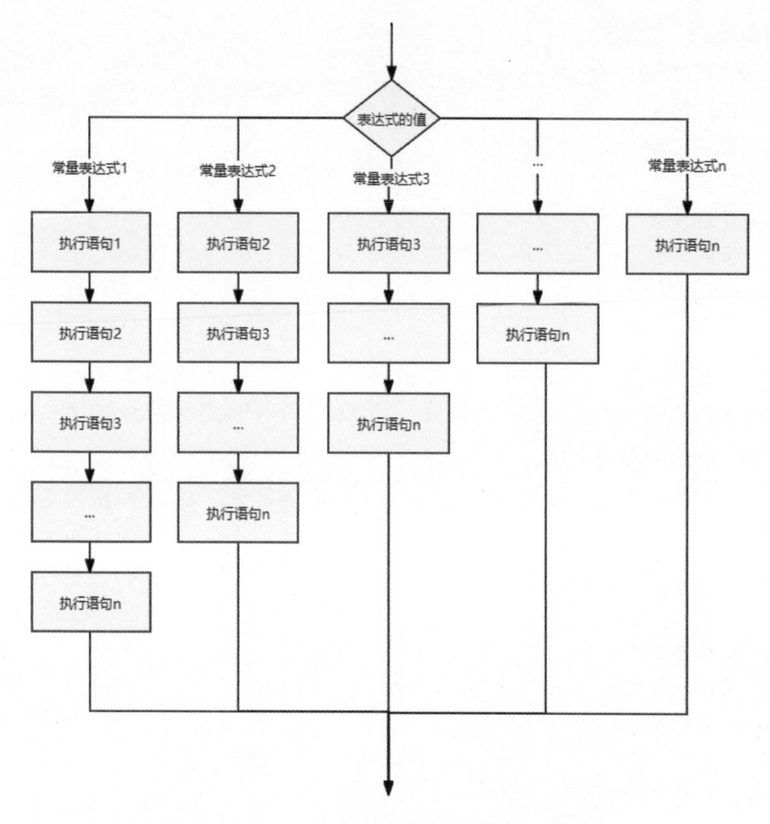

图 5.34　switch 语句基础形式的执行流程

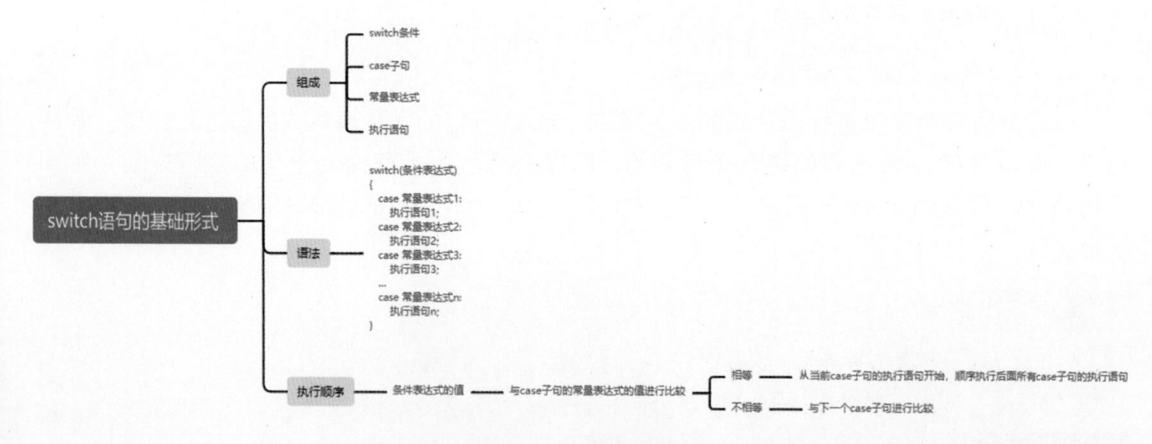

图 5.35　思维导图

练一练

（1）switch 语句的基础形式由 switch 条件、________、常量表达式和执行语句组成。

（2）switch 语句在执行时，会使用 ________ 的值依次与 case 子句的常量表达式的值进行比较。

5.10 点餐系统——switch语句的跳出语句形式

爸爸的朋友开了一家餐厅，但是服务员经常会将顾客所点的菜弄错，为此爸爸的朋友很不开心，来到我家找爸爸诉苦。我想了想，对爸爸的朋友说："叔叔，你的问题我可以帮助你解决。"爸爸的朋友一脸疑惑，我接着说："现在很多饭店用上了点餐系统，他们只要用手机扫描二维码，就可以进入点餐系统进行点餐"，如图5.36所示。

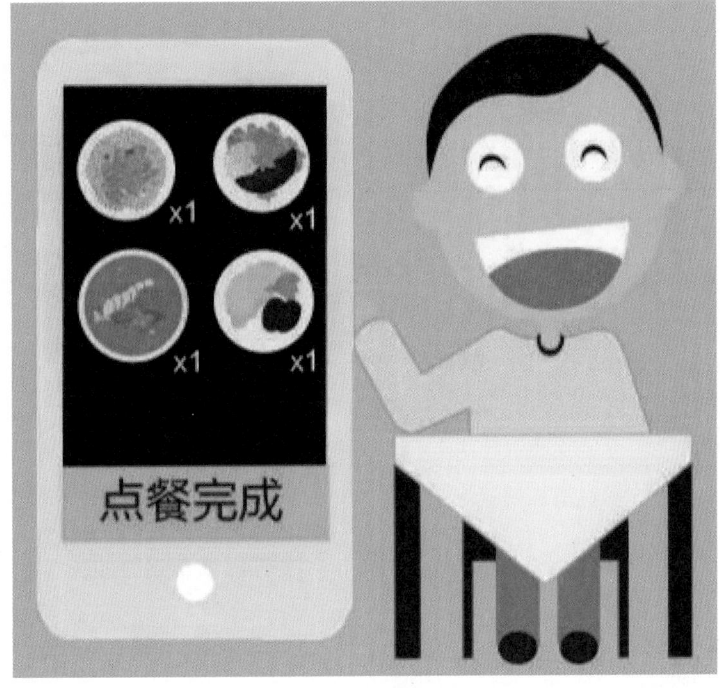

图5.36　点餐系统

试编写一个程序，实现点餐系统的功能。该功能可以使用switch语句的跳出语句形式实现，其步骤如下。

（1）输入菜名编号，用变量menu存储。

（2）判断menu存储的数字是否是1，如果是，则顾客所点的菜就是鱼香肉丝。

（3）判断menu存储的数字是否是2，如果是，则顾客所点的菜就是东坡肉。

（4）判断menu存储的数字是否是3，如果是，则顾客所点的菜就是麻婆豆腐。

（5）判断menu存储的数字是否是4，如果是，则顾客所点的菜就是糖醋排骨。

（6）判断menu存储的数字是否是5，如果是，则顾客所点的菜就是酸菜鱼。

（7）判断menu存储的数字是否是6，如果是，则顾客所点的菜就是丸子汤。

根据实现步骤，绘制流程图，如图5.37所示。

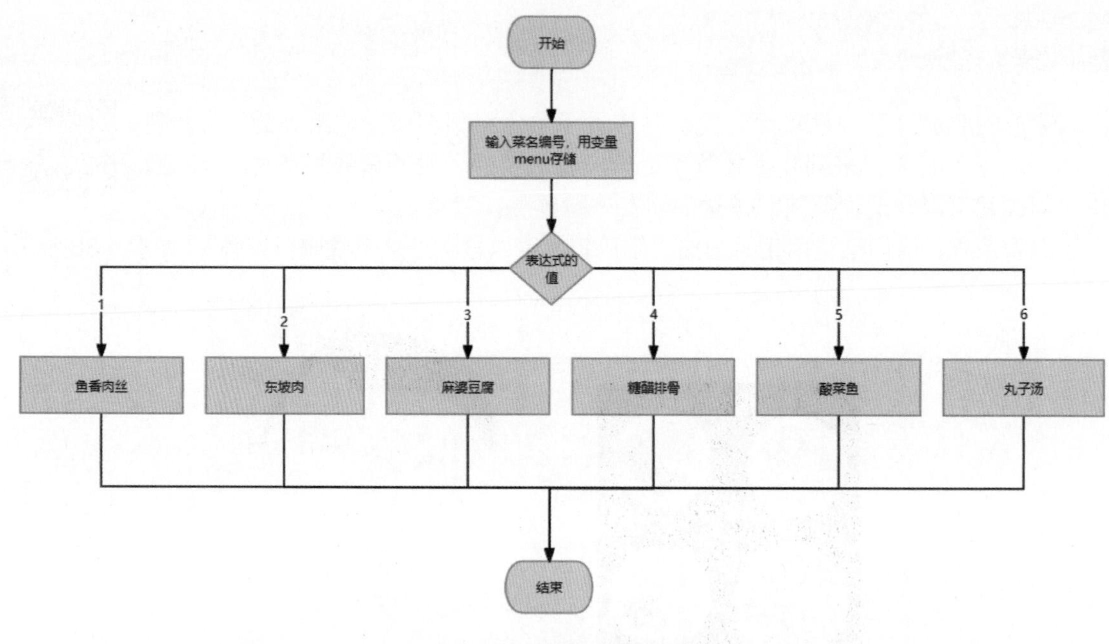

图5.37　点餐系统流程图

根据流程图，实现点餐系统。编写代码如下：

```
#include<iostream>
using namespace std;
int main()
{
    cout<<" 请输入菜名编号：";
    int menu;
    cin>>menu;
    cout<<"---------- 你的菜单如下 ----------"<<endl;
    switch(menu)
    {
        case 1:
            cout<<" 鱼香肉丝 "<<endl;
            break;
        case 2:
            cout<<" 东坡肉 "<<endl;
            break;
        case 3:
            cout<<" 麻婆豆腐 "<<endl;
            break;
        case 4:
            cout<<" 糖醋排骨 "<<endl;
            break;
```

```
        case 5:
            cout<<" 酸菜鱼 "<<endl;
            break;
        case 6:
            cout<<" 丸子汤 "<<endl;
            break;
    }
}
```

代码执行后，需要用户输入菜名编号，计算机输出所点的菜。例如，输入2，执行过程如下：

```
请输入菜名编号：2
---------- 你的菜单如下 ----------
东坡肉
```

核心知识点

在此实例中使用了switch语句的跳出语句形式，其在基础形式的基础上添加了一个break跳转语句。加入break的switch语法形式如下：

```
switch( 条件表达式 )
{
    case 常量表达式 1:
        执行语句 1;
        break;
    case 常量表达式 2:
        执行语句 2;
        break;
    case 常量表达式 3:
        执行语句 3;
        break;
    ...
    case 常量表达式 n:
        执行语句 n;
        break;
}
```

当运行到break语句时，程序就会跳出到switch语句块外，不再执行其他case语句。switch语句的跳出语句的执行流程如图5.38所示。

助记小词典

break：终止，发音为[breɪk]。

思维导图

switch语句的跳出语句形式的思维导图如图5.39所示。

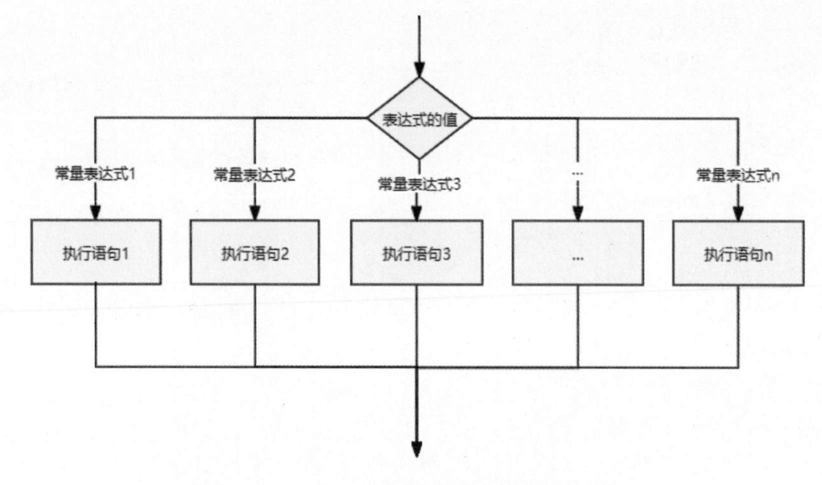

图5.38　switch语句的跳出语句的执行流程

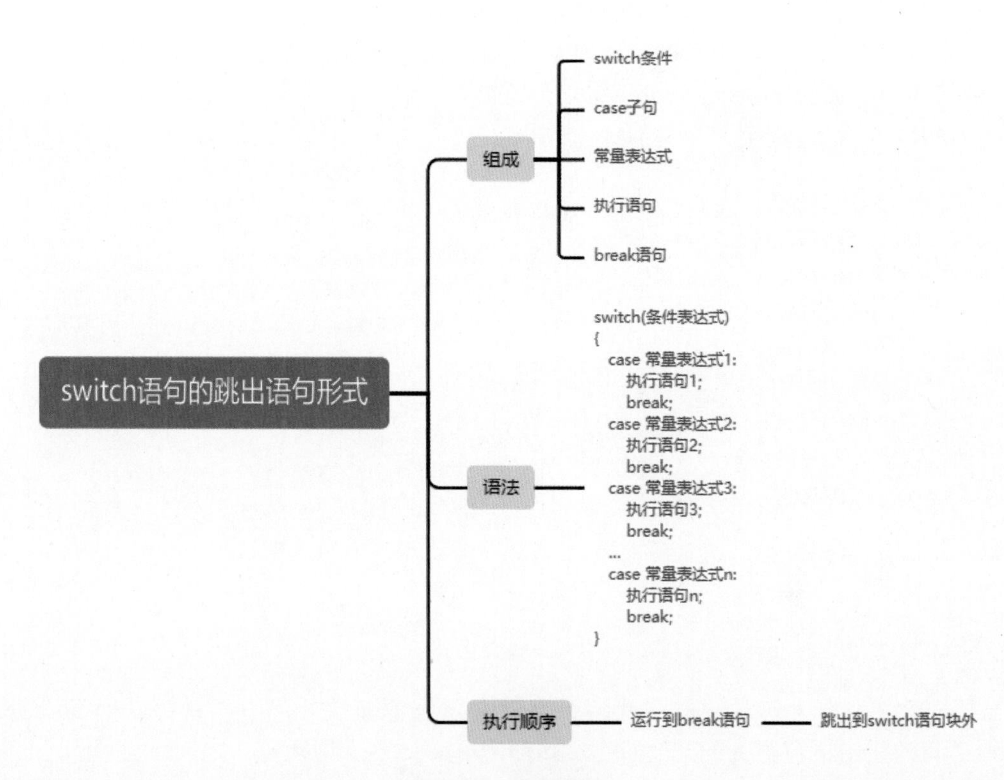

图5.39　思维导图

练一练

（1）switch 语句的跳出语句形式是在基础形式的基础上添加了一个 ________ 语句。

（2）编写程序，根据月份输出对应的季节。

5.11 星期几——switch语句的默认分支形式

日历是一种记录时间的工具，可以用来规划日常生活和工作。在日历的最上方一般标注的是星期，如图5.40所示，这是为了方便人们查看每天是星期几，从而更好地组织和计划日常生活和工作。通常，一周有7天，星期一至星期日分别代表一周的不同天数。

图5.40 日历

试编写一个程序，用户输入(1 ~ 7)任意数字，输出是星期几。例如，输入2，输出“星期二”；输入7，输出“星期日”；如果输入的不是1 ~ 7的任意数字，则输出“输入有误”。该功能可以使用switch语句的默认分支形式实现，其步骤如下。

（1）输入数字，用变量num存储。

（2）判断num存储的数字是否是1，如果是，则输出“星期一”。

（3）判断num存储的数字是否是2，如果是，则输出“星期二”。

（4）判断num存储的数字是否是3，如果是，则输出“星期三”。

（5）判断num存储的数字是否是4，如果是，则输出“星期四”。

（6）判断num存储的数字是否是5，如果是，则输出“星期五”。

（7）判断num存储的数字是否是6，如果是，则输出“星期六”。

（8）判断num存储的数字是否是7，如果是，则输出“星期日”。

（9）如果输入的不是1 ~ 7的任意数字，则输出“输入有误”。

根据实现步骤，绘制流程图，如图5.41所示。

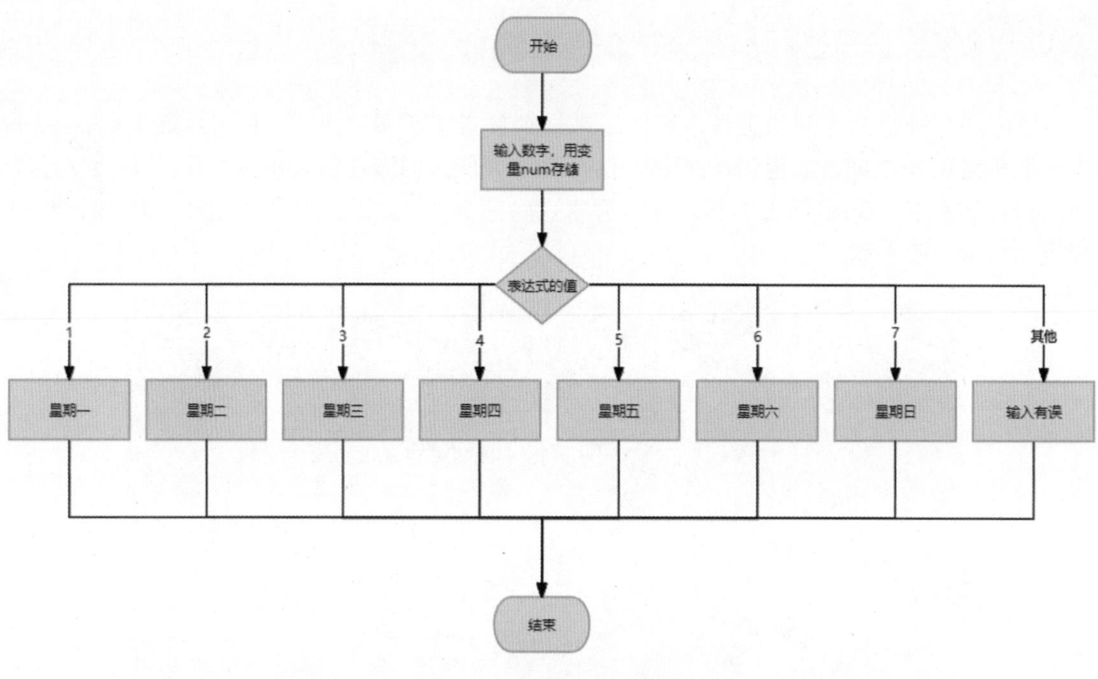

图5.41　输出星期几流程图

根据流程图，实现输出星期几的功能。编写代码如下：

```
#include<iostream>
using namespace std;
int main()
{
    int num;
    cin>>num;
    switch(num)
    {
        case 1:
            cout<<" 星期一 "<<endl;
            break;
        case 2:
            cout<<" 星期二 "<<endl;
            break;
        case 3:
            cout<<" 星期三 "<<endl;
            break;
        case 4:
            cout<<" 星期四 "<<endl;
            break;
        case 5:
```

```
                cout<<" 星期五 "<<endl;
                break;
            case 6:
                cout<<" 星期六 "<<endl;
                break;
            case 7:
                cout<<" 星期日 "<<endl;
                break;
            default:
                cout<<" 输入有误 "<<endl;
                break;
        }
    }
```

代码执行后，需要用户输入数字，计算机输出数字对应的是星期几。例如，输入2，执行过程如下：

```
2
星期二
```

核心知识点

在此实例中使用了switch语句的默认分支形式，其在基础形式或跳出语句形式的基础上添加了一个默认分支语句default。以下是在跳出语句形式的基础上添加了默认分支形式的switch语句的语法形式：

```
switch( 条件表达式 )
{
    case 常量表达式 1:
        执行语句 1;
        break;
    case 常量表达式 2:
        执行语句 2;
        break;
    case 常量表达式 3:
        执行语句 3;
        break;
    ...
    case 常量表达式 n:
        执行语句 n;
        break;
    default:
        执行语句 n+1;
        break;
}
```

default分支不受switch条件表达式的值的影响，默认为执行。default分支通常放在switch语句的最后。增加默认分支default的switch语句的执行流程如图5.42所示，从图中可以看到只有当条件表达式的值不满足所有case子句的常量表达式时，才执行默认分支。

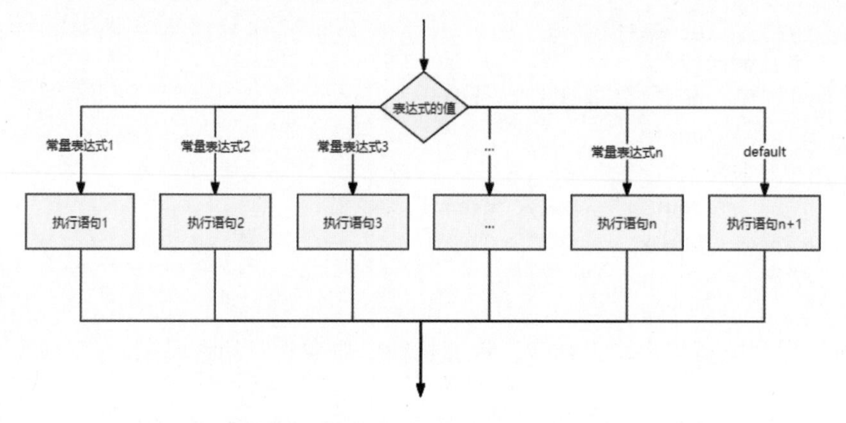

图5.42　增加默认分支default的switch语句的执行流程

助记小词典

default：默认、系统设定，发音为[dɪˈfɔːlt]。

思维导图

switch语句的默认分支形式的思维导图如图5.43所示。

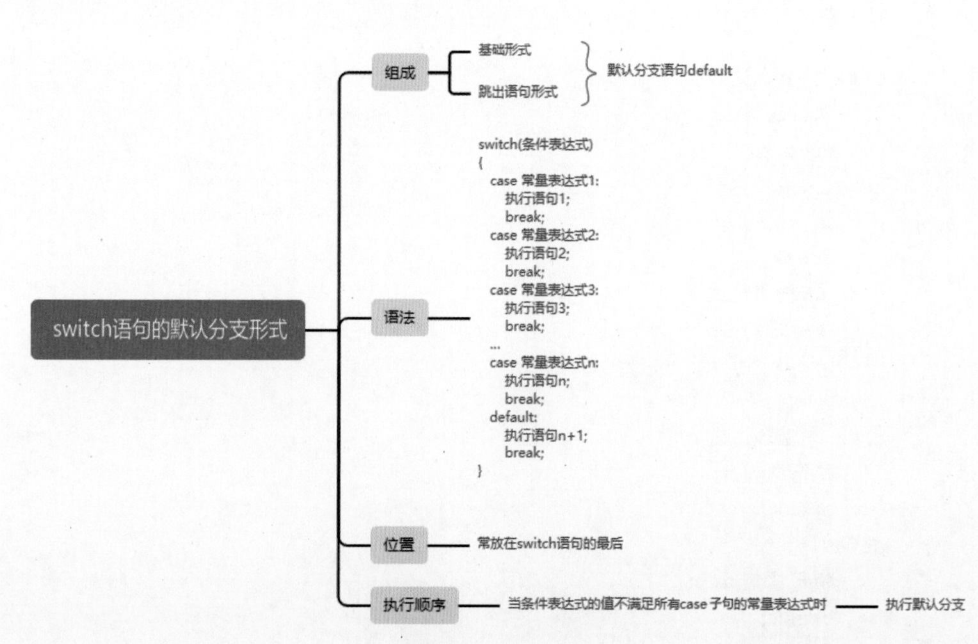

图5.43　思维导图

扩展阅读

对于switch语句，一定要注意以下几点。

（1）switch 语句的条件表达式必须是 int、short、long、char 类型。

（2）switch 语句后面可以跟多个 case 分支语句，但要合理地组合顺序。

（3）switch 语句的所有分支的执行语句都可以省略，但是最后一个分支的执行语句不可以省略。

（4）case 子句由 case 关键字、常量表达式与冒号组成，case 关键字与常量表达式之间有一个空格。另外，常量表达式中不能有变量存在。

（5）不同 case 子句的常量表达式的值不能相同。

（6）case 分支语句的执行语句可以包含多条语句，可以不使用大括号分隔。

（7）在一个 switch 语句中只可以有一个 default 分支，否则程序就会出错。

练一练

（1）default 分支通常放在 switch 语句的 ______。

（2）编写程序，使用 switch 语句实现将数字 1、2、3、4、5 转换为汉字数字，即一、二、三、四、五。例如，当输入 1 后，输出“一”；输入 2 后，输出“二”。

5.12 小猫钓鱼——for 语句

有一只可爱的小猫，它非常喜欢钓鱼，如图5.44所示。有一天，小猫决定去钓10条鱼。它找来了一根竹竿和一些鱼线，就去了湖边。小猫每次都先将鱼饵放在鱼钩上，然后投入湖中等待。小猫重复了这个动作10次，每次都能钓到一条鱼。

图5.44　小猫钓鱼

试编写一个程序，实现小猫钓10条鱼的过程。小猫在钓10条鱼的过程中都会重复执行鱼饵放在鱼钩上、投入湖中等待、钓到一条鱼等动作。所以，这里可以使用for语句实现此功能。其步骤如下。

（1）使用变量 num 存储小猫决定钓的鱼数，这里赋值为 10。

（2）使用变量 i 存储小猫当前是第几次钓鱼，这里赋值为 1。

（3）由于小猫钓鱼的动作是重复的，因此可以将这些动作放入 for 语句中。注意，这些动作只可以循环 10 次。

根据实现步骤，绘制流程图，如图5.45所示。

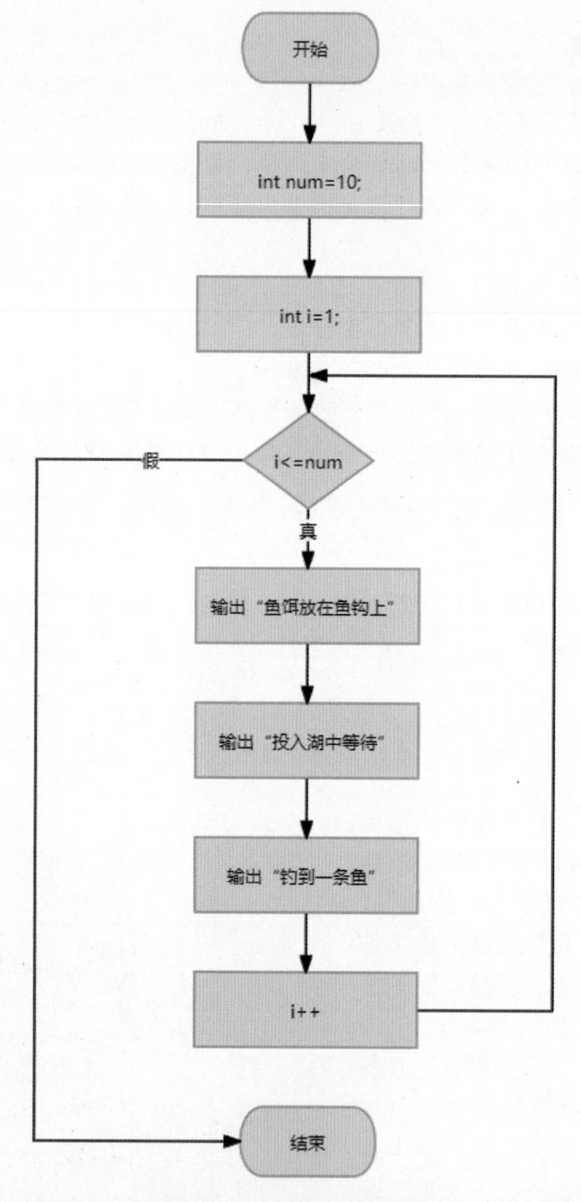

图5.45　小猫钓鱼流程图

根据流程图，实现小猫钓鱼的功能。编写代码如下：

```
#include<iostream>
using namespace std;
int main()
{
    int num = 10;
    for(int i = 1; i <= num; i++) {
```

```
            cout<<"---------- 第 "<< i << " 次钓鱼 ----------" << endl;
            cout<<" 鱼饵放在鱼钩上 " << endl;
            cout<<" 投入湖中等待 " << endl;
            cout<<" 钓到一条鱼 " << endl;
        }
    }
```

代码执行后的效果如下：

```
    ---------- 第 1 次钓鱼 ----------
    鱼饵放在鱼钩上
    投入湖中等待
    钓到一条鱼
    ---------- 第 2 次钓鱼 ----------
    鱼饵放在鱼钩上
    投入湖中等待
    钓到一条鱼
    …
    ---------- 第 9 次钓鱼 ----------
    鱼饵放在鱼钩上
    投入湖中等待
    钓到一条鱼
    ---------- 第 10 次钓鱼 ----------
    鱼饵放在鱼钩上
    投入湖中等待
    钓到一条鱼
```

核心知识点

for语句也称为for循环语句。for语句由初始条件、判断条件、迭代条件和循环体四部分组成。其语法形式如下：

```
    for( 初始条件 ; 判断条件 ; 迭代条件 )
    {
        循环体
    }
```

各组成部分介绍如下。

（1）初始条件：用于确定循环的起始数据的值。例如，从1数到10，初始条件就是值为1。

（2）判断条件：用于确定结束循环的条件。例如，从1数到10，如果已经数到10，则结束数数字游戏。

（3）迭代条件：用于改变循环条件的值，该条件会不断变化，推动循环进行。例如，数了1以后加1，这样就能数2。迭代条件会规定每次数值的增加量。

（4）循环体：用于指定具体的循环内容。

for语句的执行流程如图5.46所示。

从图5.46中可以看出，for语句从初始条件开始，根据判断条件的值进行选择；如果判断条件的值为真，则进入循环体，执行循环体中的语句；然后进入迭代条件进行迭代，此时循环完成1次；紧接着进入第2次循环，重复第一次循环的逻辑顺序。如果判断条件的值为假，则停止循环，直接跳出整个for语句范围。

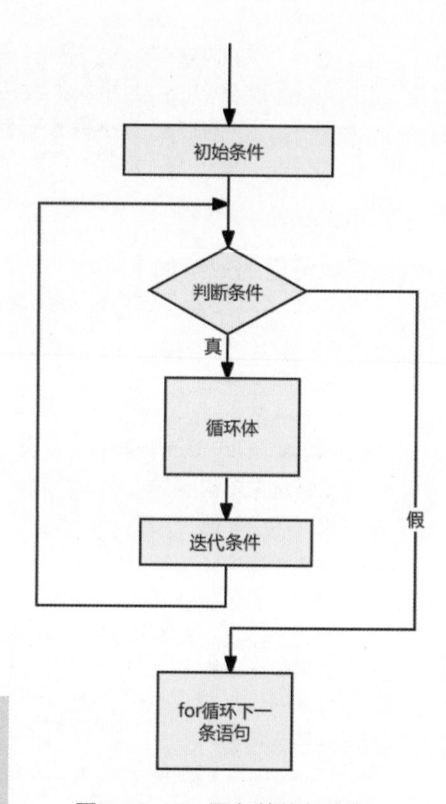

图5.46　for语句的执行流程

助记小词典

for：对于、用于，发音为[fɔːr]或[fər]。

思维导图

for语句的思维导图如图5.47所示。

扩展阅读

for循环语句中的3个条件都可以使用一个或多个表达式组成。如果其使用多个表达式，则需要使用逗号运算符进行分割，形式如下：

```
for(表达式1,表达式2,...;表达式1,表达式2,...;表达式1,表达式2,...)
{
    循环体
}
```

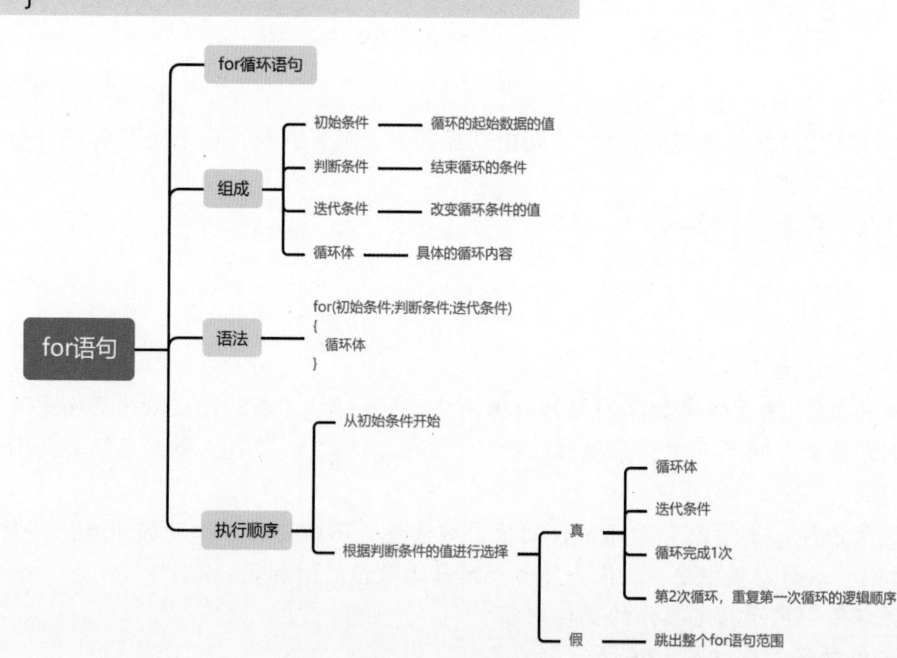

图5.47　思维导图

练一练

（1）for语句由初始条件、判断条件、迭代条件以及________4部分组成。

（2）编写程序，以循环方式输出1、2、3、4、5这5个数字。

5.13 数字求和——for语句的简写形式

今天数学课上老师让学生计算1+2+3+4+5+6+…+99+100的和，学生各抒己见。这个题目可以使用C++实现，其中需要使用for语句，这里将使用它的简写形式。其步骤如下。

（1）使用变量s存储和，初始值为0，因为还没有开始相加。

（2）使用变量i存储当前要加的数字，初始值为1，因为需要从1开始相加。

（3）使用for语句实现相加的过程，循环从1到100，每次循环将i加到s上，并自动将i加1。

（4）循环100次后，将结果输出。

根据实现步骤，绘制流程图，如图5.48所示。

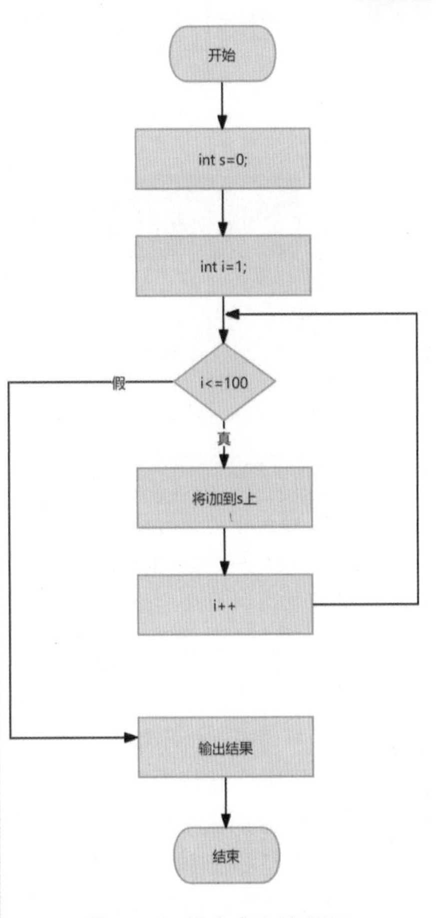

图5.48　数字求和流程图

根据流程图，实现数字求和功能。编写代码如下：

```
#include<iostream>
using namespace std;
int main()
{
    int s=0;
    int i=1;
    for(;i<=100;)
    {
        s+=i;
        i++;
    }
    cout<<"1+2+3+...+99+100="<<s<<endl;
}
```

代码执行后的效果如下：

```
1+2+3+...+99+100=5050
```

核心知识点

for语句可以进行简写，即for语句中的初始条件与迭代条件可以省略，使用空语句替代，只保留判断条件。其语法形式如下：

```
for(; 判断条件 ;)
{
    循环体
}
```

这里的省略并不是真正的省略，而是将这两个条件放在其他地方。

思维导图

for语句的简写形式的思维导图如图5.49所示。

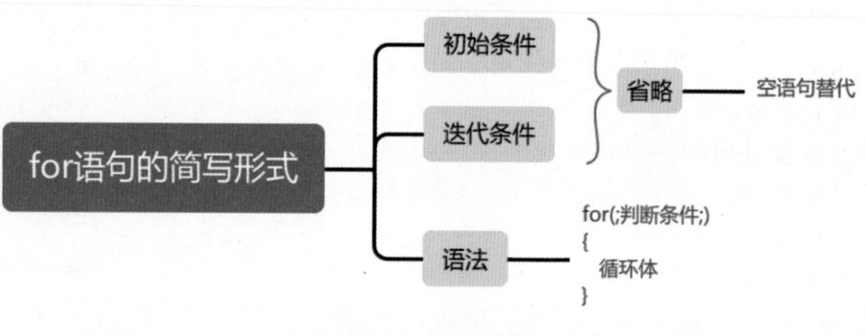

图5.49　思维导图

练一练

（1）for语句中的初始条件与___________条件可以省略，使用空语句替代。

（2）编写程序，使用for语句的简写形式，输出1、2、3、4、5、6这6个数字。

5.14 输出100以内的偶数——for语句和分支语句的嵌套

在一个小镇上有两个亲密的朋友，小明和小红。他们总是一起度过美好的时光，经常一起玩耍和学习。有一天，小明突然发现了一个有趣的数学规律，所有能被2整除的数字都有着特殊的性质。小明非常兴奋地告诉了小红这个发现，并询问了小红是否能猜出这个特殊的性质。小红思考了一会儿，然后灵机一动，笑着对小明说："我猜到了！所有能被2整除的数字都是偶数！"偶数就是能够被2所整除的整数。正偶数也称双数。若某数是2的倍数，则其就是偶数，可表示为2n。

试编写一个程序，输出100以内的偶数。此功能的实现需要使用for语句和单分支语句的嵌套，其步骤如下。

（1）使用变量i存储当前的数字，初始值为0，因为从最小的偶数0开始。

（2）使用for循环遍历数字（0 ~ 100）。

（3）在每次循环中，使用if语句判断当前的数字是否是偶数，如果是，则输出。

根据实现步骤，绘制流程图，如图5.50所示。

根据流程图，实现输出100以内的偶数的功能。编写代码如下：

```
#include<iostream>
using namespace std;
int main() {
    for(int i=0;i<=100;i++)
    {
        if(i%2==0)
        {
            cout<<i<<" ";
        }
    }
}
```

代码执行后的效果如下：

```
    0 2 4 6 8 10 12 14 16 18 20 22 24 26
28 30 32 34 36 38 40 42 44 46 48 50 52 54
56 58 60 62 64 66 68 70 72 74 76 78 80 82
84 86 88 90 92 94 96 98 100
```

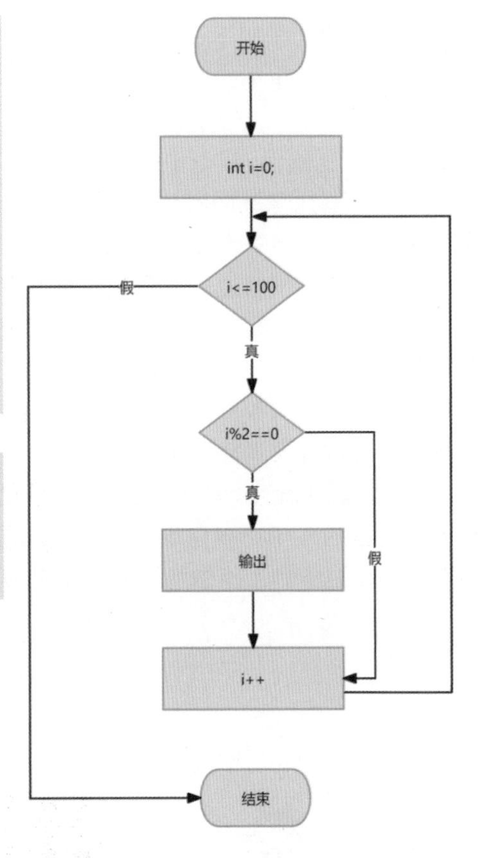

图5.50 输出100以内的偶数流程图

核心知识点

在C++中，for语句可以和分支语句互相嵌套。例如，在分支语句中可以嵌套for语句，也可以在for语句中嵌套分支语句。

思维导图

for语句和分支语句的嵌套的思维导图如图5.51所示。

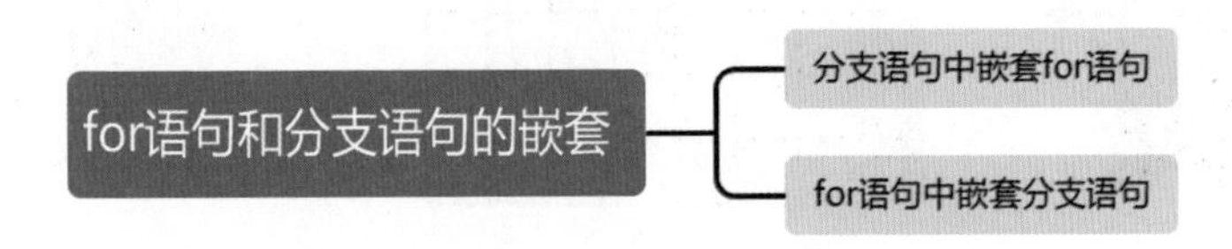

图5.51 思维导图

练一练

（1）编写程序，输出100以内是3的倍数的数字。

（2）编写程序，计算100以内（包含100）所有偶数的和。

5.15 聪明的将军——while语句

很久很久以前，有一位将军，他以勇敢和聪明著称，屡次立下战功，深得国王的信任和赞赏。国王为了表彰将军的贡献，承诺将来会满足他的一个要求。然而，有一天将军的儿子犯下了严重的罪行，必须接受法律的制裁。国王宣布了罪行，并明确表示任何人都不能为将军的儿子求情，法律是公正和严肃的。

将军心知肚明，他明白国王的原则。于是他巧妙地说："陛下，现在我要让您兑现您的承诺。"国王听到这话，好奇地问道："你想要什么？只要不是为你的儿子求情，我都可以满足你。"

将军毫不犹豫地回答说："陛下，请命令准备一张64个格子的棋盘，首先在棋盘的第1个格子放置1粒麦子，接着在第2个格子放置2粒麦子，然后在第3个格子放置4粒麦子，以此类推，每个格子放置的麦子数量都是前一个格子的2倍。"

国王听到这个要求后，哈哈大笑起来，以为将军在开玩笑。他高兴地说："这个请求太简单了！小事一桩，快去准备麦子吧！"国王立即命令手下开始准备麦子，准备奖赏将军。

然而，麦子的数量逐渐增多，并很快就超过了预期。国王面色愕然，心生忧虑，因为用来奖赏的麦粒快要消耗殆尽，但将军的要求尚未满足。

最终，国王无奈地意识到，自己低估了这个看似简单的要求背后的数量增长。他不得不放过了将军的儿子，以兑现他的承诺。国王深深反思着，明白了在处理事情时要谨慎且权衡利弊，同时也学到了指数增长和倍增的概念，如图5.52所示。

图5.52　聪明的将军

试编写一个程序，计算如果要将64个格子的棋盘按要求摆满需要多少麦子。此功能需要使用while语句实现，通过循环依次计算每个格子的麦子数量，并相加。其步骤如下。

（1）将麦子总数、格子数、每个格子的麦子数分别使用变量sum、cell和num进行存储，分别赋值为0、1、1。

（2）使用while语句模拟放置麦子的过程，循环从1到64。

（3）在循环体内实现麦子数量的计算。

（4）输出将军最终可以得到的麦子数。

根据实现步骤，绘制流程图，如图5.53所示。

根据流程图，实现输出麦子总数的功能。编写代码如下：

```
#include<iostream>
using namespace std;
int main() {
    unsigned long long sum=0;
    int cell=1;
    int num=1;
    while (cell<=64)
    {
        sum+=num;
        cell++;
        num*=2;
    }
    cout<<" 这位将军可以得到 "<<sum<<
    " 粒麦子 "<<endl;
}
```

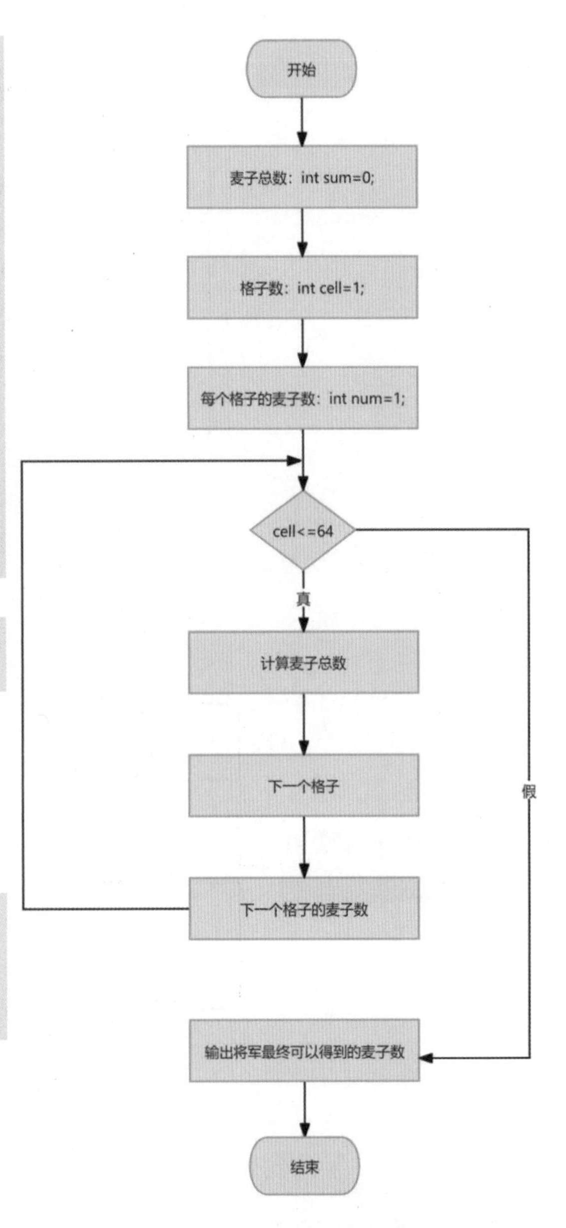

图5.53　输出麦子总数流程图

代码执行后的效果如下：

```
这位将军可以得到18446744073709551615粒麦子
```

核心知识点

while语句又称为while循环语句，是指当条件成立时，执行指定语句，可以简单理解为先判断后执行。其语法形式如下：

```
while( 判断条件 )
{
    循环体
}
```

while语句的判断条件可以为关系表达式或逻辑表达式，其作用是控制循环的次数。while语句在每次循环时都需要做一次判断，结果为假则跳出循环，结果为真则进入循环。其执行流程如图5.54所示。

助记小词典

while：当……的时候，发音为[waɪl]。

思维导图

while语句的思维导图如图5.55所示。

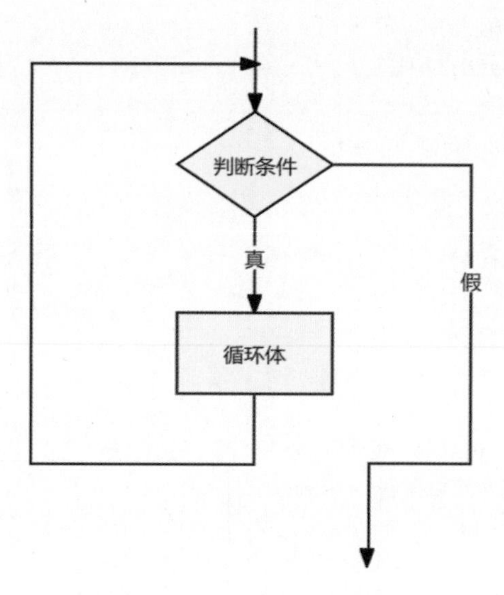

图5.54　while语句的执行流程

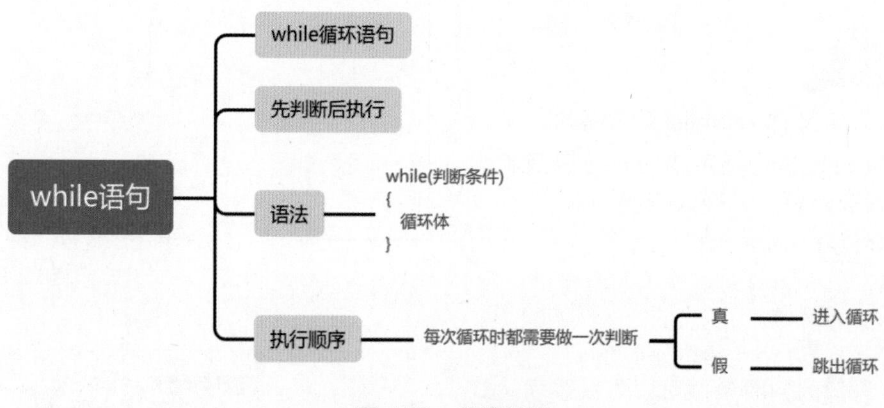

图5.55　思维导图

练一练

（1）while 语句可以简单理解为先________后________。

（2）编写程序，计算 6+12+18+24+…+180 的和。

5.16　判断密码是否正确——while语句和分支语句的嵌套

为了保护个人信息安全，密码的使用成为一种重要的手段和标准，用于确保只有授权用户能够访问和操作敏感数据，防止未经授权的访问和损害。现在很多地方会使用到密码，如手机解锁、微信登录等。

试编写一个程序，实现手机解锁功能。当用户输入六位数的密码（123456）时，判定为密码正确，并提示“解锁成功”；当输入其他密码时，将判定为密码错误，输出“密码错误，已经错误 * 次”；当密码输入错误三次后，直接输出“三次机会用完，手机锁机”。要实现该程序，可以在while语句中使用if-else语句，其步骤如下。

（1）使用变量 pwd 存储正确的密码，即赋值为 123456。

（2）当用户输入密码时，使用变量 num 存储输入的密码，并由计算机对密码进行判断，输出对应的判断结果。使用 while 语句控制输入的次数，使用 if-else 语句判断输入的密码是否正确。

（3）使用 if 语句判断输入次数是否超过 3 次。

根据实现步骤，绘制流程图，如图5.56所示。

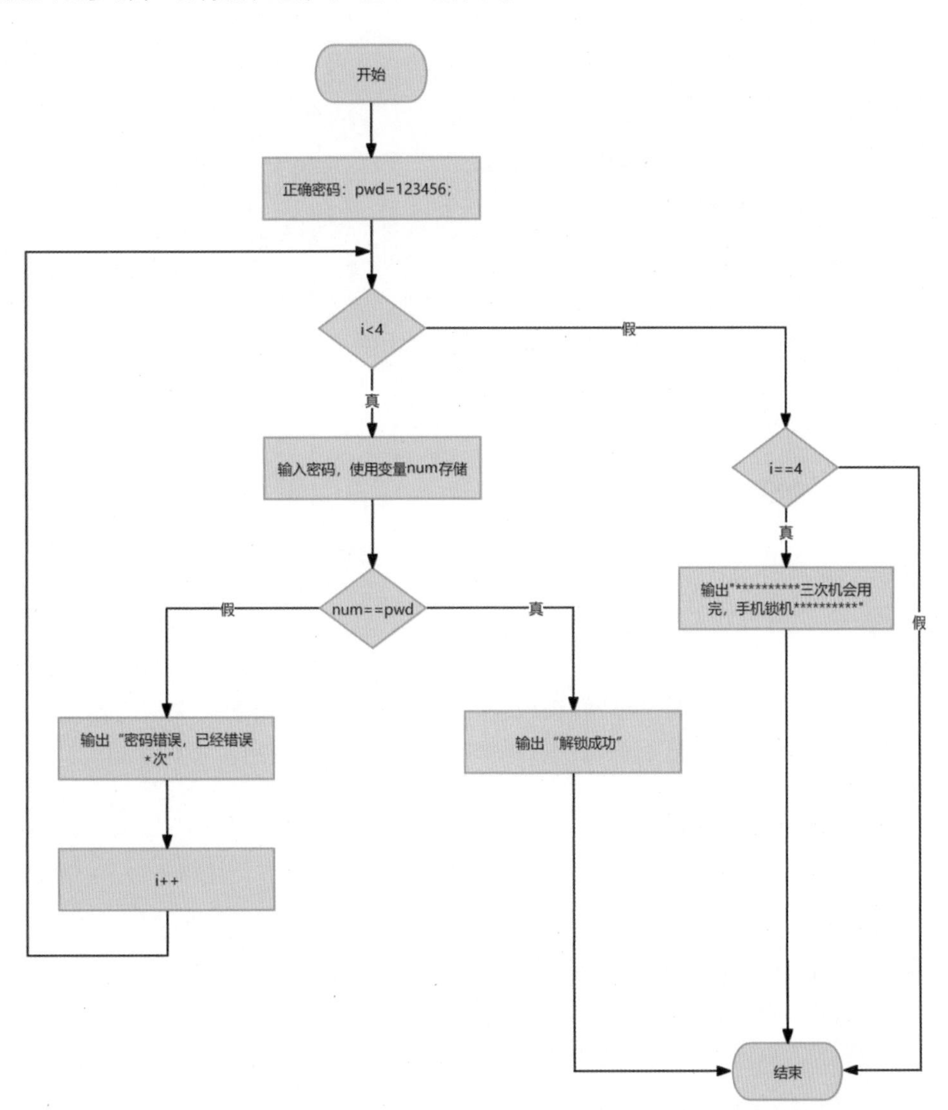

图5.56　判断密码是否正确流程图

根据流程图，实现对输入密码正确与否的判断。编写代码如下：

```
#include<iostream>
using namespace std;
int main()
{
    int pwd=123456;
    int i=1;
    while(i<=3)
    {
        cout<<" 请输入解锁密码 ：";
        int num;
        cin>>num;
        if(num==pwd)
        {
            cout<<" 解锁成功 "<<endl;
            break;
        }
        else
        {
            cout<<" 密码错误，已经错误 "<<i<<" 次 "<<endl;
        }
        i++;
    }
    if(i==4)
    {
        cout<<"********** 三次机会用完，手机锁机 **********";
    }
}
```

代码执行后，需要用户输入密码，计算机判断是第几次输入密码。如果在三次内，则判断密码是否正确，如果正确则输出“解锁成功”；如果错误则进行下一次密码输入。这里，输入了三次密码都是错误的，最后输出“********** 三次机会用完，手机锁机 **********”，执行过程如下：

```
请输入解锁密码：111111
密码错误，已经错误 1 次
请输入解锁密码：222222
密码错误，已经错误 2 次
请输入解锁密码：555555
密码错误，已经错误 3 次
********** 三次机会用完，手机锁机 **********
```

核心知识点

在C++代码中，while语句可以和分支语句互相嵌套。例如，在分支语句中嵌套while语句，也可以在while语句中嵌套分支语句。

思维导图

while语句和分支语句的嵌套的思维导图如图5.57所示。

图5.57　思维导图

练一练

（1）在C++中，while语句可以和分支语句互相嵌套，可以在分支语句中嵌套________语句，也可以在while语句中嵌套分支语句。

（2）编写程序，使用while语句和分支语句的嵌套，输出在100以内可以被3和7同时整除的数字。

5.17 正话反说——do-while语句

今天在数学课上老师教了学生一个很好玩的游戏，叫作"正话反说"。例如，一个人说："清晨我上马"，另一个人就说："马上我晨清"。看着学生有点发呆，老师降低了难度，让一个学生说一串数字，另一个学生将这串数字反着说。例如，一个学生说："12345"，另一个学生说："54321"。但是，这里有一个问题，如果一个学生说的数字特别长，该如何判断另一个学生反着说是对还是错呢？这个问题应该可以使用C++解决。其中，需要使用到do-while语句，以实现数字反转功能，输出反转后的数字。其步骤如下。

（1）输入一串数字，使用变量num存储。

（2）定义一个变量rnum，存储反转后的数字。

（3）使用do-while循环模拟反转数字的过程，循环条件为直到所有位数都被处理完毕。

（4）在循环体内首先计算num的个位数，并将其存储在变量rnum中，这需要通过对num进行取模操作（num % 10）实现。

（5）输出反转后的数字的每一位。

根据实现步骤，绘制流程图，如图5.58所示。

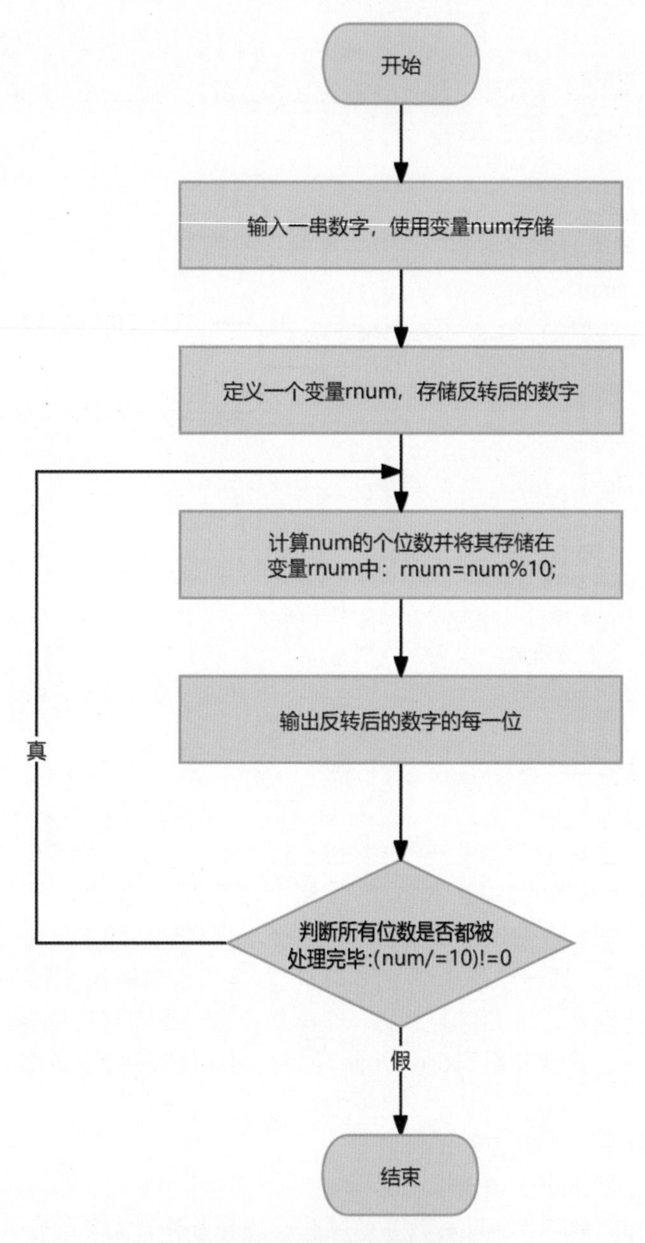

图5.58　正话反说流程图

根据流程图，实现正话反说功能。编写代码如下：

```
#include<iostream>
using namespace std;
int main()
{
    cout<<" 请输入一串数字：";
```

```
    int num,rnum;
    cin>>num;
    do
    {
        rnum=num%10;
        cout<<rnum;
    }
    while((num/=10)!=0);
}
```

核心知识点

do–while 语句是先执行后判断，只要条件为真就一直重复执行循环体，直到条件为假。do–while 语句是 while 语句的一种变化形式，其语法形式如下：

```
do
{
    循环体
}while( 判断条件 );
```

判断条件可以是关系表达式(隐式关系表达式)或者逻辑表达式，不可以省略。一定要注意判断条件后的分号，这个分号代表 do–while 循环语句的结束。do–while 语句的执行流程如图 5.59 所示。

助记小词典

do：执行、做、干，发音为 [duː][də]。

思维导图

do–while 语句的思维导图如图 5.60 所示。

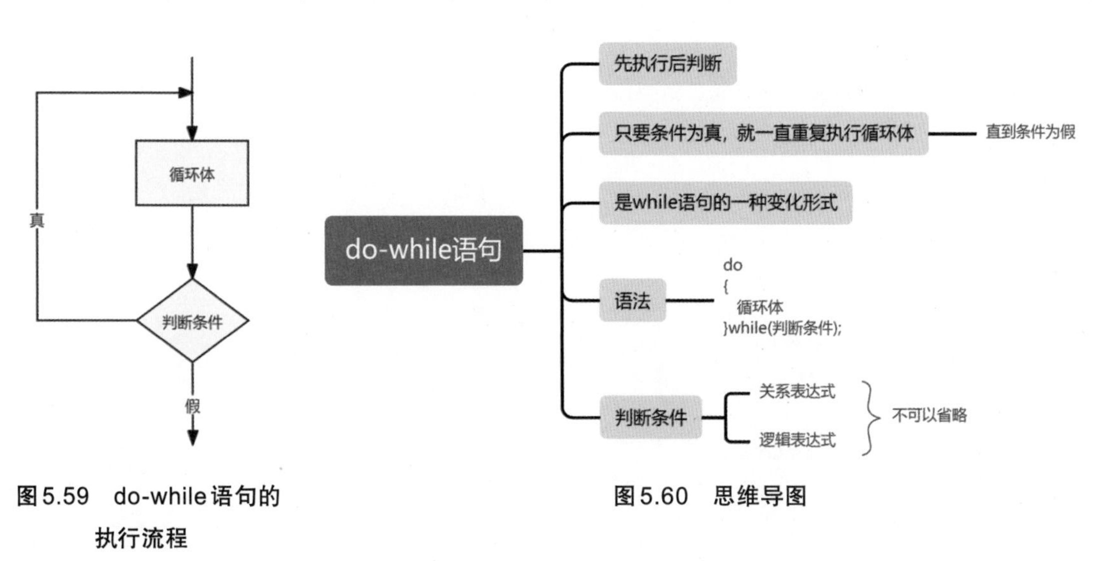

图 5.59　do-while 语句的执行流程

图 5.60　思维导图

练一练

（1）do-while 语句是先 ________ 后 ________。

（2）do-while 语句是 ________ 语句的一种变化形式。

5.18 角谷猜想——do-while 语句与分支语句嵌套

“角谷猜想”又称“冰雹猜想”，其最初在美国流传，随后传到欧洲，后来由一位名叫角谷的日本人带到亚洲，因而得名“角谷猜想”。其实，称其为“冰雹猜想”更为形象和恰当。

小水滴在高空中受到上升气流的推动，在云层中忽上忽下，逐渐积聚变大，形成冰雹，最后突然落下来。角谷猜想与其类似，算来算去，数字上上下下，最后一下子像冰雹似地掉下来，变成一个数字：1。

角谷猜想的通俗说法如下：任意给定一个自然数N，如果是奇数，就将其乘3再加1，即将其变成3N+1；如果是偶数，就除以2，即变成N/2。对任意一个自然数执行这种演算手续，经有限步骤后，最后结果必然是最小的自然数1。例如，取一个数字6，根据上述方法，得到：3、10、5、16、8、4、2、1。

试编写一个程序，验证角谷猜想。该功能可以使用do-while语句与分支语句嵌套实现，其步骤如下。

（1）输入一个正整数，用变量 num 存储。

（2）判断 num 存储的数是否为偶数，如果是偶数，则将 num 除以 2；否则，将 num 乘 3 再加 1。然后，将 num 的结果输出。

（3）判断 num 是否为 1。如果不为 1，则继续执行第（2）步；如果为 1，则结束循环，此时输出“角谷猜想结束”。

根据实现步骤，绘制流程图，如图5.61所示。

根据流程图，实现对角谷猜想的验证。编写代码如下：

```
#include<iostream>
using namespace std;
int main()
{
    int num;
    cout<<"请输入一个正整数：";
    cin>>num;
    do
    {
        if(num%2==0)
        {
            num=num/2;
        }
        else
```

```
        {
            num=num*3+1;
        }
        cout << num <<"  ";
    } while(num != 1);
    cout<<endl;
    cout<<" 角谷猜想结束 " << endl;
}
```

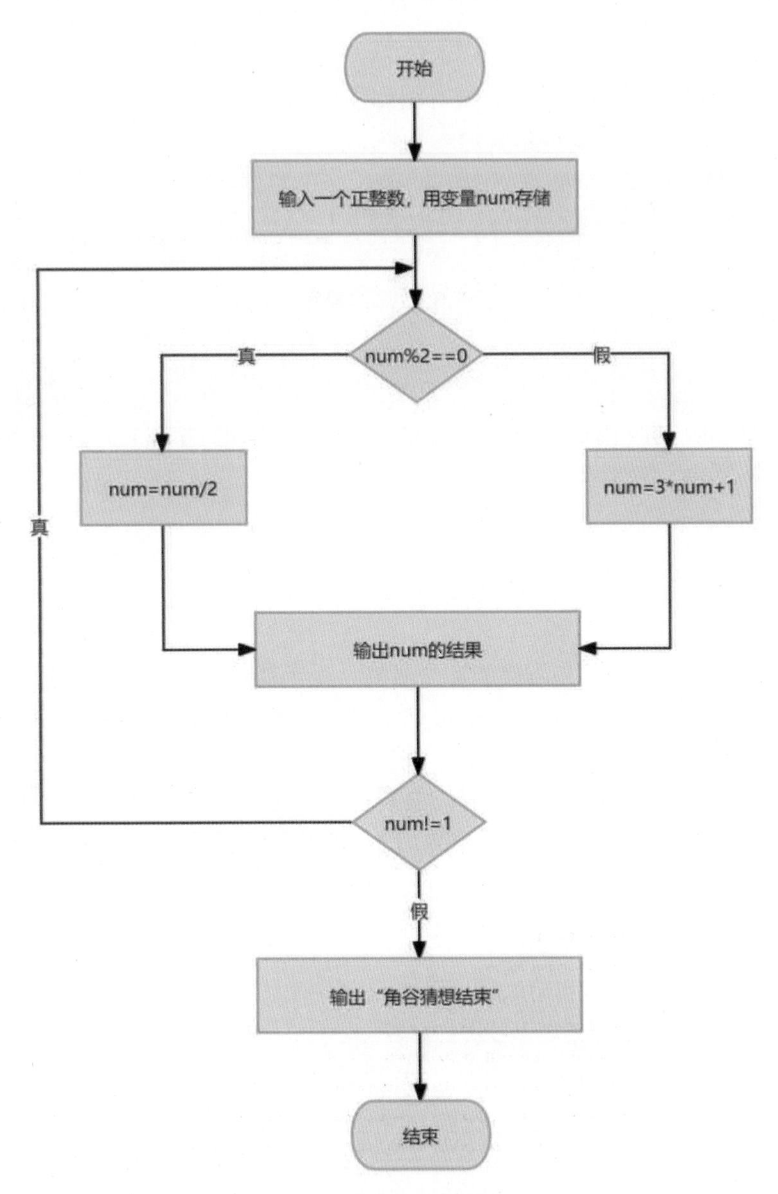

图 5.61　验证角谷猜想流程图

代码执行后，需要用户输入数字，计算机判断并输出结果。例如，输入6，执行过程如下：

```
请输入一个正整数：6
3  10  5  16  8  4  2  1
角谷猜想结束
```

核心知识点

在C++代码中，do-while语句可以和分支语句互相嵌套。例如，可以在分支语句中嵌套do-while语句，也可以在do-while语句中嵌套分支语句。

思维导图

do-while语句与分支语句嵌套的思维导图如图5.62所示。

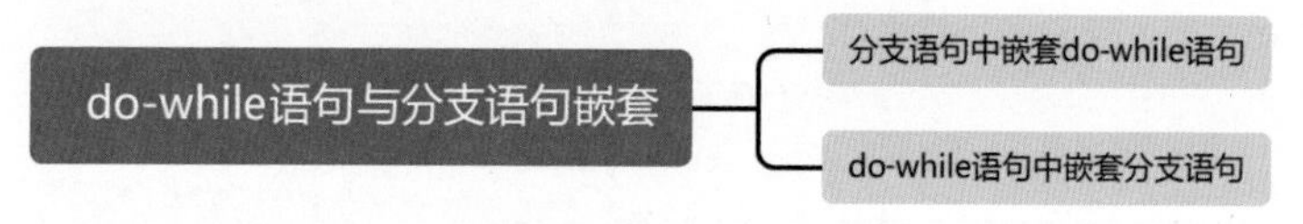

图5.62 思维导图

练一练

（1）在C++中，do-while语句可以和分支语句互相嵌套。例如，可以在分支语句中嵌套________语句，也可以在do-while语句中嵌套分支语句。

（2）编写程序，输出1-2+3-4+5-6+7-8+9-10的结果。

5.19 九九乘法表——双重循环嵌套

九九乘法表是一种基础的数学表格，用于展示数字1 ~ 9相乘的结果。九九乘法表通常以一个正方形的表格形式呈现，行和列均表示1 ~ 9的数字，表格中的每个格子则表示对应行和列数字相乘的结果。九九乘法表是小学数学课程中较早学习的内容，旨在帮助学生掌握乘法运算，并熟练记忆乘法表中的结果。九九乘法表别名为九九歌，产生年代是春秋战国，出自《算法大成》，如图5.63所示。

1×1=1								
1×2=2	2×2=4							
1×3=3	2×3=6	3×3=9						
1×4=4	2×4=8	3×4=12	4×4=16					
1×5=5	2×5=10	3×5=15	4×5=20	5×5=25				
1×6=6	2×6=12	3×6=18	4×6=24	5×6=30	6×6=36			
1×7=7	2×7=14	3×7=21	4×7=28	5×7=35	6×7=42	7×7=49		
1×8=8	2×8=16	3×8=24	4×8=32	5×8=40	6×8=48	7×8=56	8×8=64	
1×9=9	2×9=18	3×9=27	4×9=36	5×9=45	6×9=54	7×9=63	8×9=72	9×9=81

图5.63 九九乘法表

试编写一个程序，实现九九乘法表的功能。由于九九乘法表由行和列组成，因此需要使用双重循环嵌套功能实现，第一层循环实现行，第二层循环实现列。其步骤如下。

（1）从上往下进行输出，设置起始行数变量 i，并指定 i=1。

（2）逐行输出所有行。因为九九乘法表最多有 9 行，所以使用外循环 while 语句限制最大行数 i<10。

（3）输出每行时，需要依次输出该行上的每一列。使用变量 j 设置起始列数 j=1，增加列数；并在内循环 while 语句中使用 cout 语句进行输出。

（4）输出下一行时需要换行，内循环 while 语句结束后，使用 cout<<endl 进行换行。

（5）换行以后，准备输出下一行，行数也要加 1。在外循环 while 语句中通过迭代增加行数。

根据实现步骤，绘制流程图，如图 5.64 所示。

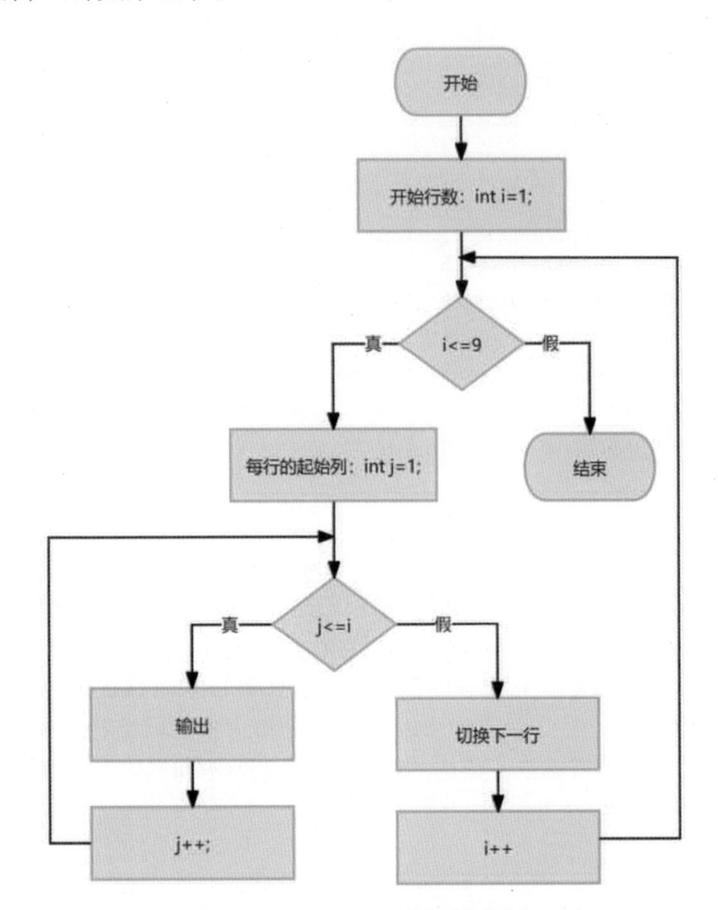

图 5.64　输出九九乘法表流程图

根据流程图，实现九九乘法表的输出。编写代码如下：

```
#include<iostream>
#include<iomanip>
using namespace std;
```

```
int main()
{
    int i=1;
    while (i<=9) {
        int j=1;
        while(j<=i){
            int product=i*j;
            cout<<j<<"x"<<i<<"="<<setw(2)<<product<<"  ";
            j++;
        }
        cout<<endl;
        i++;
    }
}
```

代码执行后的效果如下：

```
1x1=1
1x2=2  2x2=4
1x3=3  2x3=6   3x3=9
1x4=4  2x4=8   3x4=12  4x4=16
1x5=5  2x5=10  3x5=15  4x5=20  5x5=25
1x6=6  2x6=12  3x6=18  4x6=24  5x6=30  6x6=36
1x7=7  2x7=14  3x7=21  4x7=28  5x7=35  6x7=42  7x7=49
1x8=8  2x8=16  3x8=24  4x8=32  5x8=40  6x8=48  7x8=56  8x8=64
1x9=9  2x9=18  3x9=27  4x9=36  5x9=45  6x9=54  7x9=63  8x9=72  9x9=81
```

核心知识点

在C++代码中，循环语句也可以互相嵌套使用。例如，两个循环语句的嵌套就称为双重循环嵌套。双重循环嵌套可以使用各种循环语句的组合，包括两个while语句、两个for语句、两个do-while语句，也可以使用一个while语句和一个for语句等。

这些循环语句的组合都可以实现双重循环功能，只要它们能够正确地控制循环的迭代次数并实现所需的逻辑即可。因此，读者可以根据情况和个人偏好选择合适的循环语句组合，以实现双重循环嵌套。在本实例中，使用的就是两个while语句的嵌套，其语法形式如下：

```
while( 判断条件 1)
{
    语句块 1
    while( 判断条件 2)
    {
        语句块 2
    }
}
```

while语句的嵌套的执行流程如图5.65所示。

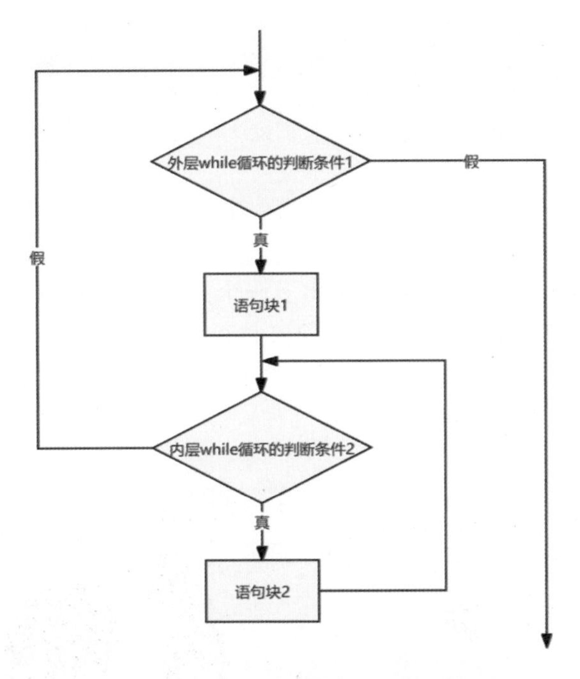

图 5.65　while 语句的嵌套的执行流程图

从图 5.65 中可以看到，程序首先会对外层 while 循环中的判断条件 1 进行判断。如果结果为真，则执行语句块 1；如果结果为假，则跳出外层 while 循环。在语句块 1 执行完之后，判断内层 while 循环的判断条件 2。如果判断条件 2 为真，则执行语句块 2；如果判断条件 2 为假，则跳出内层 while 循环。执行完语句块 2 后，再次判断内层 while 循环的判断条件 2。如果判断条件 2 为真，则继续执行语句块 2，以此类推。直到判断条件 2 为假时，跳出内层 while 循环。当内层 while 循环结束后，再次对外层 while 循环中的判断条件 1 进行判断。如果结果为真，则继续执行语句块 1，以此类推。直到判断条件 1 为假时，跳出外层 while 循环。

思维导图

双重循环嵌套的思维导图如图 5.66 所示。

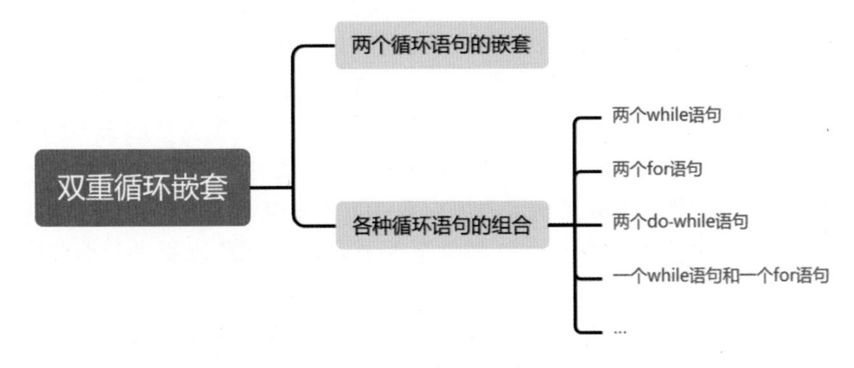

图 5.66　思维导图

练一练

（1）在 C++ 中，双重循环嵌套需要使用 ______ 个循环语句。

（2）编写程序，使用两个 for 循环实现九九乘法表的输出。

5.20 百钱买百鸡——三重循环嵌套

今天在数学课上老师给学生出了一个关于“百钱买百鸡”的问题。这个问题是这样的：3文钱可以买1只公鸡，2文钱可以买1只母鸡，1文钱可以买3只小鸡，现在要用100文钱买100只鸡（每种鸡至少买一只），如图5.67所示，问公鸡可以买几只？母鸡可以买几只？小鸡可以买几只？

图5.67 百钱买百鸡

“百钱买百鸡”问题比较烦琐，正好可以用C++实现。其中，需要使用三重循环嵌套，其步骤如下。

（1）使用 3 个变量 x、y、z 分别表示公鸡、母鸡和小鸡的数量。

（2）使用三重循环嵌套，分别控制公鸡、母鸡和小鸡的数量范围。其中，公鸡数量的范围为 1 ~ 33，因为 3 文钱可以买 1 只公鸡，所以 100 文钱最多可以买 33 只公鸡；母鸡数量的范围为 1 ~ 50，因为 2 文钱可以买 1 只母鸡，所以 100 文钱最多可以买 50 只母鸡；小鸡数量的范围为 1 ~ 100，因为 1 文钱可以买 3 只小鸡，100 文钱可以买 300 只小鸡，但本实例的题目要求买 100 只鸡，所以 100 文钱最多可以买 100 只小鸡。

（3）在最内层循环中，使用条件语句判断是否满足题目给定的条件（总数量为 100，总价钱为 100）。

（4）如果满足条件，则输出结果（公鸡数量、母鸡数量和小鸡数量）。

根据实现步骤，绘制流程图，如图5.68所示。

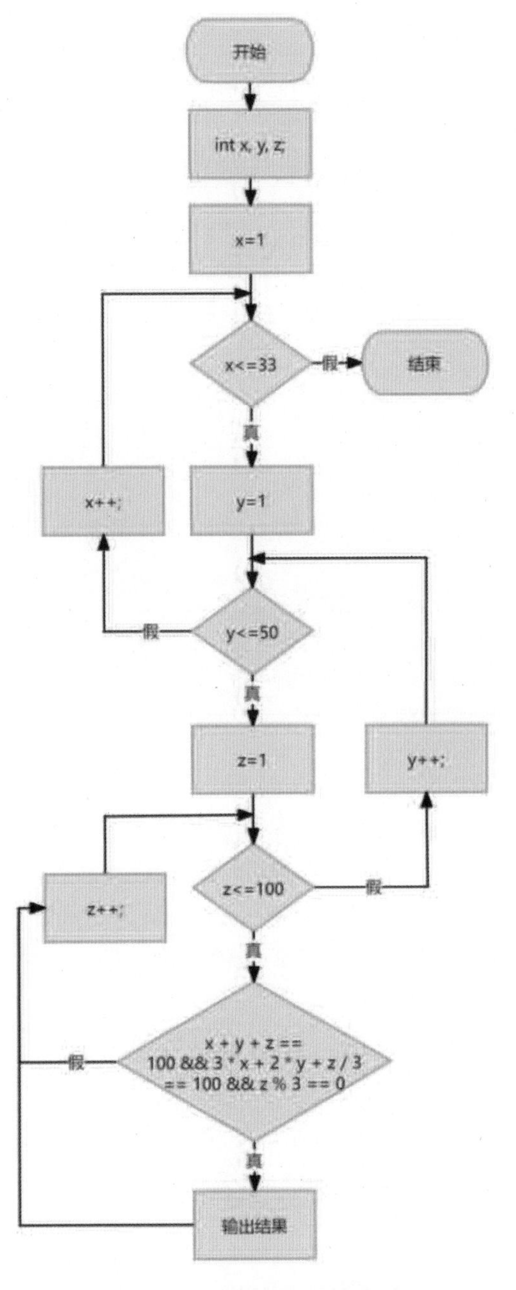

图5.68　百钱买百鸡流程图

根据流程图，实现计算百钱买百鸡功能。编写代码如下：

```
#include<iostream>
using namespace std;
int main() {
    int x, y, z;
```

```
        for (x = 1; x <= 33; x++)
        {
            for (y = 1; y <= 50; y++)
            {
                for (z = 1; z <= 100; z++)
                {
                    if (x + y + z == 100 && 3 * x + 2 * y + z / 3 == 100 && z % 3 == 0)
                    {
                        cout<<"公鸡数量：" << x <<"，母鸡数量：" << y <<"，小鸡数量："
                        << z << endl;
                    }
                }
            }
        }
    }
```

代码执行后的效果如下：

```
公鸡数量：5，母鸡数量：32，小鸡数量：63
公鸡数量：10，母鸡数量：24，小鸡数量：66
公鸡数量：15，母鸡数量：16，小鸡数量：69
公鸡数量：20，母鸡数量：8，小鸡数量：72
```

核心知识点

在C++中，除了有双重嵌套循环外，还有三重循环嵌套。三重循环嵌套就是使用三个循环语句实现的嵌套。三重循环嵌套可以使用各种循环语句的组合，包括三个while语句、三个for语句、三个do-while语句，也可以使用一个while语句和两个for语句等。这些循环语句的组合都可以实现三重循环功能，只要它们能够正确地控制循环的迭代次数并实现所需的逻辑即可。

思维导图

三重循环嵌套的思维导图如图5.69所示。

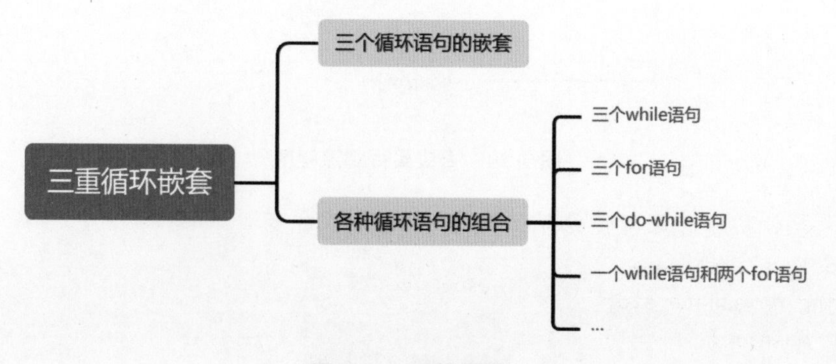

图5.69　思维导图

练一练

（1）在 C++ 中，三重循环嵌套需要使用 ________ 个循环语句。

（2）编写程序，生成所有可能的骰子点数组合。

5.21 输出奇数——goto转向语句

今天在数学课上，老师为学生介绍了奇数。奇数是指不能被2整除的数，分为正奇数和负奇数。在日常生活中，人们通常把正奇数叫作单数，其跟偶数是相对的。课后老师给学生布置了关于奇数的作业，就是将0 ~ 100的奇数写出来。

这个问题可以使用C++实现，其中需要使用goto转向语句，其步骤如下。

（1）定义一个变量 i，赋值为 1，因为最小的正奇数是 1。

（2）判断 i 存储的数是不是奇数，如果是就输出。

（3）将 i 存储的数字递增。

（4）判断 i 存储的数字是否在 100 以内，如果在，则使用 goto 转向语句继续进入下一次循环，即从步骤（2）开始执行一直到步骤（4），直到数字大于 100 结束。

根据实现步骤，绘制流程图，如图5.70所示。

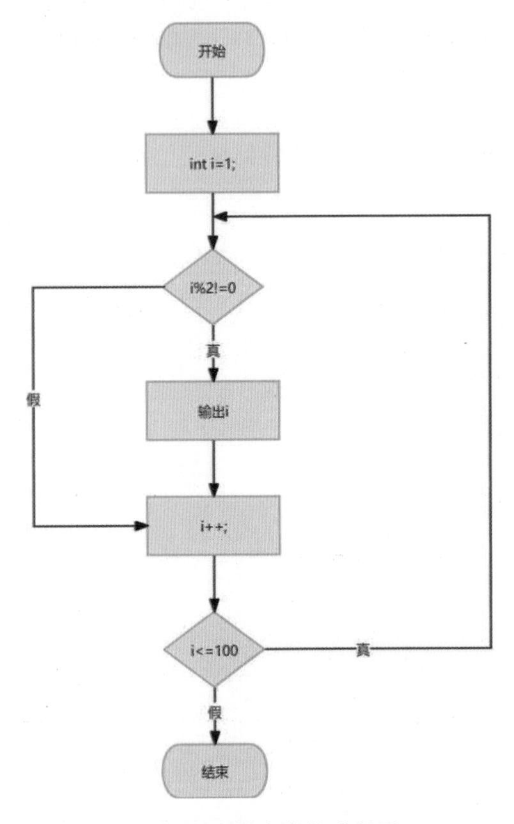

图5.70 输出奇数流程图

根据流程图，实现奇数的输出。编写代码如下：

```
#include<iostream>
using namespace std;
int main()
{
    int i=1;
    start:
        if(i%2!=0)
        {
            cout<<i<<" ";
        }
        i++;
        if(i<=100)
        {
            goto start;
        }
}
```

代码执行后的效果如下：

```
1 3 5 7 9 11 13 15 17 19 21 23 25 27 29 31 33 35 37 39 41 43 45 47 49 51 53
55 57 59 61 63 65 67 69 71 73 75 77 79 81 83 85 87 89 91 93 95 97 99
```

核心知识点

goto转向语句也称为goto语句，用于跳转到指定位置。其语法形式如下：

```
标识符：
……
goto  标识符；
```

goto语句由两部分组成：第一部分由标识符与冒号组成，表示跳转的目的地位置；第二部分由goto和标识符组成语句，表示跳转的开始位置。

当运行到goto与标识符组成的语句时，程序会直接跳转到标识符所在的位置继续执行代码。goto语句的执行流程如图5.71所示。

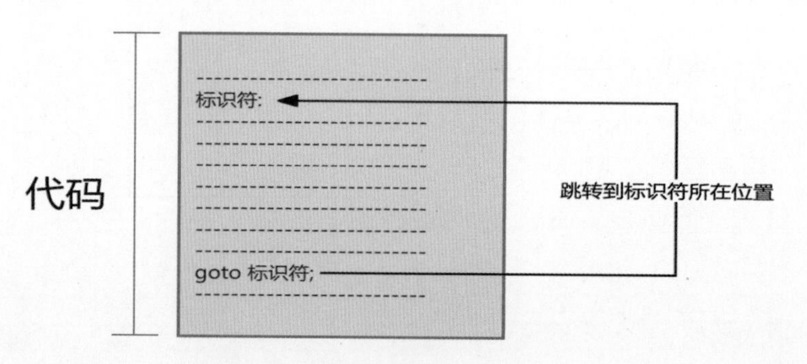

图5.71　goto语句的执行流程

助记小词典

goto：转到，发音为[ˈgoʊˌtu]。

思维导图

goto 转向语句的思维导图如图 5.72 所示。

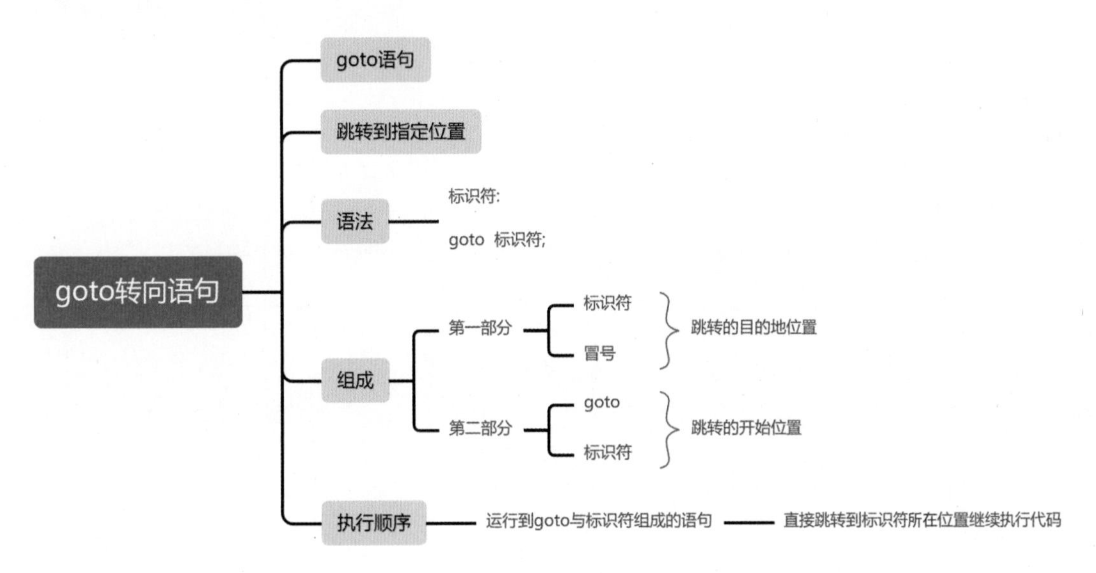

图 5.72 思维导图

扩展阅读

著名数学家毕达哥拉斯发现奇数有一个有趣现象：将奇数连续相加，每次的得数正好是平方数。这体现了奇数和平方数之间有着密切的联系，如图 5.73 所示。

$$1+3=2^2$$

$$1+3+5=3^2$$

$$1+3+5+7=4^2$$

$$1+3+5+7+9=5^2$$

$$1+3+5+7+9+11=6^2$$

$$1+3+5+7+9+11+13=7^2$$

$$1+3+5+7+9+11+13+15=8^2$$

$$1+3+5+7+9+11+13+15+17=9^2$$

$$\cdots$$

图 5.73 奇数的有趣现象

练一练

（1）goto 语句由 ________ 部分组成。

（2）编写程序，使用 goto 转向语句实现 100（包含 100）以内偶数的输出。

5.22 猜正确答案——break 跳出语句

在数学课上，老师给学生出了一道数学题：1080+999=？，让学生计算答案是多少。这类数学题可以使用 C++ 实现，如果答案不正确，可以再次输入答案，直到答案输入正确。因此需要使用到break跳出语句,其步骤如下。

（1）显示需要计算的数学题。

（2）输入答案，使用变量 i 存储。

（3）判断答案是否正确，如果不正确，则重新执行步骤（2）和（3）。

（4）如果答案正确,则不再执行步骤（2）和（3），直接输出“恭喜你，答案正确”。

根据实现步骤，绘制流程图，如图 5.74 所示。

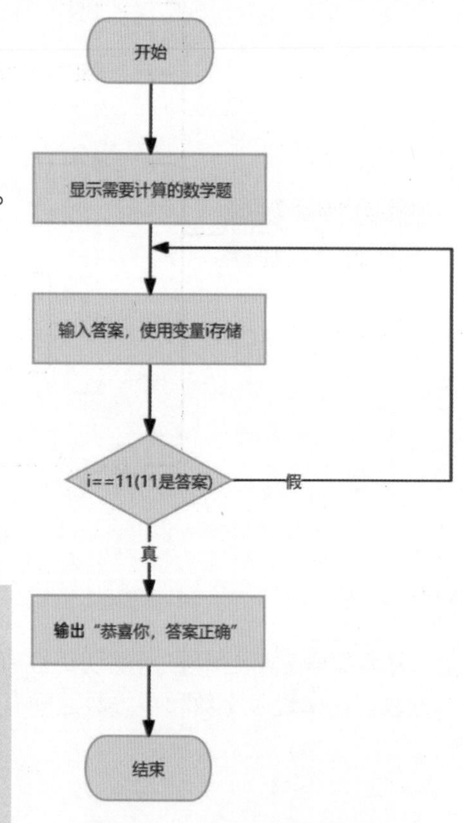

图 5.74　猜正确答案流程图

根据流程图，实现猜正确答案的功能。编写代码如下：

```
#include<iostream>
using namespace std;
int main()
{
    cout<<"5+6=?"<<endl;
    while(1)
    {
        cout<<" 请输入答案：";
        int i;
        cin>>i;
        if(i==11)
        {
            break;
        }
    }
    cout<<" 恭喜你，答案正确 "<<endl;
}
```

代码执行后，需要用户输入答案，计算机判断输入的答案是否正确。如果答案不正确，则进入下一次答案输入；如果正确，则输出“恭喜你，答案正确”。这里输入了5次答案，前4次是错误的，第5次是正确的，执行过程如下：

```
5+6=?
请输入答案：12
请输入答案：13
请输入答案：14
请输入答案：15
请输入答案：11
恭喜你，答案正确
```

核心知识点

在C++中，break跳出语句可以在switch case语句中使用，也可以在循环中使用。如果在循环(for、while、do-while)中使用break跳出语句，则表示跳出循环。跳出循环是指跳出当前的循环语句范围，不再进行循环，其执行流程如图5.75所示。

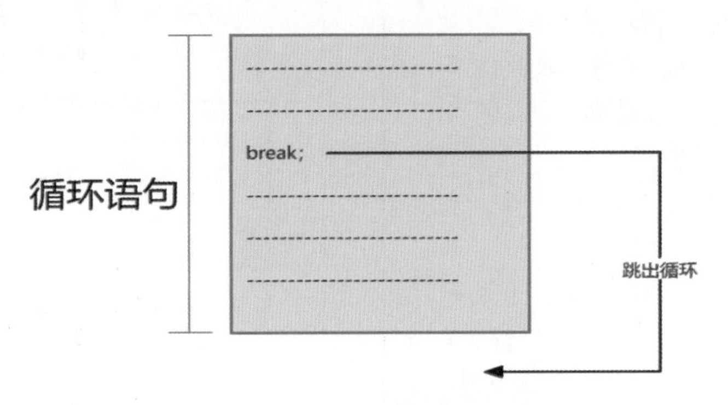

图5.75 break跳出语句执行流程

助记小词典

break：终止，发音为[breɪk]。

思维导图

break跳出语句的思维导图如图5.76所示。

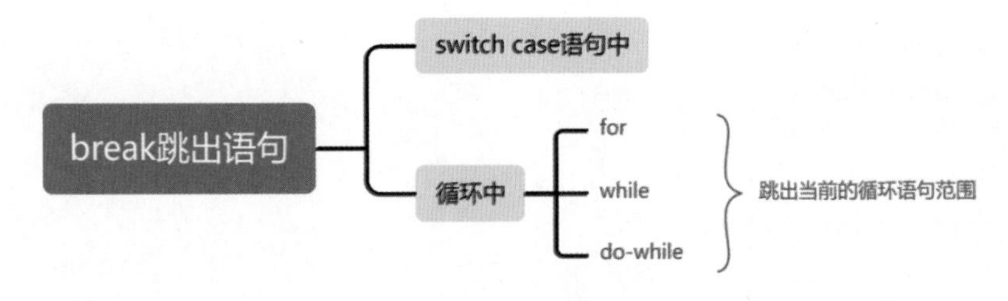

图5.76 思维导图

练一练

（1）在 C++ 中，break 语句在循环中就是跳出 ________ 的循环语句范围。

（2）编写程序，让用户一直输入数字，直到输入 10，结束输入。

5.23 逢7必过——continue继续语句

今天数学老师在课堂上让学生做了一个游戏，游戏名称为“逢7必过”。该游戏规则如下：大家围坐在一起，从1开始报数，但逢7的倍数或者尾数是7则不报数，而要喊“过”，如7、14、17、21等，要喊“过”，如果犯规就淘汰出局。

试编写一个程序，模拟逢7必过游戏从1到60的报数。此程序需要使用continue继续语句。该功能可以使用switch语句实现，其步骤如下。

（1）定义一个变量 i，赋值为 1，表示报数从 1 开始。

（2）判断 i 存储的值是否小于或等于 60，如果小于或等于 60，则判断 i 是否为 7 的倍数或者尾数是否为 7。如果是，就输出“过”；如果不是，则输出当前 i 的值。

（3）i 自增 1。

（4）重复步骤（2）和（3），直到 i 的值大于 60。

根据实现步骤，绘制流程图，如图5.77所示。

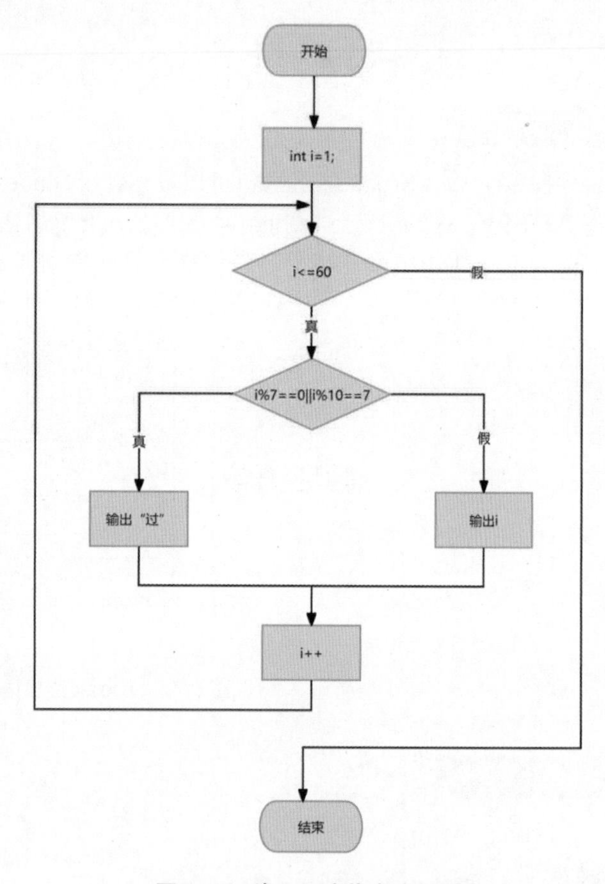

图5.77 逢7必过游戏流程图

根据流程图，实现逢7必过小游戏。编写代码如下：

```
#include<iostream>
using namespace std;
int main()
{
    for(int i=1;i<=60;i++)
    {
        if(i%7==0||i%10==7)
```

```
            {
                cout<<" 过 "<<"  ";
            }
            else
            {
                cout<<i<<"  ";
            }

        }
    }
```

代码执行后的效果如下：

```
    1  2  3  4  5  6  过  8  9  10  11  12  13  过  15  16  过  18  19  20  过  22
23  24  25  26  过  过  29  30  31  32  33  34  过  36  过  38  39  40  41  过  43
44  45  46  过  48  过  50  51  52  53  54  55  过  过  58  59  60
```

核心知识点

在C++语言中，continue继续语句也称为continue语句，用于在循环中跳过当前循环，直接进行下一次循环。当程序执行到continue继续语句时，循环体中位于continue之后的代码将被忽略，而循环条件会被重新检查，从而开始下一次循环。其执行流程如图5.78所示。continue继续语句只能在循环结构(如for、while、do–while)中使用。

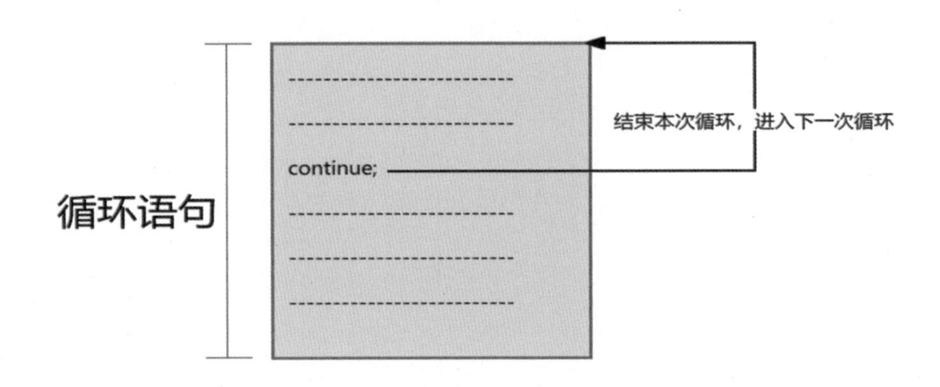

图5.78　continue继续语句的执行流程

助记小词典

continue：(停顿后)继续，发音为[kənˈtɪnjuː]。

思维导图

continue继续语句的思维导图如图5.79所示。

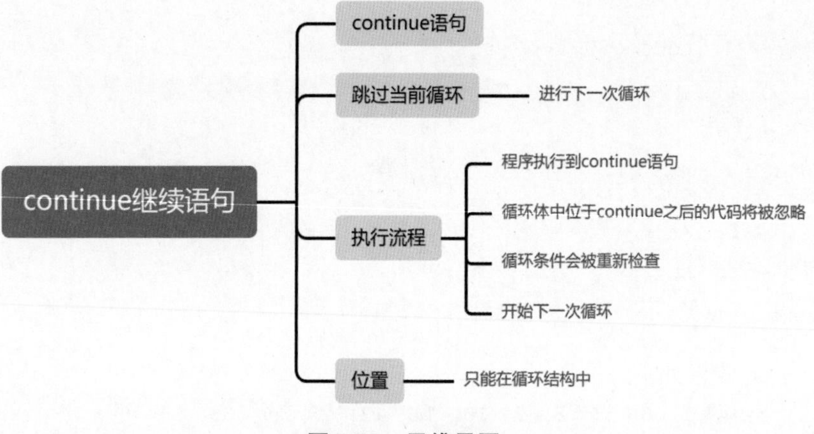

图 5.79　思维导图

练一练

（1）在 C++ 中，continue 继续语句用于在循环中跳过 ________ 循环，直接进行下一次循环。

（2）编写程序，输出 1 ~ 100 的数，但是不能输出尾数为 8 的数。

第 6 章

数组和字符串

在编程中，数据可以分为单个数据和集合数据两种形式。单个数据是指只有一个值的数据，如一个人的年龄或姓名，我们可以使用变量存储和处理这类数据；而集合数据则是指多个数据组成的数据集合，如电话簿中包含多个联系人的信息。为了处理集合数据，C++ 中提供了数组和字符串，本章将对数组和字符串进行详细的讲解。

6.1 我的体温表——定义一维数组

由于最近流感比较严重，在星期天的早晨，老师要求学生每隔4小时测量一次体温，并将测量结果记录下来。由于一天有24小时，因此记录了6次体温数据，某同学的6次体温数据分别是36.2、36.8、36.3、36.9、36.1和36.5。为了实现这个任务，可以使用C++。由于需要记录6次体温测量结果，因此可以利用一维数组存储这些数据，其步骤如下。

（1）声明一个一维数组t，存储测量的体温。由于需要记录6次测量的体温，因此数组的长度为6。

（2）为数组t赋值。

根据实现步骤，绘制流程图，如图6.1所示。

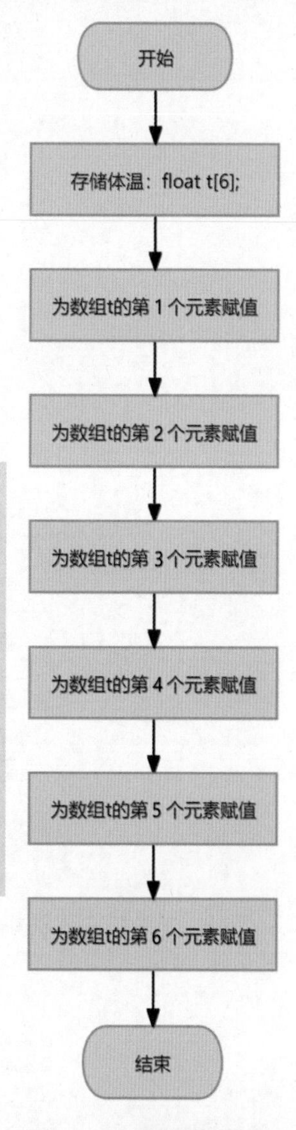

图6.1　记录体温流程图

根据流程图，实现体温的记录。编写代码如下：

```
#include<iostream>
using namespace std;
int main()
{
    float t[6];
    t[0]=36.2;
    t[1]=36.8;
    t[2]=36.3;
    t[3]=36.9;
    t[4]=36.1;
    t[5]=36.5;
}
```

核心知识点

在C++语言中，一个变量存储一个数据。如果要存储多个数据，就需要使用数组。数组是一种数据结构，用于存储相同类型的数据。数组中的每个元素都有一个唯一的索引，索引从0开始。数组在内存中是连续存储的，这样能够高效地访问和操作数组中的元素。在C++中，数组根据其维度的不同，分为一维数组、二维数组和多维数组。

在C++中，一维数组像一支具有名字的固定长度的队伍。其中，队伍名就是数组名，固定的人数就是数组的元素个数，队伍中的每个人就是数组的元素。要使用一维数组，首先需要对其进行定义。在C++中，定义一维数组分为两个步骤，即声明一维数组和赋值。以下是具体的实现。

一维数组的声明包括数据类型、数组名、中括号和常量表达式四部分，其语法形式如下：

```
数据类型 数组名 [ 常量表达式 ];
```

其中，数据类型用于规定数组中元素的类型；数组的命名需要符合标识符的命名规则；常量表达式只能是常量，不能使用变量，但是可以省略；中括号不能省略。常量表达式的值会规定数组的元素个数，也就是数组的长度。

声明好一维数组后，即可对一维数组进行赋值。对一维数组进行赋值的语法形式如下：

```
数组名 [ 下标 ]= 值 ;
```

其中，下标(索引)是元素在数组中的位置，编号从0开始。例如，数组中的第一个元素的下标为0，第二个元素的下标为1，以此类推。

注意：有时为了方便，很多开发人员将声明数组和为数组赋值的代码放在一行上。这时，声明一维数组有以下两种方式。

```
数据类型 数组名 [ 常量表达式 ]={ 值 1, 值 2, 值 3, ...};
数据类型 数组名 [ ]={ 值 1, 值 2, 值 3, ...};
```

在使用第二种方式时，数组中元素的长度由后面的值的个数决定。

思维导图

定义一维数组的思维导图如图6.2所示。

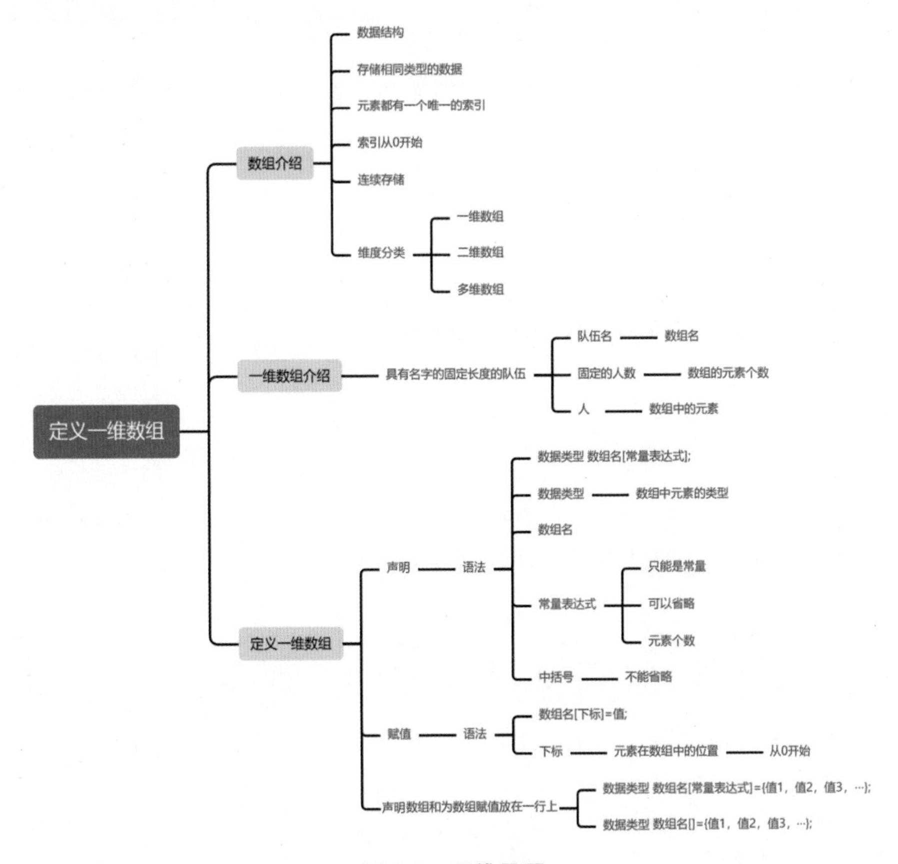

图6.2　思维导图

练一练

（1）数组中元素的下标是从 ________ 开始的。

（2）以下代码中，数组的长度是 ________。

```
int a[]={1,2,3,4,5,6};
```

6.2 跳绳——访问一维数组的指定元素

上周体育老师布置了一项任务，要求学生从星期一到星期日都跳绳10分钟，并记录每天的跳绳次数。某学生的跳绳记录分别是120、150、170、180、130、175、200。在今天的体育课上，老师问该生第3天跳了多少次，学生依次查找后告诉老师是170次。考虑这一过程，查找起来比较麻烦，幸好只记录了7天。若记录的天数更多，查找会变得费时费力。这个问题可以使用C++解决，即定义一维数组，记录7天的跳绳次数，利用访问一维数组指定元素的方式回答老师关于具体某天跳绳次数的问题。其步骤如下。

（1）定义一维数组num，存储7天的跳绳次数。

（2）输入一个数字，表示老师询问的是第几天，用变量day存储。

（3）输出该天的跳绳次数。

根据实现步骤，绘制流程图，如图6.3所示。

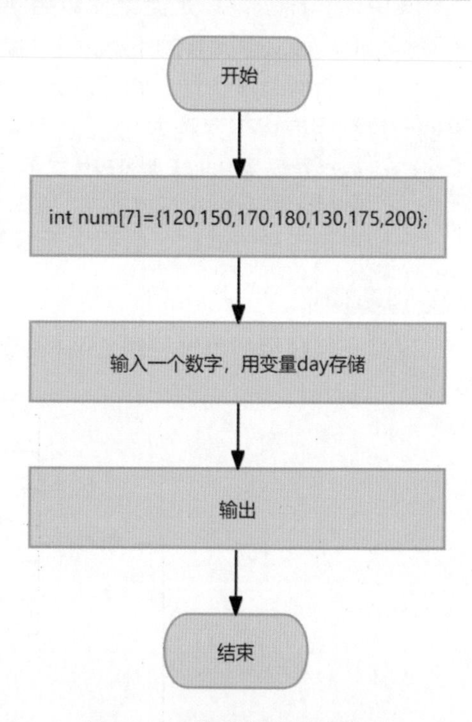

图6.3 查询跳绳次数流程图

根据流程图，实现查询跳绳次数功能。编写代码如下：

```
#include<iostream>
using namespace std;
int main()
{
    int num[7]={120,150,170,180,130,175,200};
    int day;
    cin>>day;
    cout<<" 第 "<<day<<" 天 "<<" 跳了 "<<num[day-1]<<" 次 "<<endl;
}
```

代码执行后，需要用户输入数字，计算机判断这一天的跳绳次数并输出结果。例如，输入3，执行过程如下：

```
3
第 3 天跳了 170 次
```

核心知识点

数组的每个元素都有一个下标，下标默认从0开始。访问数组中的指定元素就是通过元素的下标实现的。访问数组元素的语法形式由数组名、中括号和元素的下标组成，如下：

```
数组名[元素的下标]
```

思维导图

访问一维数组的指定元素的思维导图如图6.4所示。

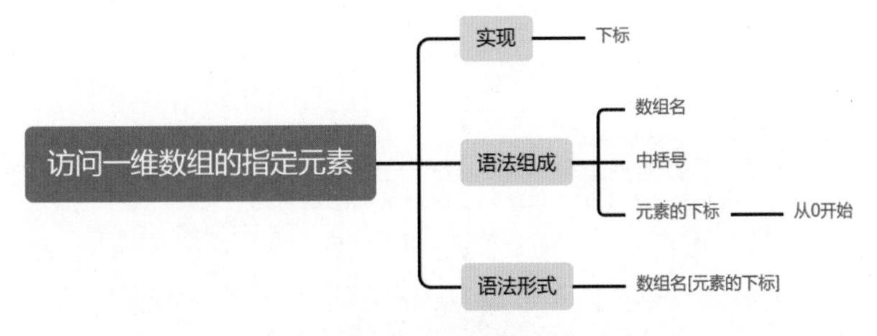

图6.4 思维导图

练一练

（1）访问数组中的指定元素是通过元素的 ________ 实现的。

（2）访问数组元素的语法形式由 ________、中括号和元素的下标组成。

6.3 输出书费——遍历一维数组

数学课上，学生学习了小数的知识，为了加深学生对小数的理解，老师要求学生查看每一科书的书费。这个问题可以使用数组解决，即定义一维数组，记录七科的书费，利用遍历一维数组的方式输出各科书的书费。其步骤如下。

（1）定义一维数组book，存储七科书的书费，分别为30.3、42.0、63.8、36.2、53.9、48.3、18.8。

（2）定义一个变量i，用于存储当前位置。由于是从数组的首个位置开始，所以将i赋值为0。

（3）利用循环实现对一维数组的遍历，循环条件为0 ~ 6。

（4）循环体的功能是输出一维数组中当前位置的元素，即各科书的书费；i自增1，实现对下一个元素的输出。

根据实现步骤，绘制流程图，如图6.5所示。

根据流程图，实现书费的输出。编写代码如下：

```
#include<iostream>
using namespace std;
int main()
```

```
{
    float book[7]={30.3,42.0,63.8,36.2,53.9,48.3,18.8};
    int i=0;
    for(i;i<7;i++)
    {
        cout<<book[i]<<endl;
    }
}
```

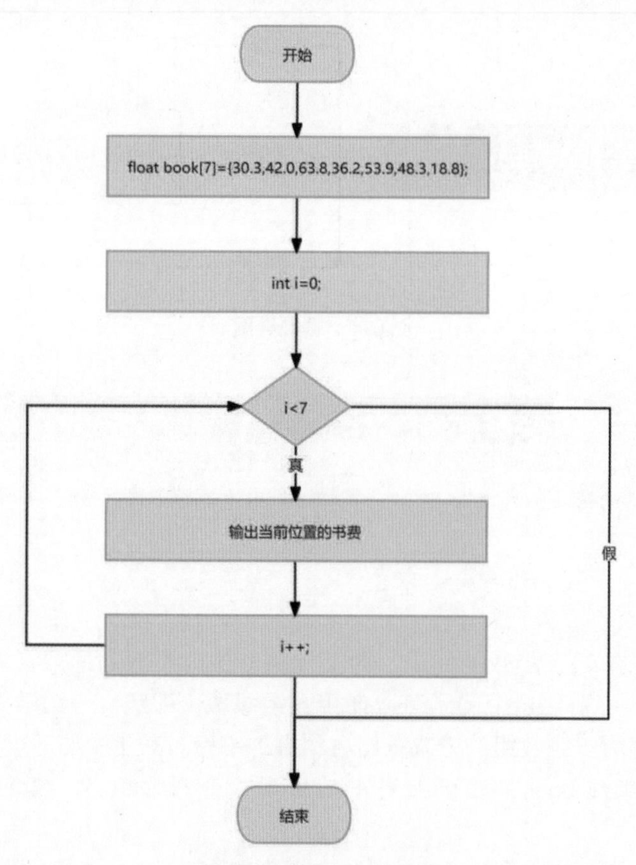

图6.5　输出书费流程图

代码执行后的效果如下：

```
30.3
42.0
63.8
36.2
53.9
48.3
18.8
```

核心知识点

在C++语言中，遍历数组的方式有很多种，较为常见的就是利用for语句和while语句。以下是通过这两种循环语句实现数组遍历的方式。

（1）利用 for 语句逐一访问数组中的每个元素。

① 定义一个数组。

② 定义一个变量,存储当前位置。因为数组中元素的下标从 0 开始,所以为变量赋值为 0。

③ 使用以下代码实现遍历：

```
for（变量名 =0; 变量名 < 数组元素长度 ; 变量名 ++）
{
    cout<< 数组名 [ 变量名 ];
}
```

（2）利用 while 语句逐一访问数组中的每个元素。

① 定义一个数组。

② 定义一个变量,存储当前位置。因为数组中元素的下标从 0 开始,所以为变量赋值为 0。

③ 使用以下代码实现遍历：

```
变量名 =0;
while( 变量名 < 数组元素长度 )
{
    cout<< 数组名 [ 变量名 ];
    变量名 ++;
}
```

思维导图

遍历一维数组的思维导图如图6.6所示。

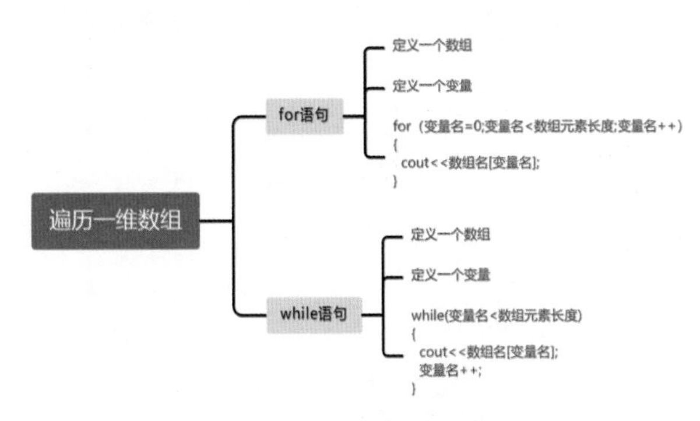

图6.6　思维导图

练一练

（1）在 C++ 语言中，遍历数组的较为常见的方式是利用 ________ 语句和 while 语句。

（2）利用 while 语句输出数组 a 中的元素。数组 a 包含 4 个元素，分别为 100、200、300、400。

6.4 统计期末考试成绩——动态赋值一维数组

期末考试结束了，老师拿着一张纸，开始登记学生各科的期末考试成绩，然后使用计算器计算总分。考虑到手写记录以及使用计算器计算不够方便，试通过C++实现成绩记录以及总分的计算。由于需要存储每位学生的七科考试成绩，因此可以使用动态赋值一维数组实现，其步骤如下。

（1）声明一个一维数组score，用于存储分数。由于是七科的考试成绩，因此数组的长度为7。

（2）定义一个变量sum，用于保存总分。由于还没有成绩，因此初始值为0。

（3）定义一个变量i，用于存储当前在数组中正在操作的元素位置。由于数组开始的位置为0，因此i的初始值为0。

（4）使用循环方式输入各科成绩，循环条件为0 ~ 6。

（5）利用循环体实现成绩的输入，输入的成绩分别存储在数组score的对应位置。将该成绩累加到sum中，自动将i加1，将当前在数组中正在操作的元素移到下一个位置。

（6）输出总分。

根据实现步骤，绘制流程图，如图6.7所示。

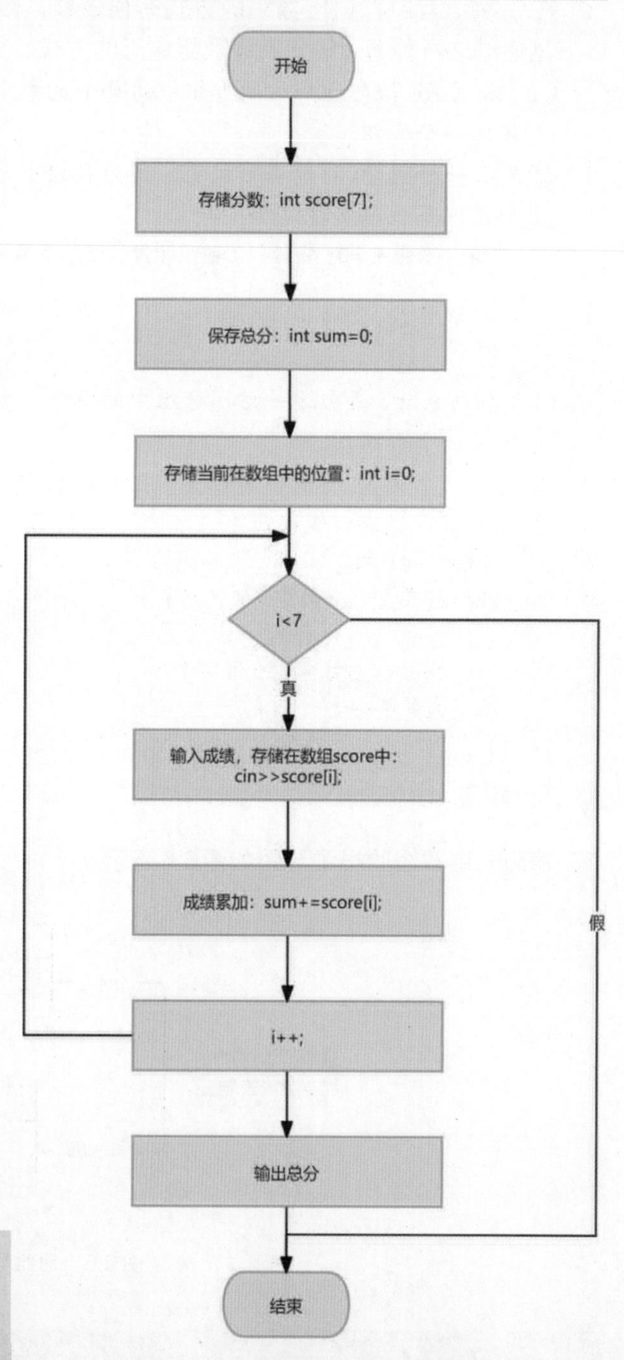

图6.7　统计期末考试成绩流程图

根据流程图，完成成绩的输入和总分的计算。编写代码如下：

```
#include<iostream>
using namespace std;
int main()
{
    int score[7];
    int sum=0;
```

```
    cout<<"依次输入七科的成绩"<<endl;
    for(int i=0;i<7;i++)
    {
        cin>>score[i];
        sum+=score[i];
    }
    cout<<"七科总成绩为:"<<sum<<endl;
}
```

代码执行后，需要用户输入七科成绩，计算机对成绩进行计算。这里，输入的七科成绩分别为100、95、90、85、80、80、75，执行过程如下：

```
依次输入七科的成绩
100
95
90
85
80
80
75
七科总成绩为：605
```

核心知识点

在C++语言中，如果要为一维数组动态赋值，可以利用cin语句实现。其语法形式如下：

```
cin>>数组名[下标];
```

思维导图

动态赋值一维数组的思维导图如图6.8所示。

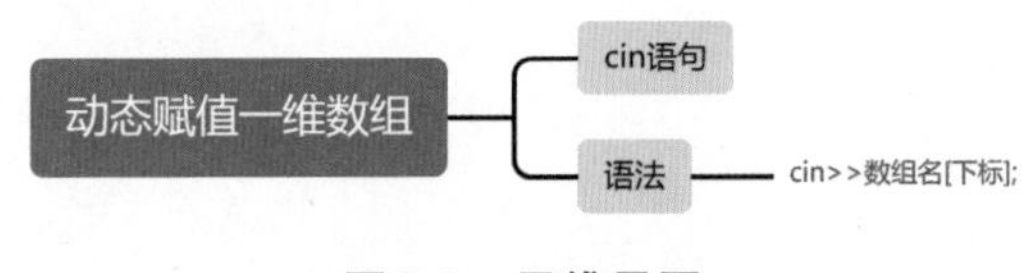

图6.8 思维导图

练一练

（1）在C++中，动态赋值一维数组可以使用_______语句实现。

（2）编写程序，定义一个具有10个元素的整型数组，动态为其赋值。

6.5 身高比一比——冒泡排序

数学课上，学生学习了数字大小的概念，如数字3大于2。下课时，老师要求学生按照身高从大到小的顺序排列班级里10个学生的身高。这10个学生的身高分

别为1.58、1.48、1.59、1.52、1.47、1.38、1.60、1.62、1.36、1.72米。可以使用C++实现该排序问题。首先，定义一个一维数组，存储这10个学生的身高；然后，利用冒泡排序（bubble sort）算法对身高进行排序，这样就可以按照从大到小的顺序展示学生的身高。其步骤如下。

（1）定义一维数组h，存储10个学生的身高。

（2）利用冒泡排序算法进行排序。

（3）输出排序后的身高。

根据实现步骤，绘制流程图，如图6.9所示。

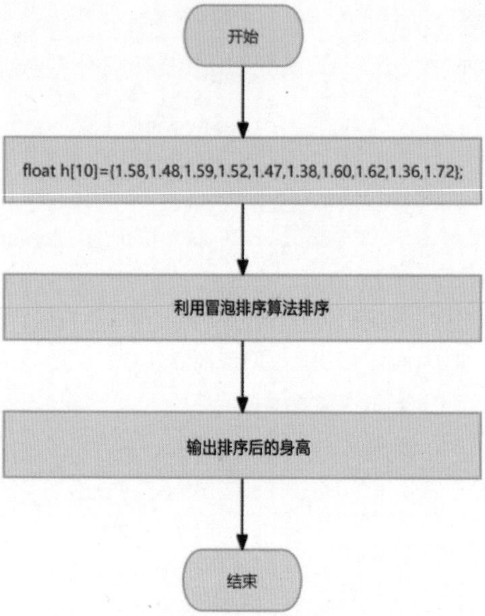

开始

float h[10]={1.58,1.48,1.59,1.52,1.47,1.38,1.60,1.62,1.36,1.72};

利用冒泡排序算法排序

输出排序后的身高

结束

图6.9　身高排序流程图

根据流程图，完成身高的排序。编写代码如下：

```
#include<iostream>
using namespace std;
int main()
{
    float h[10]={1.58,1.48,1.59,1.52,
    1.47,1.38,1.60,1.62,1.36,1.72};
    cout<<" 从大到小排序后身高为 ："<<endl;
    for(int i=0;i<9;i++)
    {
        for(int j=0;j<9-i;j++)
        {
            if(h[j]<h[j+1])
            {
                float t=h[j];
                h[j]=h[j+1];
                h[j+1]=t;
            }
        }
    }
    for(int i=0;i<10;i++)
    {
        cout<<h[i]<<endl;
    }
}
```

代码执行后的效果如下：

```
从大到小排序后身高为：
1.72
1.62
1.6
```

```
1.59
1.58
1.52
1.48
1.47
1.38
1.36
```

核心知识点

冒泡排序是一种简单的排序算法，需要重复地遍历要排序的数列，一次比较两个元素，如果它们的顺序错误就交换位置，直到没有需要交换的元素为止。冒泡排序基本思想是依次比较相邻的两个数，将大数放在前面，小数放在后面。冒泡排序算法的步骤如下。

（1）从第一个元素开始，依次比较相邻的两个元素，如果顺序错误则交换位置。

（2）继续遍历数组，重复上述比较和交换步骤，直到没有需要交换的元素为止。

（3）重复执行以上步骤，每次遍历时都会将当前未排序部分的最大元素移动到正确的位置。图6.10所示为利用冒泡排序对88、72、92、95、99进行的排序。

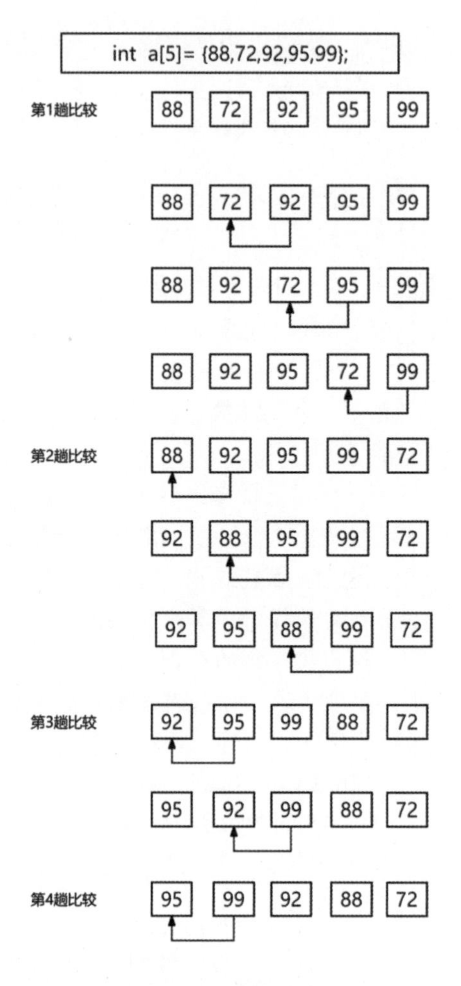

图6.10 冒泡排序

思维导图

冒泡排序的思维导图如图6.11所示。

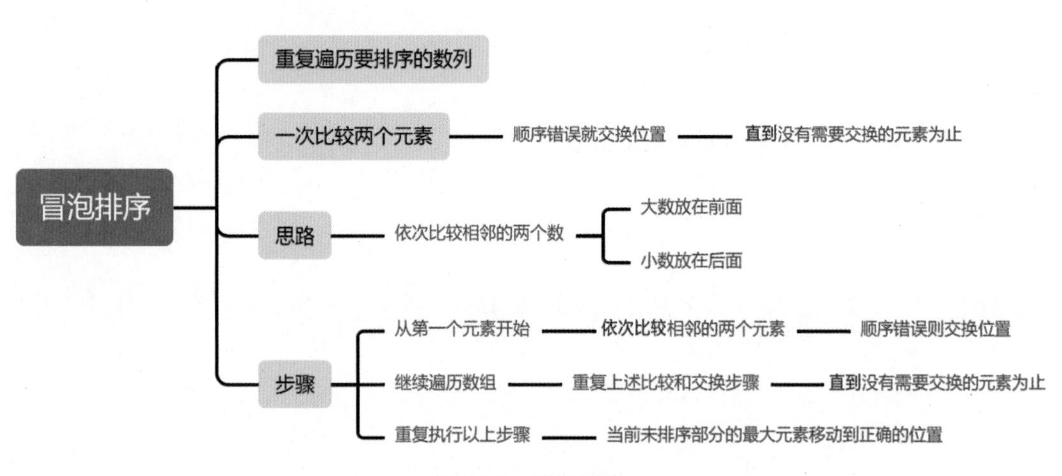

图6.11 思维导图

练一练

（1）冒泡排序的英文是__________。

（2）利用冒泡排序算法，将25、64、3、83、92这几个数从大到小进行排序。

6.6 分数排序——选择排序

期末考试成绩出来了，老师要求将班级所有人的数学成绩从小到大进行排序，这样可以很方便地看到最高分和最低分。可以使用C++解决这个问题。首先，定义一个一维数组，存储班级中所有人的分数，假定这个班级中有7个人，分数分别为64、89、98、63、55、99、72；然后，利用选择排序(selection sort)算法对分数进行排序，这样就可以按照从低到高的顺序展示他们的分数。其步骤如下：

（1）定义一维数组s，存储7个人的分数。

（2）利用选择排序算法排序。

（3）输出排序后的分数。

根据实现步骤，绘制流程图，如图6.12所示。

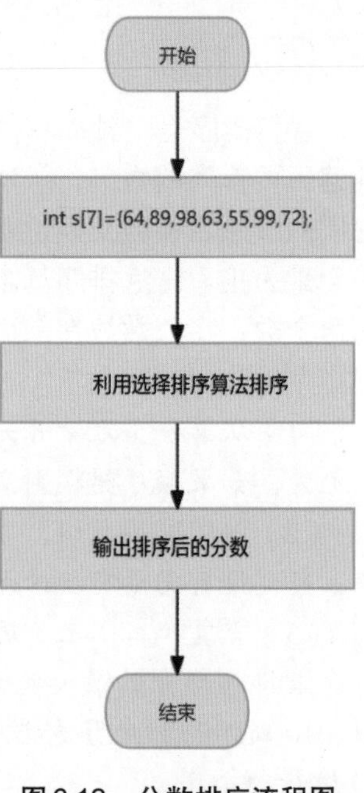

图6.12　分数排序流程图

根据流程图，实现分数的排序。编写代码如下：

```
#include<iostream>
using namespace std;
int main()
{
    int s[7]={64,89,98,63,55,99,72};
    cout<<"从低到高排序后分数为："<<endl;
    for(int i=0;i<7;i++)
    {
        int minIndex=i;
        for(int j=i+1;j<7;j++)
        {
            if(s[j]<s[minIndex])
            {
                minIndex=j;
            }
        }
        swap(s[i],s[minIndex]);
    }
    for(int i=0;i<7;i++)
    {
        cout<<s[i]<<endl;
```

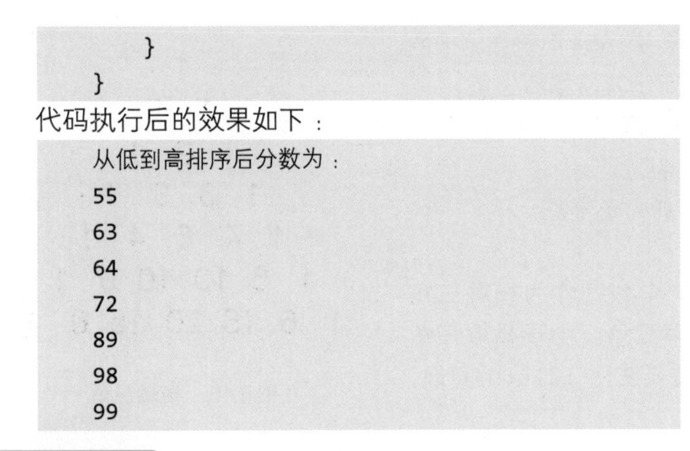

```
        }
    }
```

代码执行后的效果如下：

```
从低到高排序后分数为：
55
63
64
72
89
98
99
```

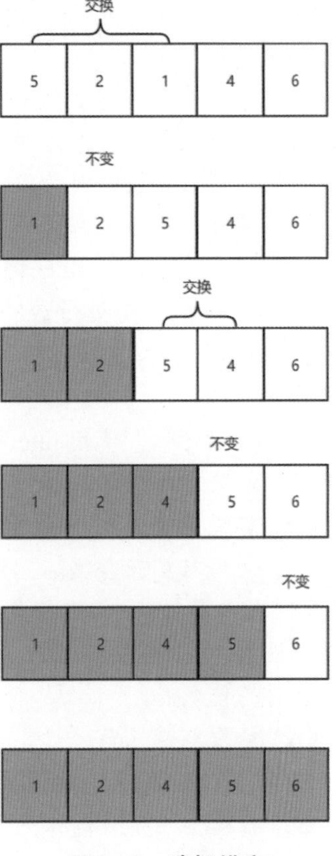

图6.13　选择排序

核心知识点

选择排序是一种简单直观的排序算法，其基本思想是首先从未排序的数据中选择最小(或最大)的元素，将其与序列中的第一个元素交换位置；接着从剩下的未排序数据中选择次小(或次大)的元素，将其与序列中的第二个元素交换位置；以此类推，直到所有元素排序完毕。

图6.13所示为利用选择排序对5、2、1、4、6进行从小到大的排序。

思维导图

选择排序的思维导图如图6.14所示。

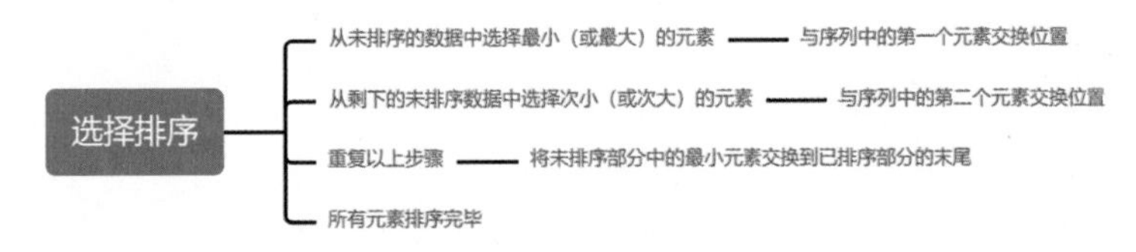

图6.14　思维导图

练一练

（1）选择排序的英文是＿＿＿＿＿＿。

（2）利用选择排序算法，将25、64、3、83、92这几个数从小到大进行排序。

6.7 杨辉三角——二维数组

公元1261年，我国宋代数学家杨辉在其著作《详解九章算法》中给出了一个用数字排列起来的三角形阵，该三角形阵称为杨辉三角。由于杨辉在书中引用了贾宪著的《开方作法本源》和“增乘开方法”，因此该三角形阵也称贾宪三角。在欧洲，该三

角形阵称为帕斯卡三角形，是帕斯卡在1654年研究出来的，比杨辉晚了近400年时间。图6.15所示就是杨辉三角。

从图6.15中可以看到杨辉三角的规律，具体如下。

（1）每个数等于其上方两数之和。

（2）每行数字左右对称，由1开始逐渐变大。

（3）第n行的数字有n项。

试编写一个程序，用户输入一个数字作为杨辉三角的行数，程序输出相应行数的杨辉三角。由于杨辉三角是由行和列组成的，因此此功能需要使用二维数组实现，其步骤如下。

```
      1
     1 1
    1 2 1
   1 3 3 1
  1 4 6 4 1
 1 5 10 10 5 1
1 6 15 20 15 6 1
```

图6.15 杨辉三角

（1）输入行数，使用line存储。

（2）定义二维数组array，存储杨辉三角的数字。

（3）定义变量i和j，用于存储当前的行和列，为i和j赋值为0。

（4）使用双层嵌套循环，外层循环i控制行数，内层循环j控制每行的列数。

（5）在内层循环中，判断当前位置的数字是否在两侧，即j等于0或者等于i。如果在两侧，则将其设置1；如果不在两侧，则当前位置的值应该为其上方两数之和，即[i-1][j-1]和[i-1][j]两个位置的值之和。

（6）输出杨辉三角。

根据实现步骤，绘制流程图，如图6.16所示。

根据流程图，完成杨辉三角的输出。编写代码如下：

```
#include<iostream>
using namespace std;
int main()
{
    int line;
    cin>>line;
    int i=0, j=0;
    int array[line][line]={0};
    // 行数
    for(i=0;i<line;i++)
    {
        // 列数
        for(j=0;j<=i;j++)
        {
            // 判断当前的值是否在两侧
            if(j==0||j==i)
            {
                array[i][j]=1;
            }
```

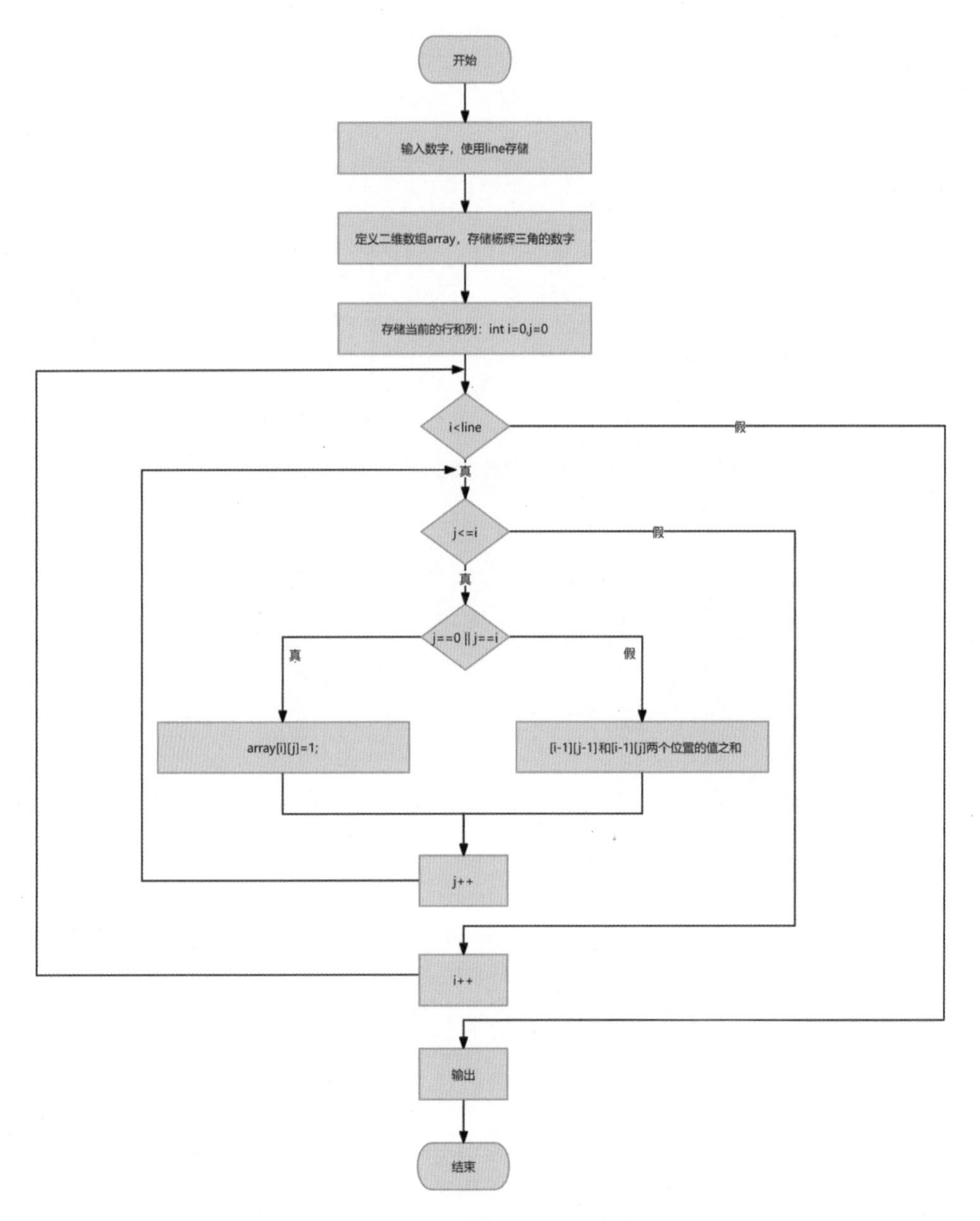

图 6.16　输出杨辉三角流程图

```
            else
            {
                // 每个数等于其上方两数之和
                array[i][j]=array[i-1][j-1]+array[i-1][j];
            }
```

```
            }
        }
        //输出杨辉三角（直角）
        for(i=0;i<line;i++)
        {
            for(j=0;j<=i;j++)
            {
                cout<<array[i][j]<<" ";
            }
            cout<<endl;
        }
    }
```

代码执行后，需要用户输入数字，计算机输出结果。例如，输入10，执行过程如下：

```
10
1
1 1
1 2 1
1 3 3  1
1 4 6  4  1
1 5 10 10 5   1
1 6 15 20 15  6   1
1 7 21 35 35  21  7  1
1 8 28 56 70  56  28 8  1
1 9 36 84 126 126 84 36 9 1
```

核心知识点

二维数组是数组的一种形式，其可以存储多行多列的数据。二维数组实际上是一个由行和列组成的表格，其中每个元素可以通过行索引和列索引访问。在编程中，二维数组通常用于存储矩阵、表格等二维数据结构。要使用二维数组，就需要对其进行定义。定义二维数组分为两步，即声明二维数组和赋值。

（1）二维数组的声明包含数据类型、数组名、常量表达式1和常量表达式2四部分，其语法形式如下：

```
数据类型 数组名[常量表达式1][常量表达式2]
```

其中，数据类型用于定义数组的每个最小元素的类型；数组名是指二维数组的名称，需要符合标识符的命名规则，数组名中会存放二维数组的首地址值；常量表达式1用于定义二维数组的元素个数，在二维数组中的每个元素都等同于一个单独的一维数组，一个一维数组就是一个元素；常量表达式2用于定义元素的逻辑结构，即规定每个元素（一维数组）中包含几个子元素。

（2）为二维数组赋值有两种形式，分别为指定位置赋值和声明时赋值。

① 指定位置赋值时，需要指定两个参数，即行位置和列位置，也称为行下标和列下标。

其语法形式如下：

数组名 [行下标][列下标]= 值

② 声明时赋值，即在声明的同时对数组进行赋值，其语法形式如下：

数据类型　数组名 [常量表达式 1][常量表达式 2]={ 值 1,…, 值 n},{ 值 1,…, 值 n},…,{ 值 1,…, 值 n}

数据类型　数组名 [][]={ 值 1,…, 值 n},{ 值 1,…, 值 n},…,{ 值 1,…, 值 n}

访问二维数组和访问一维数组类似，都是通过下标获取特定元素。不同之处在于，访问一维数组只需一个下标指定元素位置，而访问二维数组则需要提供两个下标确定元素在行和列上的位置。

思维导图

二维数组的思维导图如图 6.17 所示。

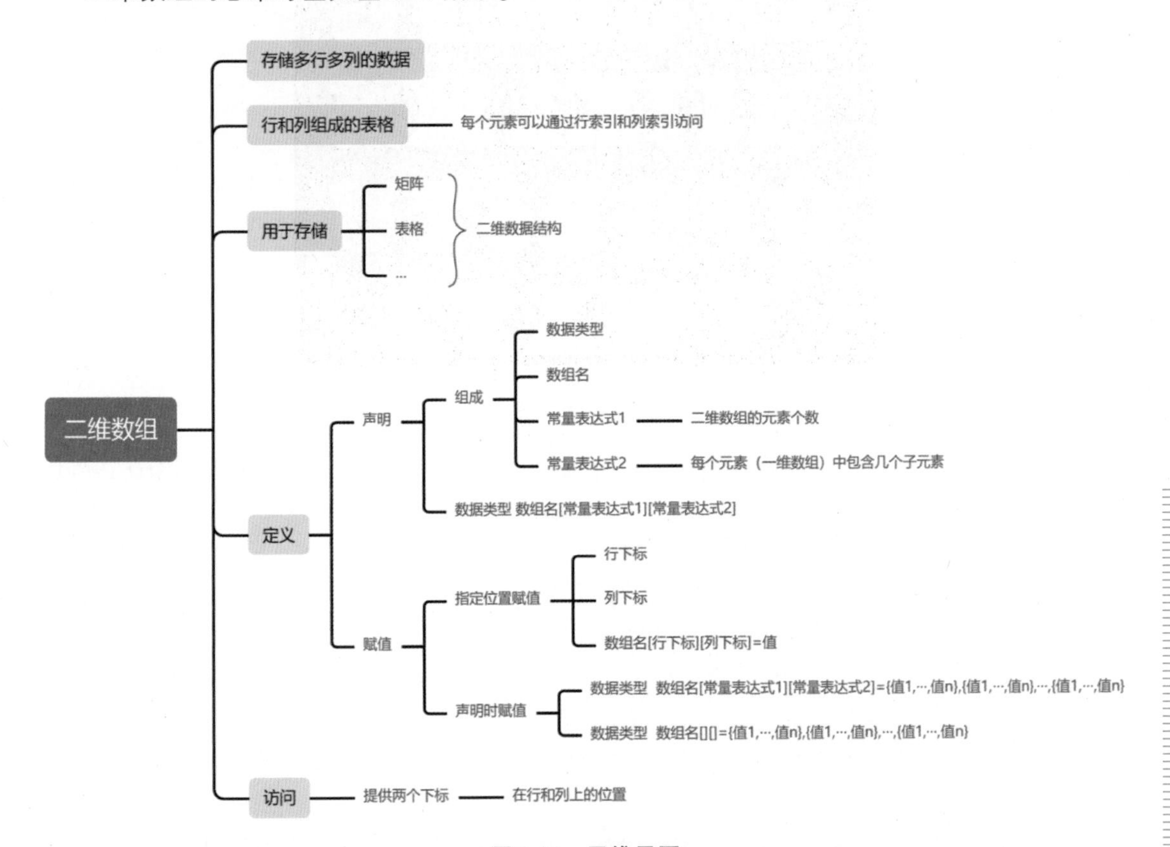

图 6.17　思维导图

练一练

（1）二维数组实际上是一个由 ________ 和列组成的表格。

（2）在访问二维数组时，需要提供 ________ 个下标确定元素在行和列上的位置。

6.8 英文字母大记忆——字符数组

英语课上，老师向学生介绍了26个英文字母。为了帮助学生加深对英文字母的印象，老师设计了一个小游戏，规则如下：首先，选出两名玩家进行石头剪刀布比赛，胜者可以要求失败者在讲台上展示一定数量的字母，展示从字母表的首字母开始，数量由胜者自行决定。如果失败者成功回答展示的字母，他将有机会继续提问并挑选下一名玩家。被挑选的玩家需要继续游戏，按照相同规则进行。如果失败者回答错误，就需要表演一个节目。通过这种循环方式，学生可以有效地巩固和记忆英文字母表。26个英文字母如图6.18所示。

图6.18　26个英文字母

试编写一个程序，实现该游戏的功能。由于英文字母属于一个一个的字符，因此该程序需要使用字符数组实现，其步骤如下。

（1）定义字符数组 rlist，存储 26 个英文字母。

（2）输入一个数字，展示字母的数量，用变量 num 存储。

（3）定义一个变量，存储正确的字母数量。

（4）定义字符数组 ilist，存储用户输入的字母。

（5）使用循环输入指定数量的字母。首先定义一个变量 i，赋值为 0。然后判断 i 是否小于指定的数字，即是否小于 num。如果 i 小于 num 就输入，i 自增 1；如果 i 不小于 num，则输出“输入完毕”。

（6）使用循环对输入的字母和 rlist 中存储的字母进行比较。首先定义变量 j，赋值为 0。然后判断 j 是否小于指定的数字，即是否小于 num。如果 j 小于 num，则判断两个数组中指定的字母是否相等。如果相等，则 cnt 自增 1，并且输出“第 * 个字母正确”；如果不相等，则输出“当前字母错误，表演节目”，并退出循环。循环结束后，检查 cnt 是否等于 num，如果相等，则输出“请邀请下一个挑战者”。

根据实现步骤，绘制流程图，如图6.19所示。

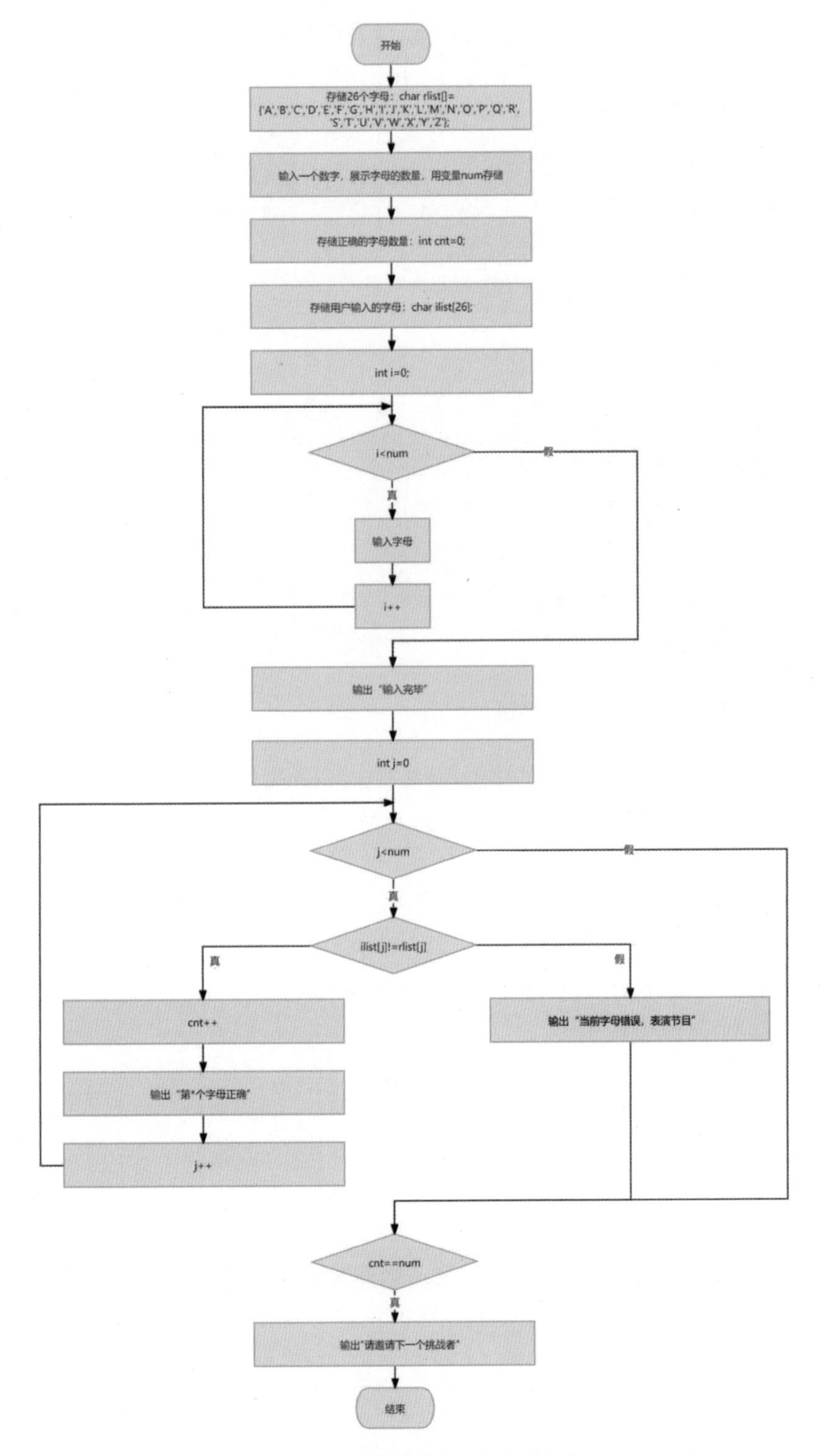

图 6.19　英文字母大记忆流程图

根据流程图，完成英文字母大记忆的程序。编写代码如下：

```
#include<iostream>
using namespace std;
int main()
{
    char rlist[26]={'A','B','C','D','E','F','G','H','I','J','K','L','M','N',
    'O','P','Q','R','S','T','U','V','W','X','Y','Z'};
    cout<<" 请输入一个数字，它是字母的数量：";
    int num;
    cin>>num;
    int cnt=0;
    char ilist[26];
    for(int i=0;i<num;i++)
    {
        cin>>ilist[i];
    }
    cout<<" 输入完毕 "<<endl;
    for(int j=0;j<num;j++)
    {
        if(ilist[j]!=rlist[j])
        {
            cout<<" 当前字母错误，表演节目 "<<endl;
            break;
        }
        else
        {
            cnt++;
            cout<<" 第 "<<j+1<<" 个字母正确 "<<endl;
        }
    }
    if(cnt==num)
    {
        cout<<" 请邀请下一个挑战者 "<<endl;
    }
}
```

代码执行后，首先需要用户输入数字(表示需要输入的字母个数)，然后输入指定个数的字母；计算机输出输入的字母是否正确的结果。例如，首先输入6，然后输入ABCDEF，执行过程如下：

```
请输入一个数字，它是字母的数量：6
A
B
```

```
C
D
E
F
输入完毕
第 1 个字母正确
第 2 个字母正确
第 3 个字母正确
第 4 个字母正确
第 5 个字母正确
第 6 个字母正确
请邀请下一个挑战者
```

核心知识点

字符数组是指数组中的每个元素都只存放一个char类型的数据。要使用字符数组，首先需要对其进行定义。定义字符数组分为两步，即声明字符数组和赋值。

（1）字符数组的声明包含数据类型 char、数组名和常量表达式三部分，其语法形式如下：

```
char 数组名 [ 常量表达式 ]
```

其中，常量表达式用于定义字符数组的元素个数。

（2）为字符数组赋值有两种形式，分别为指定位置赋值和声明时赋值。

① 为指定的位置赋值需要指定一个参数，即下标。其语法形式如下：

```
数组名 [ 下标 ]= 值
```

② 声明时赋值，即在声明的同时对数组进行赋值。其语法形式如下：

```
char 数组名 [ 常量表达式 ]={ 值 1，值 2，值 3，...}
char 数组名 []={ 值 1，值 2，值 3，...}
```

访问字符数组和访问一维数组一样，都是通过下标获取特定元素。

助记小词典

char：character（字母、字符，发音为[ˈkærəktər]）的简写。

思维导图

字符数组的思维导图如图6.20所示。

练一练

（1）字符数组是指数组中的每个元素都只存放一个 ________ 类型的数据。

（2）字符数组的声明包含数据类型 char、数组名和 ________ 三部分。

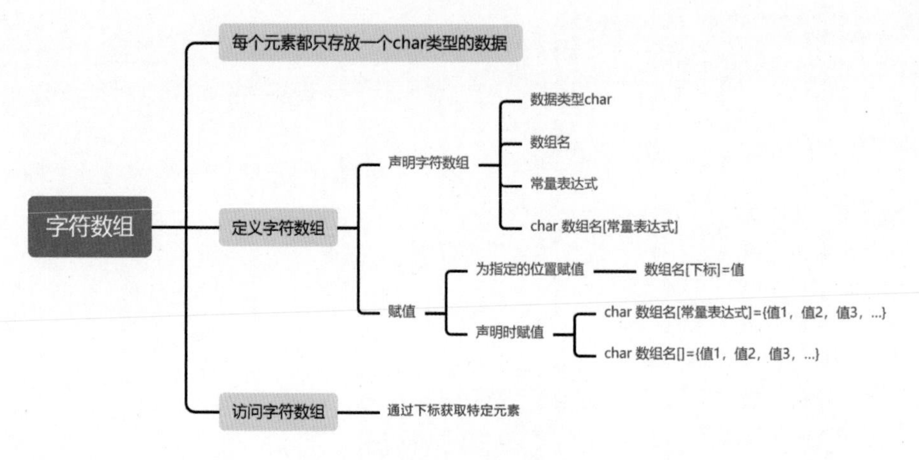

图6.20　思维导图

6.9 小英雄雨来——特殊的字符数组字符串

语文课上，学生了解了小英雄雨来的故事。雨来是晋察冀边区芦花村的一位12岁男孩，他凭借着智慧和勇气，与日本侵略者展开了智勇较量。今天的作业是撰写关于这篇文章的读后感。试使用C++编程知识完成该作业，使用特殊的字符数组字符串是这个程序的关键部分，其步骤如下。

（1）定义一个特殊的字符数组字符串变量，存储小英雄雨来的读后感。

（2）输出读后感。

根据实现步骤，绘制流程图，如图6.21所示。

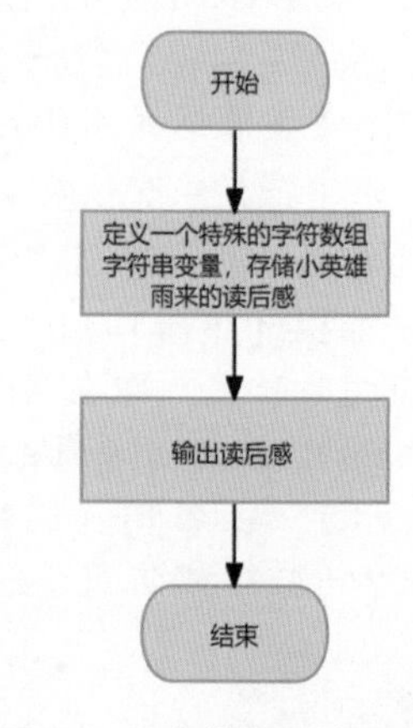

图6.21　小英雄雨来流程图

根据流程图，完成小英雄雨来的程序。编写代码如下：

```
#include<iostream>
using namespace std;
int main()
{
    char a[]="小英雄雨来讲了雨来凭着自己的勇气和爱国的决心与敌人作斗争的故事，让我
              明白更应爱我们的祖国。";
    cout<<a<<endl;
}
```

代码执行后的效果如下：

```
小英雄雨来讲了雨来凭着自己的勇气和爱国的决心与敌人作斗争的故事，让我明白更应爱我们的祖国。
```

核心知识点

字符串可以看作一种特殊的字符数组。与普通字符数组不同的是，字符串末尾会有一个特殊字符“\0”，表示字符串的结束。字符串通常使用双引号(" ")进行标记。字符数组可以直接使用一个字符串对其进行初始化。

字符串相较于字符的优势在于其输入/输出和数组初始化的便利性。字符串可以直接用字符串序列对数组进行初始化，并且可以直接进行输入/输出操作，而无须通过for语句逐个输出字符。

思维导图

特殊的字符数组字符串的思维导图如图6.22所示。

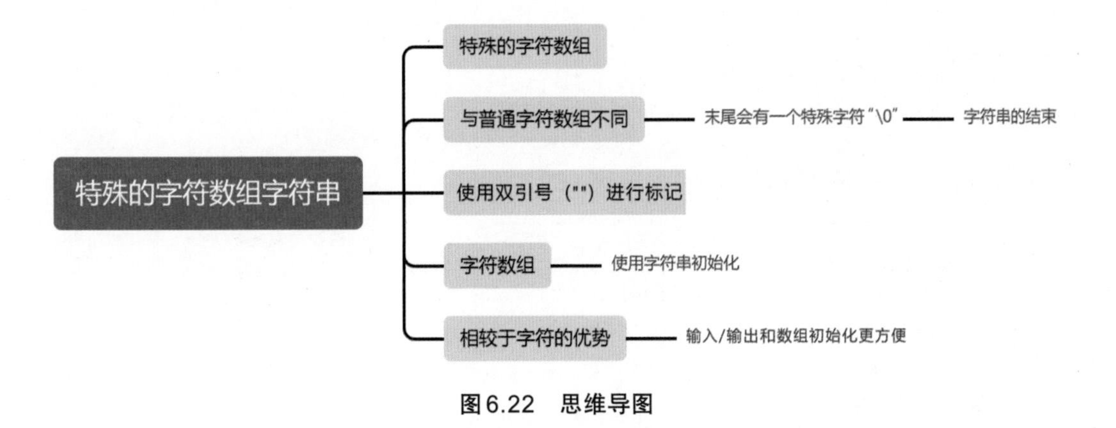

图6.22　思维导图

练一练

（1）字符串末尾的特殊字符是________。

（2）字符串通常使用________进行标记。

6.10 西游记——字符串类

《西游记》描述了孙悟空以及他的两个师弟猪八戒和沙僧共同保护师父唐僧，由东土大唐去往西天取经的过程。师徒四人沿途历尽千辛万苦、斗妖降魔、披荆斩棘，经历九九八十一难取回真经，终于修成正果。西游记实例是通过C++介绍孙悟空、猪八戒和沙僧师兄三人，如他们的排行、兵器、本领等。该实例需要使用字符串类进行表示和输出，其步骤如下。

（1）孙悟空、猪八戒和沙僧的排行，使用变量 num1~num3 表示。

（2）孙悟空、猪八戒和沙僧的兵器，使用变量 tool1~tool3 表示。

（3）孙悟空、猪八戒和沙僧的本领，使用变量 skill1~skill3 表示。

（4）依次介绍孙悟空、猪八戒和沙僧。

根据实现步骤，绘制流程图，如图6.23所示。

根据流程图，实现介绍孙悟空、猪八戒和沙僧的功能。编写代码如下：

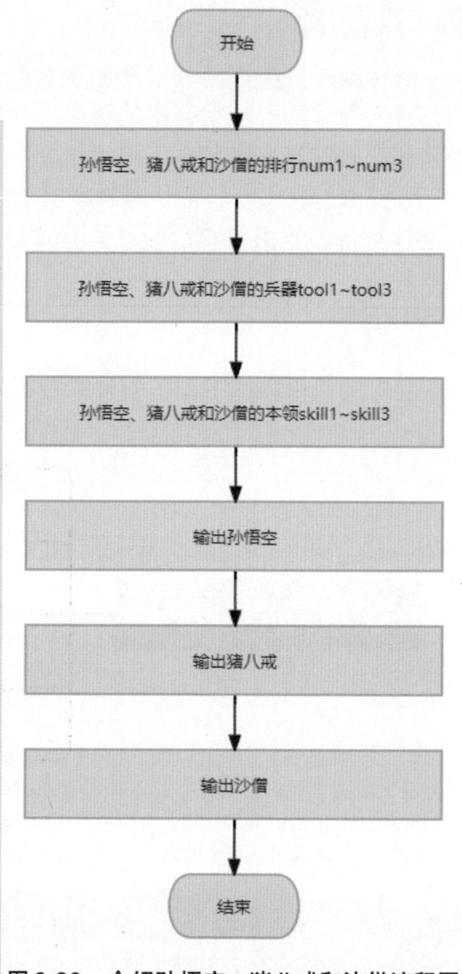

图6.23 介绍孙悟空、猪八戒和沙僧流程图

```
#include<iostream>
#include<string>
using namespace std;
int main()
{
    string num1=" 老大 ";
    string num2=" 老二 ";
    string num3=" 老三 ";
    string tool1=" 金箍棒 ";
    string tool2=" 九齿钉耙 ";
    string tool3=" 降妖宝杖 ";
    string skill1=" 七十二变、分身法、火眼金睛 ";
    string skill2=" 三十六变、火光遁 ";
    string skill3=" 十八变 ";
    cout<<"---------------- 孙悟空 ----------
    ------"<<endl;
    cout<<" 排行 ："<<num1<<endl;
    cout<<" 兵器 ："<<tool1<<endl;
    cout<<" 本领 ："<<skill1<<endl;
    cout<<endl;
    cout<<"---------------- 猪八戒 ----------
    ------"<<endl;
    cout<<" 排行 ："<<num2<<endl;
    cout<<" 兵器 ："<<tool2<<endl;
    cout<<" 本领 ："<<skill2<<endl;
    cout<<endl;
    cout<<"---------------- 沙僧 ----------------"<<endl;
    cout<<" 排行 ："<<num3<<endl;
    cout<<" 兵器 ："<<tool3<<endl;
    cout<<" 本领 ："<<skill3<<endl;
    cout<<endl;
}
```

代码执行后的效果如下：

```
---------------- 孙悟空 ----------------
排行：老大
兵器：金箍棒
本领：七十二变、分身法、火眼金睛
```

```
---------------- 猪八戒 ----------------
排行：老二
兵器：九齿钉耙
本领：三十六变、火光遁

---------------- 沙僧 -----------------
排行：老三
兵器：降妖宝杖
本领：十八变
```

核心知识点

为了更有效地处理字符串数据，C++语言引入了string类，即字符串内置类。使用string类需要包含头文件<string>。字符串类型的声明方式与普通变量的声明方式相同，其语法形式如下：

```
string 变量名
```

声明变量后需要对变量进行赋值，赋值的方式共有四种。

第一种，声明时系统为变量赋默认值""，语法形式如下：

```
string 字符串名
```

第二种，声明时为变量赋值，语法形式如下：

```
string 字符串名 =" 字符串 "
```

第三种，字符串变量为字符串变量赋值，语法形式如下：

```
string 字符串名 1= 字符串名 2
```

第四种，使用参数设置初始值，语法形式如下：

```
string s( 长度 , 初始值 )
```

在本实例中使用的就是第二种赋值方式。

助记小词典

string：字符串，发音为[strɪŋ]。

思维导图

字符串类的思维导图如图6.24所示。

练一练

（1）C++的字符串内置类是________。

（2）使用字符串内置类需要包含头文件______。

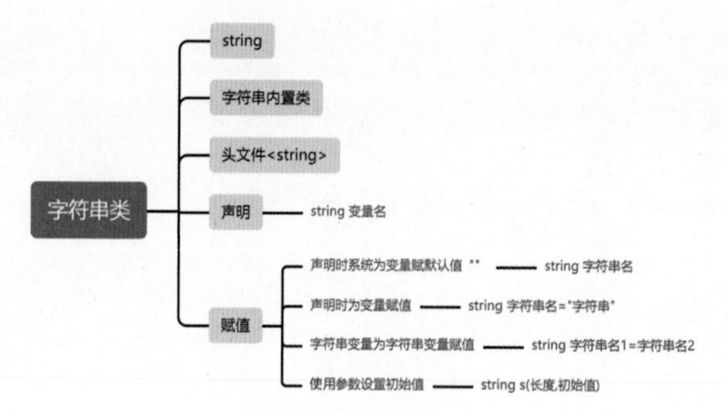

图6.24　思维导图

6.11 字数检查器——获取字符串长度

在写作文时，老师通常会规定字数。为了省去数字数的烦琐工作，试使用C++编写一个字数检查器程序。该程序实现的功能如下：用户输入内容后，程序自动检查是否达到设定的字数要求。如果未达到要求，程序将提示“还需要*个字才能达标”；如果已经满足要求，程序将输出“您的字数已达标”。该程序将利用C++中获取字符串长度的函数实现，其步骤如下。

（1）输入一个数字，表示要求的字数，用变量 num 存储。

（2）输入字符串，表示需要检查字数的文章，用变量 s 存储。

（3）进行判断，满足要求则输出“您的字数已达标”，否则提示“还需要*个字才能达标”。

根据实现步骤，绘制流程图，如图6.25所示。

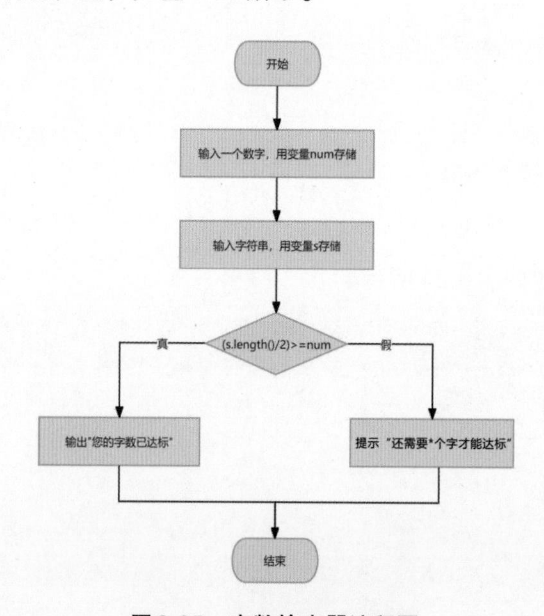

图6.25　字数检查器流程图

根据流程图，实现字数检查器的功能。编写代码如下：

```
#include<iostream>
#include<string>
using namespace std;
int main()
{
    cout<<" 输入字数要求：";
    int num;
    cin>>num;
    string s;
    cout<<" 输入你的文章：";
    cin>>s;
    if((s.length()/2)>=num)
    {
        cout<<" 您的字数已达标 "<<endl;
    }
    else
    {
        cout<<" 还需要 "<<num-(s.length()/2)<<" 个字才能达标 "<<endl;
    }
}
```

代码执行后，首先输入用户要求的字数，然后输入文章，最后计算机判断输入的文章是否符合字数要求。例如，字数要求输入20，文章输入“春，是大地的苏醒，是万物的生机。”执行过程如下：

```
输入字数要求：20
输入你的文章：春，是大地的苏醒，是万物的生机。
还需要 4 个字才能达标
```

核心知识点

length()是string类提供的函数，可以用于获取字符串的长度，即字符串中字符的个数。length()函数返回一个整数，表示字符串中字符的数量，不包括结尾的空字符“'\0'”。调用length()函数的语法形式如下：

```
字符串变量名.length()
```

通过获取字符串长度，可以实现限制或提示用户字符串长度是否超过标准。

助记小词典

length：长度，发音为[leŋθ]。

思维导图

获取字符串长度的思维导图如图6.26所示。

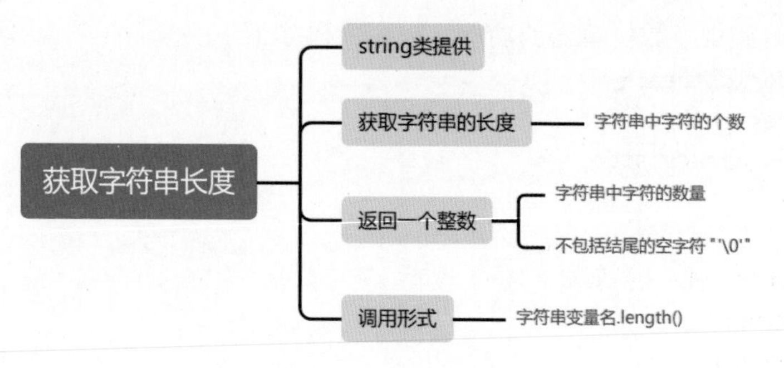

图6.26　思维导图

练一练

（1）length()是________类提供的函数。

（2）编写程序，获取字符串"ABCD"的个数。

6.12 谁是花木兰——获取字符串中的字符

花木兰的故事源自中国古代民间传说。故事发生在北魏时期，主要讲述了一个名叫花木兰的女子代替生病的父亲参加军队征战的故事。花木兰为了替父从军，装扮为男子身份，顶替父亲加入军队，如图6.27所示，在军中经历各种艰难困苦，立下战功，被皇帝赐予荣誉。最终，花木兰退伍回家，说明了自己的真实身份，引发了家人和众人的惊讶和感动。这个故事强调了忠孝、勇敢、坚强和爱国主义精神等价值观。

图6.27　花木兰

试编写一个程序，由计算机给出军队的成员，共有5人。在这5人当中有一个人是花木兰，由用户猜测哪个是花木兰。如果猜对了，则输出“我被认出了”；如果猜错了，则输出“还好没有被认出来，哈哈哈”。该实例可以通过访问字符串的字符实现，其步骤如下。

（1）定义变量a~e，分别存储军队5名成员的名字。

（2）定义一个变量str，存储abcde字符串。其目的是方便表示每个名字，并进行访问。

（3）用户猜测谁是花木兰，使用变量 guess 表示。这里通过访问字符的功能提取名字。
（4）判断猜测的名字是否为花木兰，并给出相应的输出信息。
根据实现步骤，绘制流程图，如图6.28所示。

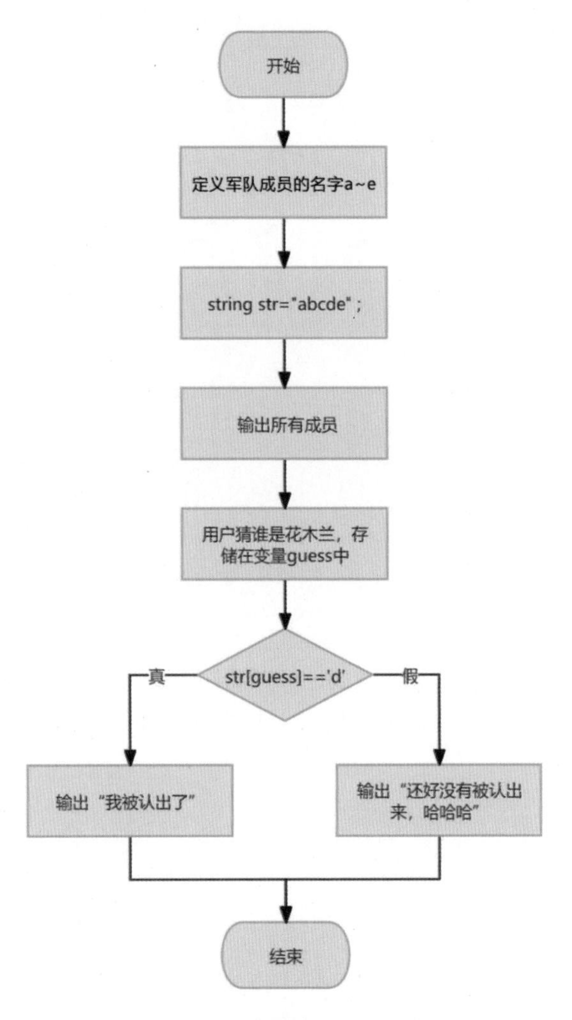

图6.28　猜测花木兰流程图

根据流程图，实现猜测花木兰的功能。编写代码如下：

```
#include<iostream>
#include<string>
using namespace std;
int main()
{
    string a="刘大";
    string b="赵四";
```

```
        string c=" 张三 ";
        string d=" 花木兰 ";
        string e=" 李八 ";
        string str="abcde";
        cout<<" 军队的成员名单如下 ："<<endl;
        cout<<"0 ：刘大 "<<endl;
        cout<<"1 ：赵四 "<<endl;
        cout<<"2 ：张三 "<<endl;
        cout<<"3 ：花木兰 "<<endl;
        cout<<"4 ：李八 "<<endl;
        cout<<" 谁是花木兰（0~4）：";
        int guess;
        cin>>guess;
        if(str[guess]=='d')
        {
            cout<<" 我被认出了 "<<endl;
        }
        else
        {
            cout<<" 还好没有被认出来，哈哈哈 "<<endl;
        }
    }
```

代码执行后，首先输出军队成员的名字，然后用户猜测谁是花木兰，最后计算机判断用户输入的是否为花木兰并给出相应输出。例如，用户输入3，执行过程如下：

```
军队的成员名单如下：
0：刘大
1：赵四
2：张三
3：花木兰
4：李八
谁是花木兰（0~4）：3
我被认出了
```

核心知识点

字符串也可以像字符数组变量一样，使用下标读取字符串中的每个字符。字符串下标的起始值也从0开始。

思维导图

获取字符串中的字符的思维导图如图6.29所示。

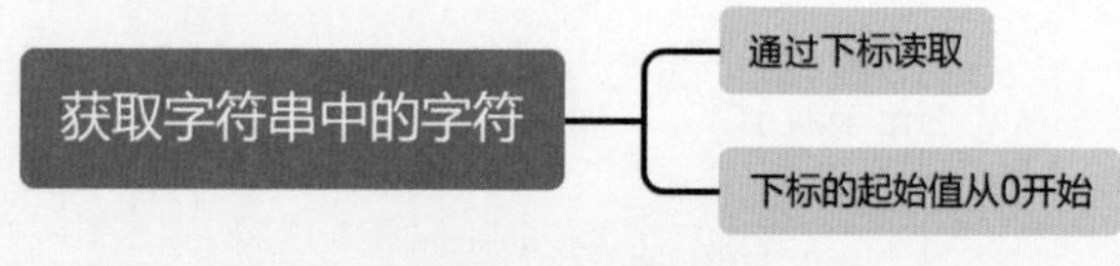

图6.29　思维导图

练一练

（1）字符串使用 ________ 读取其中的每个字符。

（2）写出以下代码的输出结果：________

```
string a="abcdefg";
cout<<a[5];
```

6.13 诗句填空——字符串拼接

夏令营期间，老师带领学生参观了庐山著名景点庐山瀑布。当学生看到壮丽景象时，都深感震撼。老师问道："在我们学过的古诗中，有一首描写庐山瀑布雄奇壮丽、气吞山河、令人惊叹的诗歌，你知道是哪首吗？"学生沉思片刻，纷纷答道："望庐山瀑布"，如图6.30所示。

试编写一个程序，由计算机给出《望庐山瀑布》的第1句和第3句诗句，学生填写第2句和第4句诗句。最后，计算机输出给出的诗句和用户填写的诗句，即整首诗。实现该功能需要用到字符串拼接，其步骤如下。

（1）定义变量 p1，存储计算机给出的第 1 句诗句。

（2）用户输入第 2 句诗句，使用变量 p2 存储。

（3）定义变量 p3，存储计算机给出的第 3 句诗句。

（4）用户输入第 4 句诗句，使用变量 p4 存储。

（5）拼接诗句字符串，输出整首诗。

根据实现步骤，绘制流程图，如图6.31所示。

图6.30　望庐山瀑布

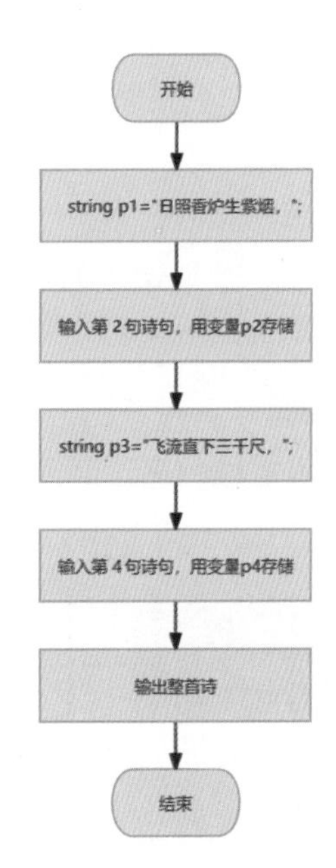

图6.31　诗句填空流程图

根据流程图，实现诗句填空的功能。编写代码如下：

```
#include<iostream>
#include<string>
using namespace std;
int main()
{
    string p1="日照香炉生紫烟，";
    cout<<p1<<endl;
    cout<<"填写第 2 句诗句：";
    string p2;
    cin>>p2;
    string p3="飞流直下三千尺，";
    cout<<p3<<endl;
    cout<<"填写第 4 句诗句：";
    string p4;
    cin>>p4;
    cout<<p1+p2+p3+p4<<endl;
}
```

代码执行后，用户根据上一句填写下一句。所有诗句填写完成后，输出整首诗。执行过程如下：

```
日照香炉生紫烟，
填写第 2 句诗句：遥看瀑布挂前川。
飞流直下三千尺，
填写第 4 句诗句：疑是银河落九天。
日照香炉生紫烟，遥看瀑布挂前川。飞流直下三千尺，疑是银河落九天。
```

核心知识点

字符串拼接是指将一个字符串连接到另一个字符串的末尾，形成一个新的字符串。在C++语言中，可以使用运算符"+"和"+="实现字符串拼接操作。运算符"+"和"+="的两边可以为字符串；或者一边为字符串，另一边为字符数组或字符。

思维导图

字符串拼接的思维导图如图6.32所示。

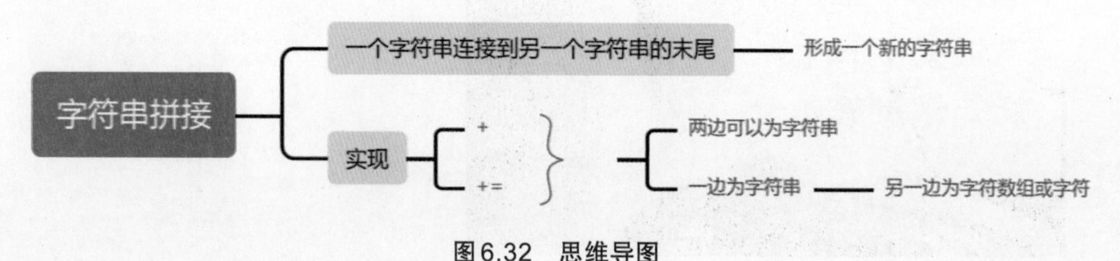

图6.32　思维导图

练一练

（1）在 C++ 语言中，实现字符串拼接操作的运算符是“+=”和 ________。

（2）编写程序，将字符串“你好”和字符串“C++”拼接起来，形成“你好 C++”，并输出。

6.14 南京市长江大桥欢迎您——字符串插入函数

在写作文或句子时，标点符号的位置非常重要，因为不同的位置可能会导致不同的理解。例如，“南京市长江大桥欢迎您”这句话如果没有标点符号就会产生歧义，可能被理解为“南京市的长江大桥欢迎您”或“南京市的市长江大桥欢迎您”，如图 6.33 所示。

因此，合理使用标点符号至关重要。试编写一个程序，让用户在“南京市长江大桥欢迎您”这句话的合适位置添加标点符号，让其意思得到正确表达。实现该功能需要用到字符串插入函数 insert()，其步骤如下。

（1）定义变量 s，存储“南京市长江大桥欢迎您”。

（2）用户输入标点符号的位置，使用变量 i 存储。

（3）根据指定位置在字符串 s 中插入逗号。

（4）输出插入逗号后的字符串。

根据实现步骤，绘制流程图，如图 6.34 所示。

图 6.33　南京市长江大桥欢迎您

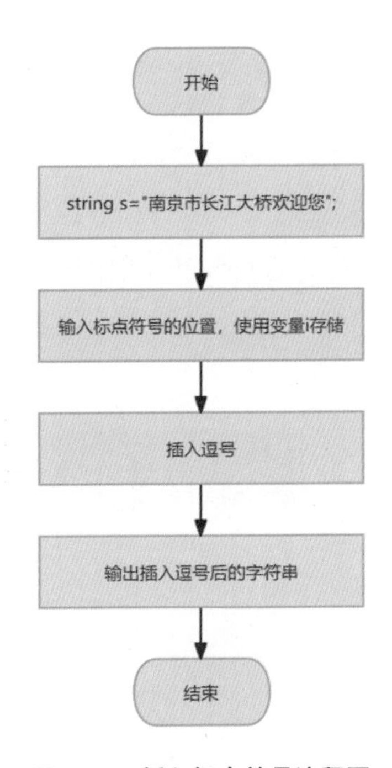

图 6.34　插入标点符号流程图

根据流程图，实现插入标点符号的功能。编写代码如下：

```
#include<iostream>
#include<string>
using namespace std;
int main()
{
    string s="南京市长江大桥欢迎您";
    cout<<s<<endl;
    cout<<"请输入要插入标点符号的位置：";
    int i;
    cin>>i;
    s.insert(i,",");
    cout<<s<<endl;
}
```

代码执行后，用户根据句子原本含义为字符串“南京市长江大桥欢迎您”进行逗号的插入，计算机输出插入逗号后的字符串。执行过程如下：

```
南京市长江大桥欢迎您
请输入要插入标点符号的位置：6
南京市，长江大桥欢迎您
```

核心知识点

使用insert()函数，可以在string字符串中的指定位置插入另一个字符串，其语法形式如下：

```
字符串名.insert(参数1,参数2)
```

其中，参数1表示要插入字符串的位置，即被插入字符串的下标；参数2表示要插入的字符串，其可以是string字符串，也可以是C风格的字符串。

思维导图

字符串插入函数的思维导图如图6.35所示。

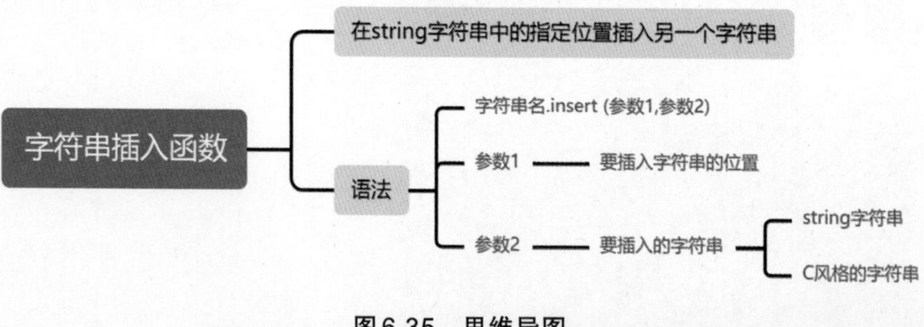

图6.35 思维导图

练一练

（1）实现字符串插入操作的函数是________。

（2）编写程序，在字符串“你好世界”中插入逗号，输出“你好，世界”。

6.15 我爱记单词——字符串删除函数

上周老师讲了许多单词。这周，老师为了测试学生对单词的熟练程度，准备了3个单词。但是，这3个单词每个都多了一个字母，如图6.36所示。老师要求学生找出多余的字母，并将其删除。

苹果：Applle
桃子：Peaach
香蕉：Bannana

图6.36 错误单词

试编写一个程序，由计算机给出错误的单词，用户输入单词中要删除的字符位置，将字符删除，并由计算机判断此单词是否正确。实现该功能需要用到字符串删除函数erase()，其步骤如下。

（1）定义变量word1，存储计算机给出的第1个单词，即Applle。

（2）用户输入要删除的字符的位置，使用变量i1存储。

（3）将word1中存储的字符串按照用户给定的位置进行删除。

（4）判断单词是否正确，如果正确则输出“苹果的单词正确”，否则输出“苹果的单词错误”。

（5）定义变量word2，存储计算机给出的第2个单词，即Peaach。

（6）用户输入要删除的字符的位置，使用变量i2存储。

（7）将word2中存储的字符串按照用户给定的位置进行删除。

（8）判断单词是否正确，如果正确则输出“桃子的单词正确”，否则输出“桃子的单词错误”。

（9）定义变量word3，存储计算机给出的第3个单词，即Bannana。

（10）用户输入要删除的字符的位置，使用变量i3存储。

（11）将word3中存储的字符串按照用户给定的位置进行删除。

（12）判断单词是否正确，如果正确则输出“香蕉的单词正确”，否则输出“香蕉的单词错误”。

根据实现步骤，绘制流程图，如图6.37所示。

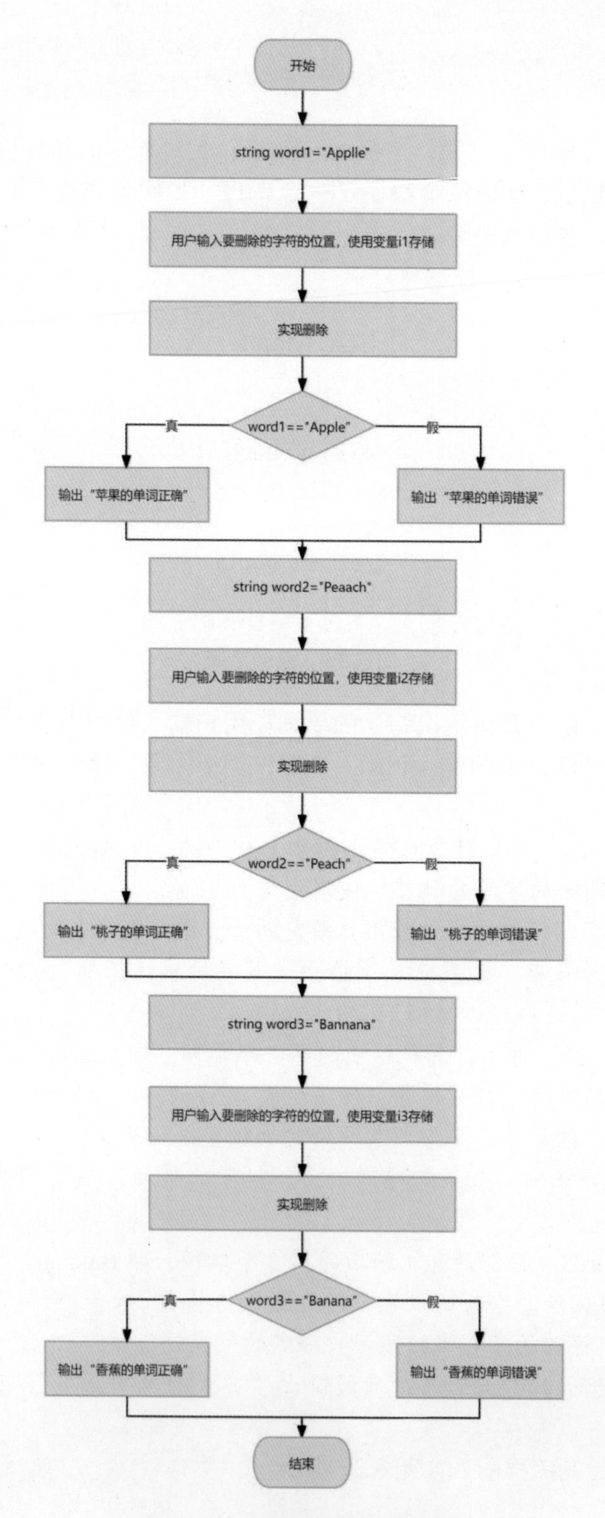

图 6.37　判断单词正误流程图

根据流程图，实现判断单词正误的功能。编写代码如下：

```
#include<iostream>
#include<string>
using namespace std;
int main()
{
    string word1="Applle";
    cout<<word1<<endl;
    cout<<" 请输入要删除字母的位置（从 0 开始）：";
    int i1;
    cin>>i1;
    word1.erase(i1,1);
    if(word1=="Apple")
    {
        cout<<" 苹果的单词正确 "<<endl;
    }
    else
    {
        cout<<" 苹果的单词错误 "<<endl;
    }
    string word2="Peaach";
    cout<<word2<<endl;
    cout<<" 请输入要删除字母的位置（从 0 开始）：";
    int i2;
    cin>>i2;
    word2.erase(i2,1);
    if(word2==" Peach" )
    {
        cout<<" 桃子的单词正确 "<<endl;
    }
    else
    {
        cout<<" 桃子的单词错误 "<<endl;
    }
    string word3="Bannana";
    cout<<word3<<endl;
    cout<<" 请输入要删除字母的位置（从 0 开始）：";
    int i3;
    cin>>i3;
    word3.erase(i3,1);
    if(word3=="Banana")
    {
```

```
            cout<<" 香蕉的单词正确 "<<endl;
        }
        else
        {
            cout<<" 香蕉的单词错误 "<<endl;
        }
    }
```

代码执行后，用户根据给定的单词进行删除操作，由计算机判断删除后的单词是否正确。执行过程如下：

```
Applle
请输入要删除字母的位置（从 0 开始）：3
苹果的单词正确
Peaach
请输入要删除字母的位置（从 0 开始）：2
桃子的单词正确
Bannana
请输入要删除字母的位置（从 0 开始）：2
香蕉的单词正确
```

核心知识点

erase() 函数可以删除字符串中的一个子字符串。子字符串是指字符串的一部分。erase() 函数的语法形式如下：

```
字符串名 .erase( 参数 1, 参数 2);
```

其中，参数 1 表示要删除的子字符串的起始下标，参数 2 表示要删除的子字符串的长度。如果不指明参数 2，则直接删除从参数 1 指定的位置到字符串结尾的所有字符；如果两个参数都不指定，则删除当前字符串中的所有字符。

思维导图

字符串删除函数的思维导图如图 6.38 所示。

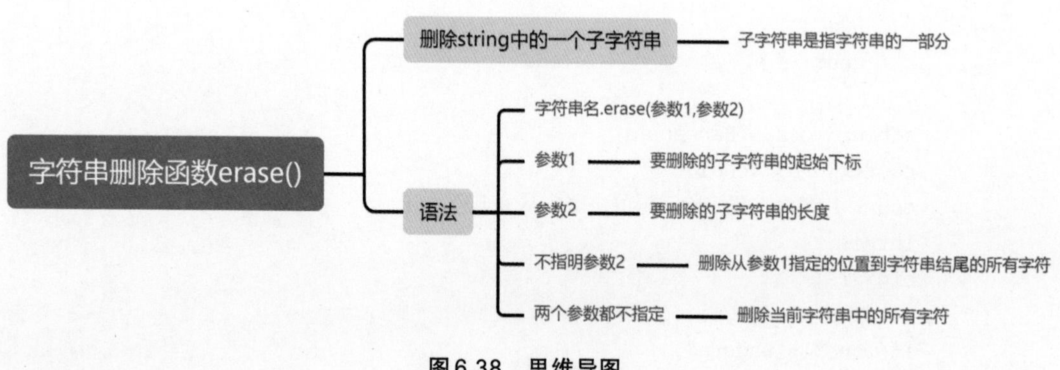

图 6.38　思维导图

> 练一练
>
> （1）如果要删除字符串中指定的子字符串，需要使用 ________ 函数。
>
> （2）编写程序，将“Hello World C++”通过删除函数 erase() 变为“Hello C++”。

6.16 特定词语——字符串查找

在很多写作任务中需要出现特定的词语，这样才可以得分。如果一个一个地查找，显然效率会很低。今天的编程任务是实现如下功能：查找特定的词语在文章中有没有出现，其步骤如下。

（1）用户输入文章，用变量 text 存储。

（2）用户输入要查找的词语，用变量 word 存储。

（3）判断 word 存储的词语在 text 存储的文章中有没有出现。如果有出现，则输出“特定词语在文章中出现了”；否则输出“特定词语在文章中没有出现”。

根据实现步骤，绘制流程图，如图 6.39 所示。

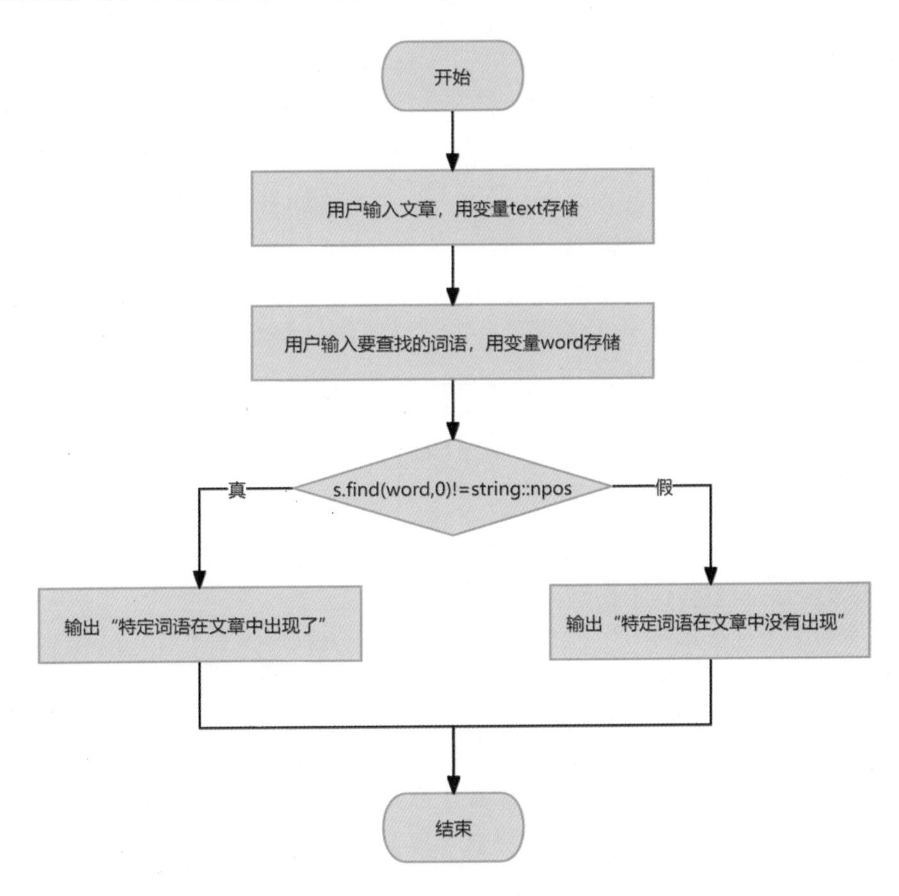

图 6.39　查找特定词语流程图

根据流程图，实现查找特定词语的功能。编写代码如下：

```
#include<iostream>
#include<string>
using namespace std;
int main()
{
    cout<<" 输入文章内容：";
    string text;
    cin>>text;
    cout<<" 输入要查找的词语：";
    string word;
    cin>>word;
    if(text.find(word,0)!=string::npos)
    {
        cout<<" 特定词语在文章中出现了 " <<endl;
    }
    else
    {
        cout<<" 特定词语在文章中没有出现 " <<endl;
    }
}
```

代码执行后，用户输入文章和要查找的词语，由计算机判断此词语是否在文章中出现。例如，输入文章“春天是一幅五彩斑斓的画卷，万物复苏，一派生机盎然的景象。”，要输入查找的词语“画卷”，执行过程如下：

```
输入文章内容：春天是一幅五彩斑斓的画卷，万物复苏，一派生机盎然的景象。
输入要查找的词语：画卷
特定词语在文章中出现了
```

核心知识点

字符串查找共有3个函数，下面依次进行介绍。

（1）find() 函数：查找子字符串在指定字符串中出现的位置，其语法形式如下：

```
字符串名 .find( 参数 1, 参数 2);
```

其中，参数 1 为待查找的子字符串；参数 2 为开始查找的位置下标，如果不指明，则从第 0 个字符开始查找。

（2）rfind() 函数：在字符串中查找子字符串，其语法形式如下：

```
字符串名 .rfind( 参数 1, 参数 2);
```

其中，参数 1 为待查找的子字符串，参数 2 为查找的截止位置下标。

（3）find_first_of() 函数：在字符串 1 中查找与字符串 2 中任意元素相匹配的第一个元素的位置，其语法形式如下：

```
字符串名 . find_first_of( 参数 1);
```

其中，参数1为待查找的字符串。

思维导图

字符串查找的思维导图如图6.40所示。

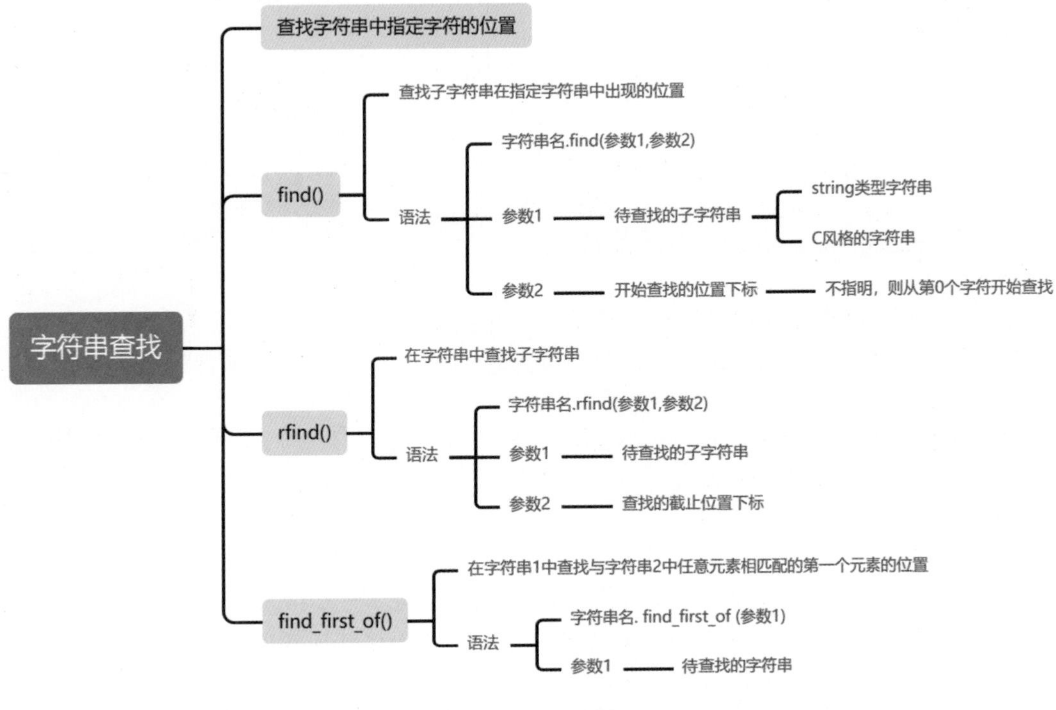

图6.40　思维导图

练一练

（1）在字符串查找函数中，只有一个参数的函数是________。

（2）编写程序，使用查找函数输出 cd 在 abcdefg 中的位置。

6.17 获取电话号码——字符串提取

办公室里，班主任正在手抄学生家长的电话号码并整理到一张表上。这种方法既耗时又费力，还容易出错，可以使用C++帮助班主任解决这个问题，如使用substr()函数提取电话号码信息。其步骤如下。

（1）用户输入姓名和电话号码（形式为“张三：1523567××23”)，使用变量 info 存储。

（2）通过字符串提取函数 substr() 实现电话号码的提取，并使用变量 phone 存储。

（3）输出提取的电话号码。

根据实现步骤，绘制流程图，如图6.41所示。

根据流程图，实现提取电话号码的功能。编写代码如下：

```
#include<iostream>
#include<string>
using namespace std;
int main()
{
    cout<<"请输入姓名和电话号码：";
    string info;
    cin>>info;
    string phone=info.substr(info.find(":")+1, 11);
    cout<<"电话号码为："<<phone<<endl;
}
```

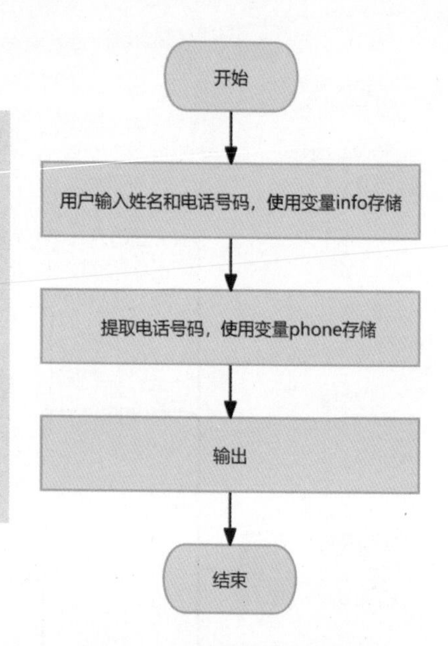

图 6.41　提取电话号码流程图

代码执行后，用户输入姓名和电话号码，由计算机提取电话号码并输出。例如，输入的姓名和电话号码为“张三：1523567××23”，执行过程如下：

```
请输入姓名和电话号码：张三：1523567××23
电话号码为：1523567××23
```

核心知识点

字符串提取是指从一长串字符中提取指定的一段字符。在C++中，substr()函数可以实现字符串提取功能，其是从string字符串中提取子字符串，语法形式如下：

```
字符串名.substr(参数1, 参数2);
```

其中，参数1指定提取子字符串的起始位置，参数2指定要提取的子字符串的长度。

思维导图

字符串提取的思维导图如图6.42所示。

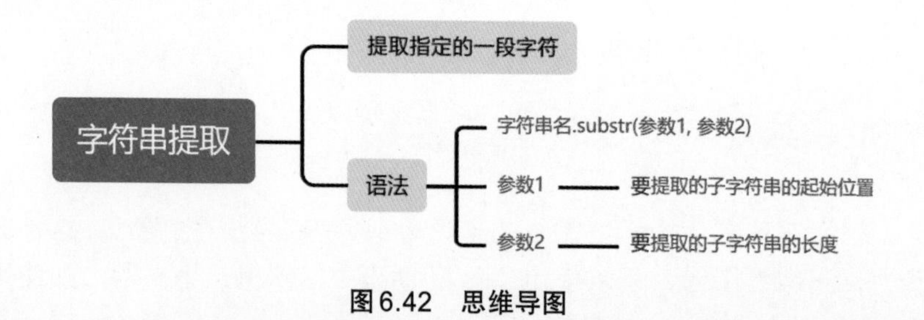

图 6.42　思维导图

练一练

（1）在 string 中提取指定的子字符串需要使用的函数是________。

（2）编写程序，将字符串“我的密码是123456”中的“123456”提取出来，并输出。

6.18 错误纠正——替换子串

语文课上，学生学习了一篇文言文《陋室铭》，它的部分内容如图6.43所示。《陋室铭》是唐代诗人刘禹锡创作的一篇托物言志骈体铭文。全文短短81个字，作者借赞美陋室抒写自己志行高洁、安贫乐道、不与世俗同流合污的意趣。

课下，老师让学生默写这篇文言文，某学生默写的内容为“山不在高，有仙则明。水不在深，有龙则灵。斯是陋室，惟吾德馨。”老师看完后说：“有一个地方错了。”下面编写C++程序，对该生默写的文言文中的错误进行纠正。这个错误为“明”，正确的为“名”。该功能可以通过字符替换功能实现，其步骤如下。

（1）给出默写的文言文，使用变量text存储。

（2）给出要纠正的错误地方。使用oldt表示错误地方的信息，使用newt表示纠正错误地方的信息。

（3）进行纠正，并输出纠正后的内容。

根据实现步骤，绘制流程图，如图6.44所示。

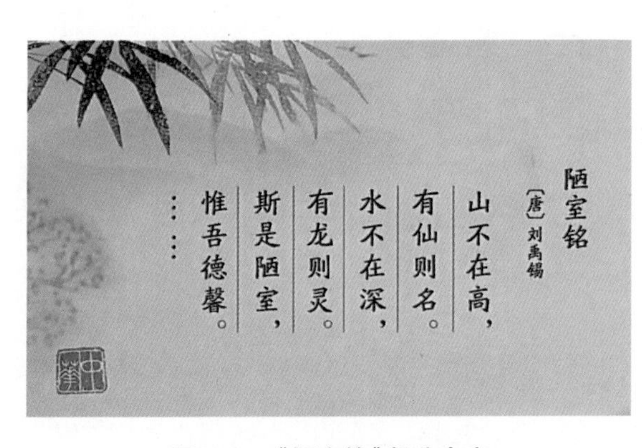

图6.43 《陋室铭》部分内容

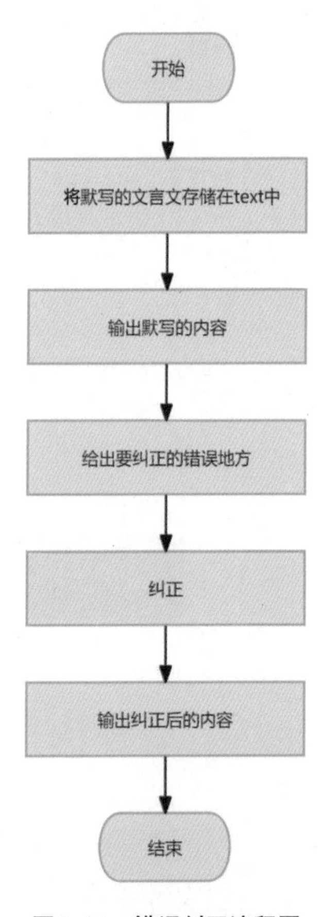

图6.44 错误纠正流程图

根据流程图，实现错误纠正功能。编写代码如下：

```
#include<iostream>
#include<string>
using namespace std;
int main()
{
    string text="山不在高，有仙则明。水不在深，有龙则灵。斯是陋室，惟吾德馨。";
    cout<<"我默写的为："<<text<<endl;
    size_t oldt=text.find("明");
    string newt="名";
    text.replace(oldt,2,newt);
    cout<<"修改后的为："<<text<<endl;
}
```

代码执行后的效果如下：

```
我默写的为：山不在高，有仙则明。水不在深，有龙则灵。斯是陋室，惟吾德馨。
修改后的为：山不在高，有仙则名。水不在深，有龙则灵。斯是陋室，惟吾德馨。
```

核心知识点

在C++中，可以使用replace()函数实现替换字符串中指定位置的内容的功能。其语法形式如下：

```
字符串名.replace(参数1, 参数2, 参数3);
```

其中，参数1指定要替换的起始位置索引，参数2指定要替换的字符数，参数3指定用于替换的字符串。

思维导图

替换子串的思维导图如图6.45所示。

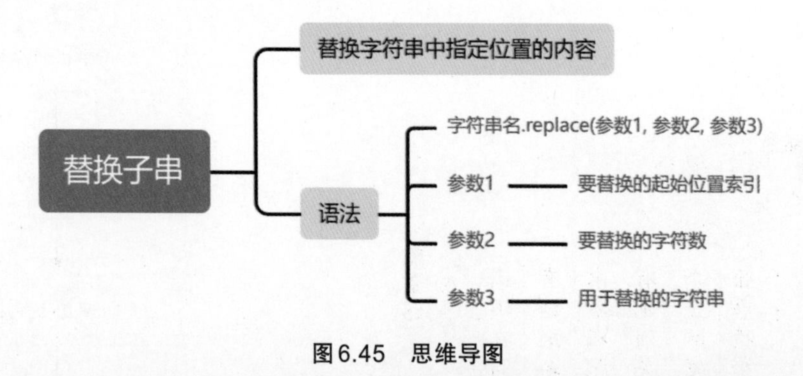

图6.45　思维导图

练一练

（1）在string中替换子串需要使用的函数是__________。

（2）编写程序，将字符串“我的密码是123456”改为“我的密码是765432”，并输出。

6.19 神秘的礼物——字符串类数组

今天是元旦，老师为学生准备了各种礼物。为了保持礼物的神秘感，老师将礼物用盒子进行了包装，而且为了方便管理，老师在每个盒子上都标上了数字，如图6.46所示。当有学生领取礼物后，老师会告诉该生领到的礼物是什么。

这个发礼物的方式很特别，可以考虑使用C++实现。由于礼物需要一个清单进行记录，因此需要使用字符串类数组对数据进行存储；学生拿礼物盒其实就是对礼物盒中礼物的访问，这个功能需要访问数组的指定元素实现。其步骤如下。

（1）定义字符串类数组 gift，存储礼物名称。

（2）输入一个数字，表示学生选择了对应数组的礼物，用变量 num 存储。

（3）输出对应数字的礼物。

根据实现步骤，绘制流程图，如图6.47所示。

图6.46　神秘的礼物

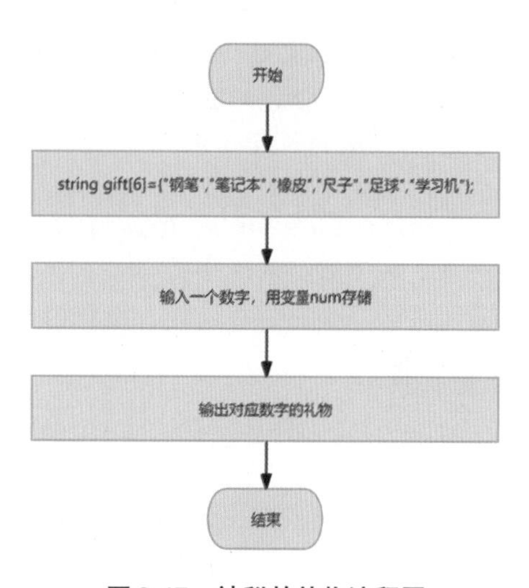

图6.47　神秘的礼物流程图

根据流程图，实现神秘的礼物功能。编写代码如下：

```
#include<iostream>
#include<string>
using namespace std;
int main()
{
    string gift[6]={" 钢笔 "," 笔记本 "," 橡皮 "," 尺子 "," 足球 "," 学习机 "};
    cout<<" 输入你选择的礼物的号码（1~6）：";
    int i;
    cin>>i;
    cout<<" 你的礼物是：" <<gift[i-1]<<endl;
}
```

代码执行后，需要用户输入数字，计算机输出该数字对应的礼物。例如，输入2，执行过程如下：

```
输入你选择的礼物的号码（1~6）：2
你的礼物是：笔记本
```

核心知识点

字符串类数组其实就是使用string类定义的数组。该数组的定义分为两步，即声明字符串类数组和为其赋值。

（1）字符串类数组的声明包含数据类型 string、数组名和常量表达式三部分，其语法形式如下：

```
string 数组名 [ 常量表达式 ]
```

其中，常量表达式用于定义字符串类数组的元素个数。

（2）为字符串类数组赋值有两种形式，即为指定的位置赋值和声明时赋值。

① 为指定的位置赋值需要指定一个参数，即下标，其语法形式如下：

```
数组名 [ 下标 ]= 值
```

② 声明时赋值，即在声明的同时对数组进行赋值，其语法形式如下：

```
string 数组名 [ 常量表达式 ]={ 值 1，值 2，值 3，…}
string 数组名 []={ 值 1，值 2，值 3，…}
```

注意：这里的值都是字符串。

访问字符串类数组和访问一维数组一样，都是通过下标获取特定元素。

思维导图

字符串类数组的思维导图如图6.48所示。

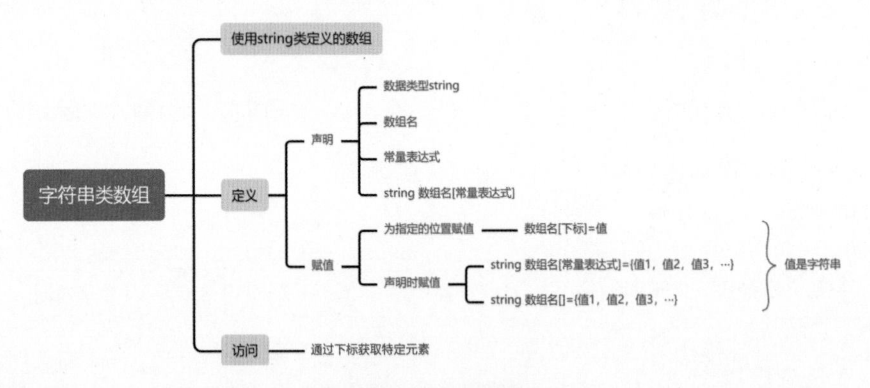

图6.48　思维导图

练一练

（1）字符串类数组声明时使用的数据类型是________。

（2）编写程序，定义一个字符串类数组，为其赋值为 Tom、Dava、Lily、Ben，并输出下标为 2 的元素。

第 7 章

库 函 数

库函数是预先编写好的、可重复使用的代码块集合。库函数提供了各种功能和算法，可使开发人员更高效地完成编程任务。本章将对 C++ 中常用的库函数进行介绍。

7.1 自守数——pow()函数

今天的数学课上，学生学习了自守数。如果一个n位数的平方，其后n位数与原数相同，则称该数为自守数。

当n等于1时，该数为一位数，平方后的结果末尾数与原数相同。例如，6是一位数，平方后的值为36，平方后的结果末尾数6与原数6相同，所以6是一个自守数。

当n等于2时，该数为两位数，平方后的结果末尾两位数与原数相同。例如，25是一个两位数，平方后的值为625，平方后的结果末尾两位数25和原数25相同，所以25也是自守数。

课下，老师给了学生几个数字，要求判断它们是不是自守数。这种计算问题刚好可以用C++解决。在计算平方时，可以使用pow()函数，以简化计算过程，其步骤如下。

（1）用户输入要判断的数字，用变量num存储。

（2）计算num存储的数字的平方值，存储在square变量中。

（3）定义count变量，存储输入数字的位数，初始化为0。

（4）计算输入数字的位数。

（5）判断输入数字是否为自守数。如果是，则输出“该数字是自守数”；否则，输出“该数字不是自守数”。

根据实现步骤，绘制流程图，如图7.1所示。

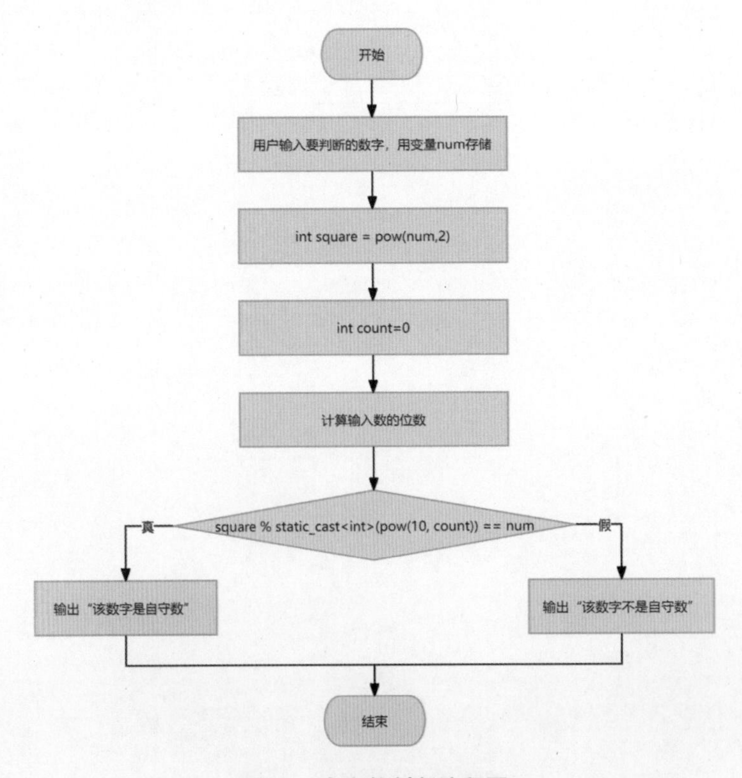

图7.1　自守数判断流程图

根据流程图，完成自守数判断功能。编写代码如下：

```
#include<iostream>
#include<cmath>
using namespace std;
int main()
{
    int num;
    cout<<"请输入一个数：";
    cin>>num;
    int square=pow(num,2);
    int temp=num;
    int count=0;
    while(temp!=0)
    {
        count++;
        temp/=10;
    }
    if(square%static_cast<int>(pow(10, count)) == num)
    {
        cout<<"该数字是自守数"<<endl;
    }
    else
    {
        cout<<"该数字不是自守数"<<endl;
    }
}
```

代码执行后，需要用户输入一个数字，计算机判断该数字是否为自守数并输出结果。例如，输入5，执行过程如下：

```
请输入一个数：5
该数字是自守数
```

核心知识点

pow()函数是C++标准库中的一个数学函数，用于求一个数的幂次方。在使用此函数时，需要包含头文件<cmath>。pow()函数接收两个参数，分别是底数和指数，函数返回值为底数的指数次幂。其语法形式如下：

```
pow(参数1, 参数2);
```

其中，参数1指定底数，参数2指定指数。

助记小词典

pow：power(幂，乘方，发音为[ˈpaʊər])的简写。

思维导图

pow()函数的思维导图如图7.2所示。

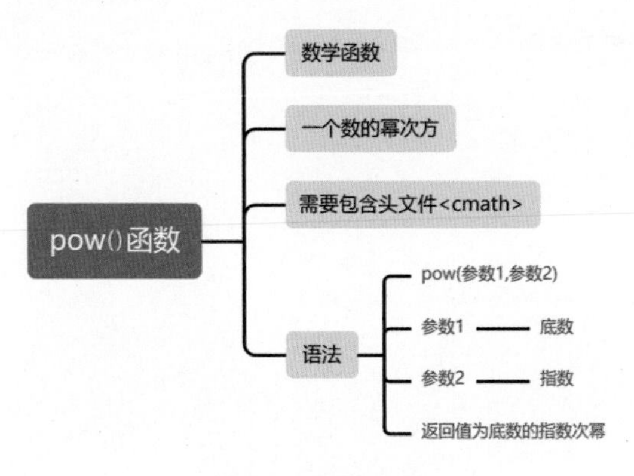

图7.2　思维导图

练一练

（1）pow()函数在使用时，需要包含头文件 ________。

（2）编写代码，输出 2^3 的结果。

7.2 结账系统——round()函数

在一些超市结账时，可能会发现我们计算的商品总价格与实际支付的商品总价格并不完全相同，如图7.3所示，这是因为许多商家在计算商品总价格时进行了四舍五入处理。

图7.3　结账

试编写一个程序，使收银员的结账系统自动进行四舍五入操作，简化收银员的工作。此程序需要借助round()函数实现，其步骤如下。

（1）用户输入数字，表示商品的总价格，用变量price存储。

（2）使用 round() 函数实现四舍五入。

（3）输出结果。

根据实现步骤，绘制流程图，如图 7.4 所示。

根据流程图，实现结账系统。编写代码如下：

```
#include<iostream>
#include<cmath>
using namespace std;
int main()
{
    cout<<" 请输入一个商品总价格：";
    float price;
    cin>>price;
    float rPrice=round(price);
    cout<<" 你需要支付 "<<rPrice<<endl;
}
```

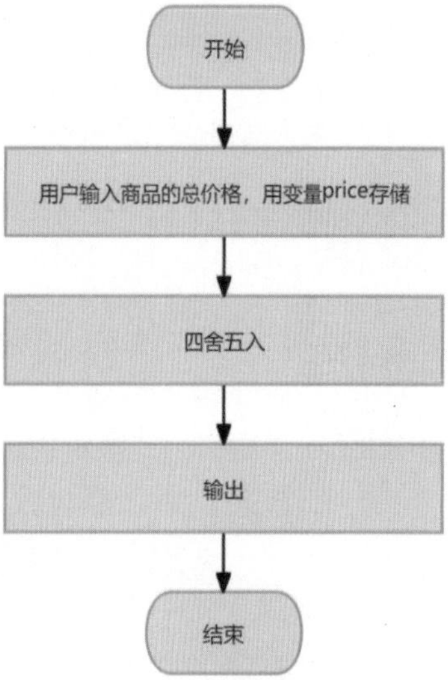

开始

用户输入商品的总价格，用变量price存储

四舍五入

输出

结束

图 7.4　结账系统流程图

代码执行后，需要用户输入总价格，计算机计算并输出用户需要支付的价格。例如，输入 23.4，执行过程如下：

```
请输入一个商品总价格：23.4
你需要支付 23
```

核心知识点

在 C++ 中，round() 函数用于对一个浮点数进行四舍五入操作，返回最接近的整数值。在使用该函数时，需要包含 <cmath> 头文件。round() 函数的语法形式如下：

```
round( 参数 1);
```

其中，参数 1 用于指定要进行四舍五入的数，该数是 double 类型。

助记小词典

round：四舍五入，发音为 [raʊnd]。

思维导图

round() 函数的思维导图如图 7.5 所示。

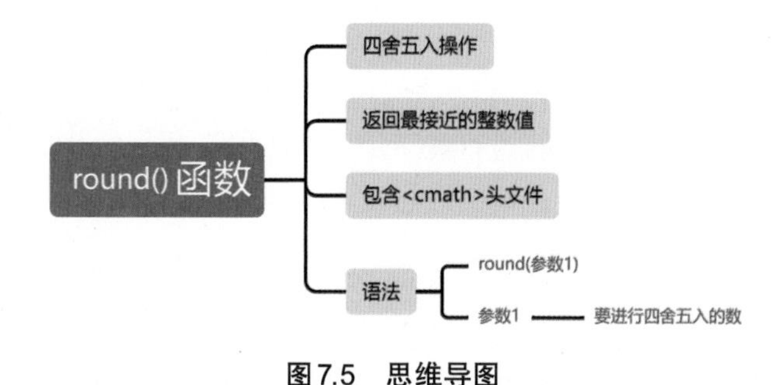

图 7.5　思维导图

✍ 练一练

（1）在 C++ 中，用于实现四舍五入的函数是__________。

（2）编写程序，用户输入数字，对其进行四舍五入后再输出。

7.3 绝对值计算器——abs()函数

绝对值是一个数学概念，用于表示一个数到0点的距离大小，而不考虑该数的正负性。绝对值可以简单地定义为一个数到0的距离。无论这个数是正数、负数还是0，其绝对值都是非负数。绝对值的一般表示方式是用两个竖线(||)将数值括起来，如|a|表示数a的绝对值。根据数的符号，绝对值的计算规则如下。

（1）如果 a 是一个非负数（包括 0），那么其绝对值就是它本身，即 $|a| = a$。

（2）如果 a 是一个负数，那么其绝对值就是其相反数，即 $|a| = -a$。

例如，如果有一个数a = 5，那么|5| = 5，因为5是一个非负数；如果有一个数b = -8，那么|-8| = 8，因为-8是一个负数，其相反数是8。

试编写一个程序，实现绝对值计算的功能，即用户输入一个数，由计算机计算其绝对值并输出。此程序直接使用abs()函数即可实现，而不用自己写代码进行判断，其步骤如下。

（1）用户输入数字，表示要进行绝对值计算的数，用变量 num 存储。

（2）使用 abs() 函数实现绝对值的计算。

（3）输出结果。

根据实现步骤，绘制流程图，如图7.6所示。

开始 → 用户输入数字，用变量num存储 → 使用abs()函数实现绝对值的计算 → 输出 → 结束

图7.6　绝对值计算流程图

根据流程图，实现绝对值计算的功能。编写代码如下：

```
#include<iostream>
#include<cmath>
using namespace std;
int main()
{
    cout<<"请输入一个数字：";
    int num;
    cin>>num;
    int absnum=abs(num);
    cout<<"该数的绝对值为："<<absnum<<endl;
}
```

代码执行后，需要用户输入一个数字，计算机计算并输出该数字的绝对值。例如，输入-5，执行过程如下：

```
请输入一个数字：-5
该数的绝对值为：5
```

核心知识点

在C++中，abs()函数用于返回一个数的绝对值，即该数到0点的距离大小，而不考虑该

数的正负。在使用abs()函数时，需要包含<cmath>头文件。其语法形式如下：

```
abs(参数1);
```

其中，参数1用于指定要进行绝对值计算的整数。在C++中，abs()函数用于计算整数的绝对值，而fabs()函数则用于计算浮点数的绝对值。fabs()函数的语法形式如下：

```
fabs(参数1);
```

其中，参数1用于指定要进行绝对值计算的浮点数。

助记小词典

（1）abs：absolute（绝对的，发音为 [ˈæbsəluːt]）的简写。

（2）fabs：floating-point absolute（浮点绝对值）的简写。

思维导图

abs()函数的思维导图如图7.7所示。

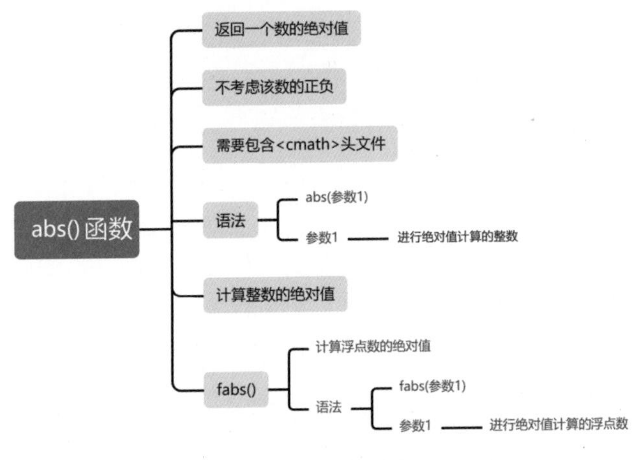

图7.7　思维导图

练一练

（1）用于计算整数的绝对值的函数是__________。

（2）-8的绝对值是______。

7.4 计算直角三角形的斜边长度——hypot()函数

勾股定理是三角学中的一个基本定理，描述了直角三角形三边之间的关系。勾股定理得名于古希腊数学家毕达哥拉斯，因为他首次发现并证明了这个定理。根据勾股定理，在一个直角三角形中，直角边(与直角相邻的两条边)的平方和等于斜边的平方。其具体可以表达为$a^2 + b^2 = c^2$，其中a和b是两条直角边的长度，c是斜边(也称为假设边)的长度，如图7.8所示。

今天的数学课介绍的就是勾股定理，课下老师给学生布置了一道数学题，即直角三角形的两个直角边分别为12和35，计算出斜边的长度。这个计算量不小，可以尝试用C++实现。因为要计算直角三角形的斜边，所以可以使用hypot()函数，其步骤如下。

（1）用户输入一个数，表示直角三角形中一条直角边的长度，用变量a存储。

（2）用户输入一个数，表示直角三角形中另一条直角边的长度，用变量b存储。

（3）计算直角三角形的斜边长度，将结果存储在变量c中。

（4）输出变量c。

根据实现步骤，绘制流程图，如图7.9所示。

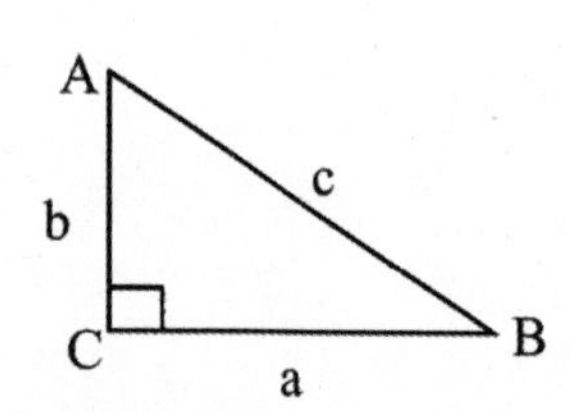

图7.8　勾股定理

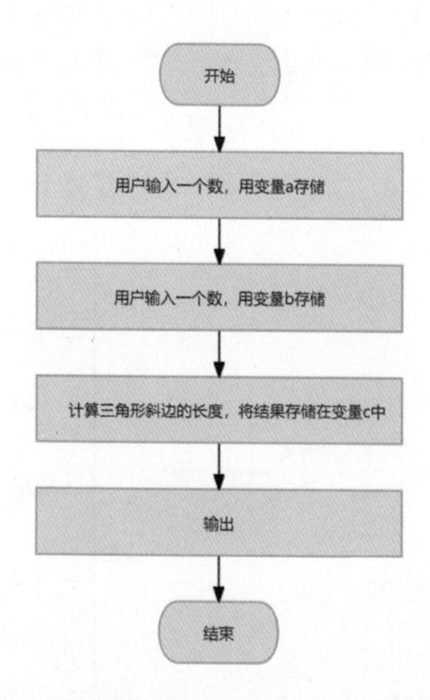

图7.9　计算直角三角形斜边的长度流程图

根据流程图，实现直角三角形斜边的长度的计算。编写代码如下：

```
#include<iostream>
#include<cmath>
using namespace std;
int main()
{
    cout<<"请输入一条直角边的长度：";
    int a;
    cin>>a;
    cout<<"请输入另一条直角边的长度：";
    int b;
    cin>>b;
    int c=hypot(a,b);
    cout<<"斜边的长度为："<<c<<endl;
}
```

代码执行后，需要用户输入两个数字，计算机计算斜边并输出斜边的长度。例如，输入12和35，执行过程如下：

```
请输入一条直角边的长度：12
请输入另一条直角边的长度：35
斜边的长度为：37
```

核心知识点

hypot() 函数是一个数学函数，在许多编程语言中都存在。hypot() 函数用于计算两个给定数值的直角三角形斜边的长度，即通过两个直角边的长度计算斜边的长度。在C++中，使用该函数时需要包含<cmath>头文件。其语法形式如下：

```
hypot( 参数 1, 参数 2);
```

其中，参数1用于指定一条直角边的长度，参数2用于指定另一条直角边的长度。

助记小词典

hypot：Hypotenuse（斜边，直角三角形的弦，发音为[haɪ'pɑ:tənu:s]）的简写。

思维导图

hypot() 函数的思维导图如图7.10所示。

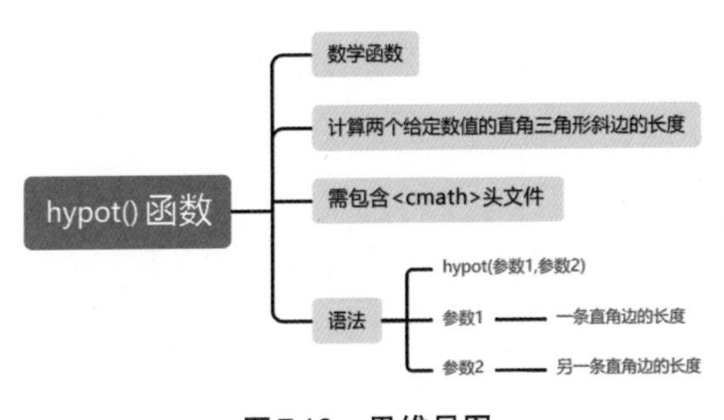

图7.10　思维导图

> 练一练
>
> （1）在C++中，通过两个直角边长度计算斜边长度的函数是______。
>
> （2）编写程序，直角边长度为5和12，计算斜边的长度并输出。

7.5 猜数字游戏——随机函数

猜数字游戏是一种简单而有趣的游戏，玩家需要猜测一个随机选择的数字。基本的猜数字游戏流程如下。

（1）同学A选择一个范围内的秘密数字，其保密。

（2）同学B开始猜测一个数字。

（3）同学A根据同学B的猜测与秘密数字进行比较，并给出相应的提示。通常，同学A会告知猜测数字是大了还是小了。

（4）同学B根据同学A的提示，调整猜测的数字，并继续猜测。

（5）这个过程会反复进行，直到同学B猜中正确的数字。

猜数字游戏根据玩法的不同有多种变体，有些变体会增加更多的复杂性和挑战，如引入计时限制、限制猜测次数、设置难度级别等。

试编写一个猜数字游戏，数字的范围为1～100。计算机作为出数字方，玩家作为猜数字方。当玩家猜的数字大于计算机出的数字时，提示“猜大了”；当玩家猜的数字小于计算机出的数字时，提示“猜小了”；当玩家猜的数字和计算机出的数字一样时，提示“猜对了”。猜对时，游戏结束。由于所猜数字要为整数，因此该程序需要通过随机函数的生成随机整数功能实现，其步骤如下：

（1）调用srand()函数初始化随机数种子。

（2）计算机出数字，使用rand()函数获取1～100的随机整数。

（3）设置玩家循环猜数字，通过while语句实现。

（4）玩家猜数字，输入要猜的数字，用变量guess存储，计算机对数字进行判断，并输出结果。

根据实现步骤，绘制流程图，如图7.11所示。

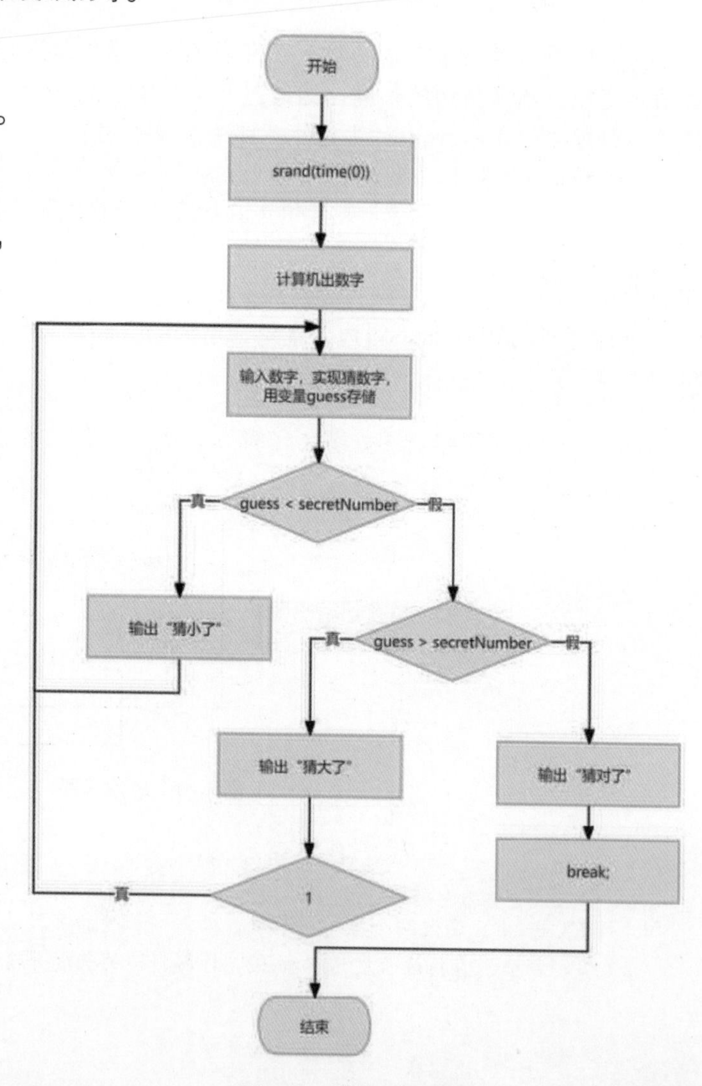

图7.11　猜数字流程图

根据流程图，实现猜数字游戏。编写代码如下：

```
#include<iostream>
#include<cstdlib>
#include<ctime>
using namespace std;
```

```
int main()
{
    srand(time(0));
    int secretNumber=rand()%100+1;
    int guess;
    cout<<" 欢迎参加猜数字游戏 !"<<endl;
    do {
        cout<<" 请输入您猜测的数字（1 ~ 100 之间的整数）: ";
        cin>>guess;
        if (guess<secretNumber) {
            cout<<" 猜小了 "<<endl;
        } else if(guess>secretNumber) {
            cout<<" 猜大了 "<<endl;
        } else {
            cout<<" 猜对了 !"<<endl;
            break;
        }
    } while (1);
}
```

代码执行后，需要用户输入数字，计算机对数字进行判断并输出结果。执行过程如下：

```
欢迎参加猜数字游戏!
请输入您猜测的数字（1 ~ 100 之间的整数）: 60
猜大了
请输入您猜测的数字（1 ~ 100 之间的整数）: 50
猜大了
请输入您猜测的数字（1 ~ 100 之间的整数）: 20
猜小了
请输入您猜测的数字（1 ~ 100 之间的整数）: 30
猜小了
请输入您猜测的数字（1 ~ 100 之间的整数）: 40
猜大了
请输入您猜测的数字（1 ~ 100 之间的整数）: 35
猜小了
请输入您猜测的数字（1 ~ 100 之间的整数）: 37
猜小了
请输入您猜测的数字（1 ~ 100 之间的整数）: 38
猜小了
请输入您猜测的数字（1 ~ 100 之间的整数）: 39
猜对了!
```

核心知识点

在C++中，随机函数包括rand()函数和srand()函数，都定义在<cstdlib>头文件。rand()

函数和srand()函数通常一起使用。rand()函数会产生随机数，但是每次产生的随机数都是相同的。如果要产生不同的随机数，需要使用srand()函数的辅助。srand()函数初始化随机数发生器，简单来说就是让rand()函数每次产生的随机数都不相同。以下是对这两个函数的详细介绍。

（1）rand()函数：生成一个随机数，其返回值是一个介于0和RAND_MAX之间的整数。RAND_MAX是<cstdlib>头文件中定义的一个常量，表示rand()函数返回值的最大范围。如果要生成指定范围内的随机数，可以使用取余运算对rand()函数的返回值进行处理，如rand() % 100可以生成一个0 ~ 99的随机数。

（2）srand()函数：初始化随机数生成器，并且可以传递一个种子值给它。通过给srand()函数传递不同的种子值，可以使后续调用rand()函数生成的随机数序列起始于不同的位置。常用的种子值设置方法是srand(time(0))，利用当前系统时间作为种子值，从而确保每次程序运行时生成的随机数序列都是不同的。这样可以增加随机性，使得每次生成的随机数序列都具备独特性。

助记小词典

（1）rand：random（随机的，发音为[ˈrændəm]）的简写。

（2）srand：seed random（随机种子，发音为[siːd] [ˈrændəm]）的简写。

思维导图

随机函数的思维导图如图7.12所示。

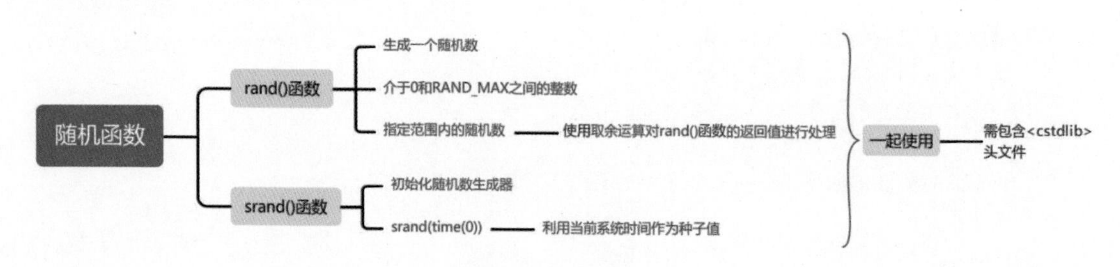

图7.12　思维导图

练一练

（1）在C++中，随机函数定义在________文件中。

（2）在C++中，通常将rand()函数和________函数一起使用。

7.6　竖式计算——setw()函数

竖式计算是指在计算过程中列一道竖式，使计算简便，如图7.13所示。加法计算时，需要将相同数位对齐；若和超过10，则向前进1。减法计算时，相同数位也要对齐；若不够减，则向前一位借1当10。

试编写一个程序，实现123+45的竖式计算。此功能由于要实现相同数位对齐，因此需要使用setw()函数，其步骤如下。

（1）定义变量a，存储123。

（2）定义变量b，存储45。

（3）输出竖式计算。

根据实现步骤，绘制流程图，如图7.14所示。

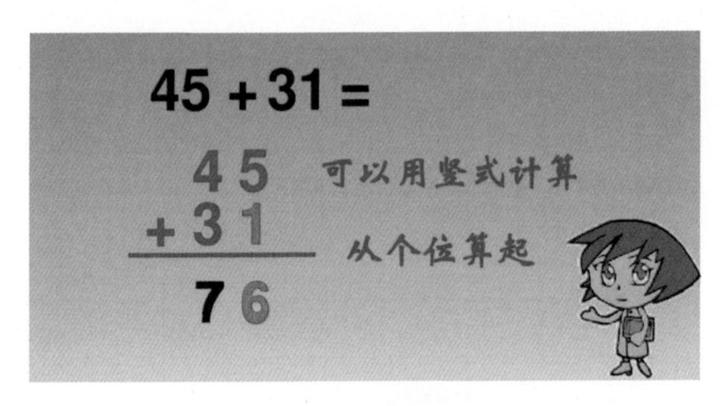

图7.13　竖式计算

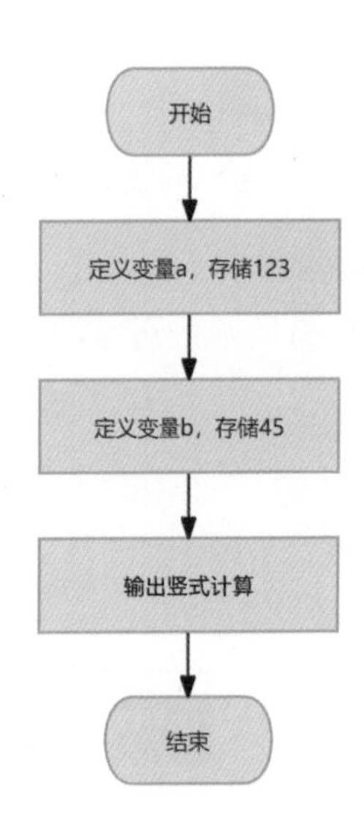

图7.14　竖式计算流程图

根据流程图，完成123+45的竖式计算。编写代码如下：

```
#include<iostream>
#include<iomanip>
using namespace std;
int main() {
    int a=123;
    int b=45;
    cout<<setw(5)<<a<<endl;
    cout<<"+"<<setw(4)<<b<<endl;
    cout<<"----------"<<endl;
    cout<<setw(5)<<a+b<<endl;
}
```

代码执行后的效果如下：

```
  123
+  45
----------
  168
```

核心知识点

setw()函数是C++标准库中的一个函数，位于<iomanip>头文件中，用于设置输出流中各个数据项的宽度。其语法形式如下：

```
setw(参数1);
```

其中，参数1用于指定希望设置的字段宽度。当使用setw()函数后，后续输出的数据项将按指定的字段宽度进行输出，不足部分用空格填充，从而实现数据项的对齐。setw()函数通常与cout语句结合使用。

助记小词典

setw：set width(设置宽度，发音为[set][wɪdθ])的简写。

思维导图

setw()函数的思维导图如图7.15所示。

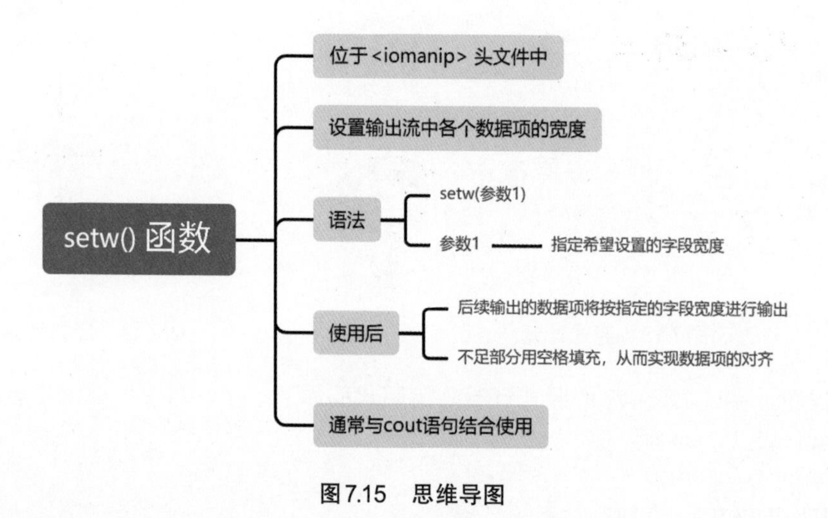

图7.15　思维导图

练一练

（1）setw()函数是C++标准库中的一个函数，位于________头文件中。

（2）编写程序，实现15-3的竖式计算。

7.7 谁的价格高——sort()函数

今天，某学生去买体育课上要穿的运动鞋，他逛了几家店后发现同款运动鞋的价格各不相同。妈妈问该生哪家店卖的运动鞋最便宜，哪家店卖的运动鞋最贵。该问题可以使用C++解决：通过对这些价格进行从小到大的排序(可以使用sort()函数)，最大的价格会在最下边，最小的价格会在最上边，这样就可以轻松找到最贵和最便宜的运动鞋了。其步骤如下。

（1）定义数组 prices，存储价格。

（2）对价格数组 price 进行排序。

（3）将价格按照从低到高的顺序输出。

根据实现步骤，绘制流程图，如图7.16所示。

根据流程图，完成运动鞋价格排序功能。编写代码如下：

```
#include<iostream>
#include<algorithm>
using namespace std;
int main() {
    int prices[5]={131,209,189,80,279};
    sort(prices,prices+5);
    cout<<" 价格由低到高进行排序：" <<endl;
    for(int i=0;i<5;i++)
    {
        cout<<prices[i]<<endl;
    }
}
```

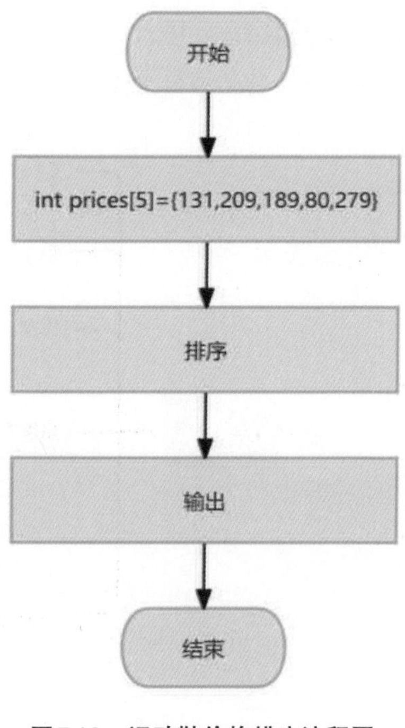

图7.16　运动鞋价格排序流程图

代码执行后的效果如下：

```
价格由低到高进行排序：
80
131
189
209
279
```

核心知识点

sort()函数是C++标准库中的一个函数(位于<algorithm>头文件中)，可以对数组中的元素进行排序。其排序方式可以按照默认方式(默认为升序)，也可以使用自定义方式。其语法形式如下：

```
sort(参数1, 参数2, 参数3);
```

其中，参数1表示要排序数组的起始地址，一般写上数组名就可以；参数2表示数组结束地址的下一位，即首地址加上数组的长度n(代表尾地址的下一地址)；参数3用于规定排序的方法，可不填，默认为升序。

助记小词典

sort：排序，发音为[sɔːrt]。

思维导图

sort()函数的思维导图如图7.17所示。

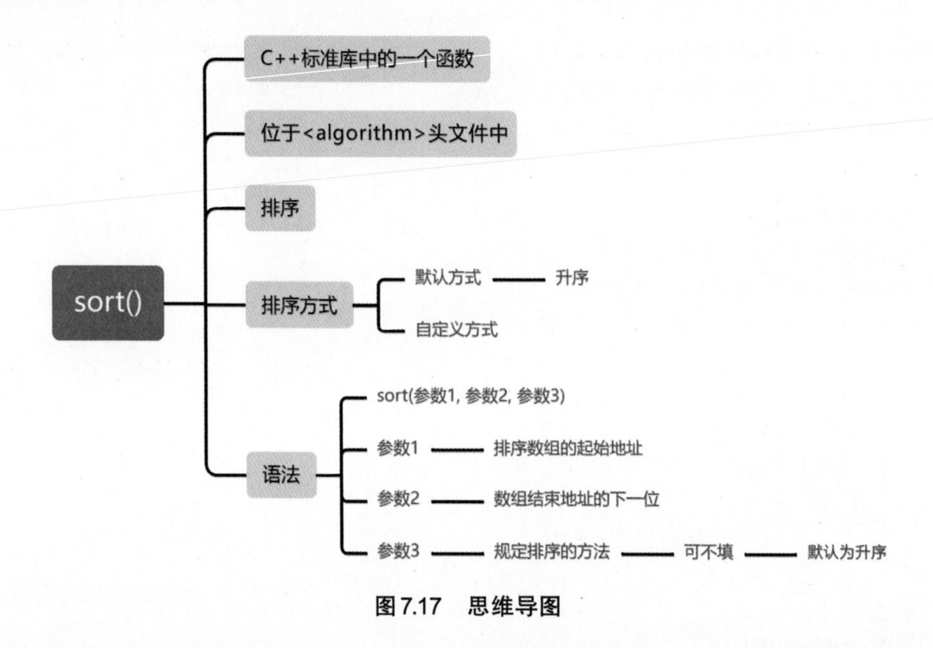

图7.17　思维导图

练一练

（1）使用sort()函数时，需包含________头文件。

（2）编写程序，对100、20、90、70、60进行升序排序。

7.8　校服的尺码——unique()函数

新学期开始了，老师要求学生回家测量自己的身高，以便学校为他们购买合适尺码的校服。在收集到身高数据后，老师发现很多学生的身高是相同的，如图7.18所示。此时，老师面临一个问题：是将所有相同身高的学生只留一个代表，还是保留所有不同的身高信息，而忽略相同身高的学生呢？然而，手动查找并去除相同身高数据将会耗费大量时间。这个问题可以通过编写C++代码解决。通过使用unique()函数，可以轻松去除相同的身高数据，只保留相同身高中的第一个数据。其步骤如下。

（1）定义数组height，存储身高。

（2）对数组中的身高数据进行排序。

（3）去除数组height中重复的身高数据。

（4）输出去重后的数组height。

根据实现步骤，绘制流程图，如图7.19所示。

图7.18　学生身高

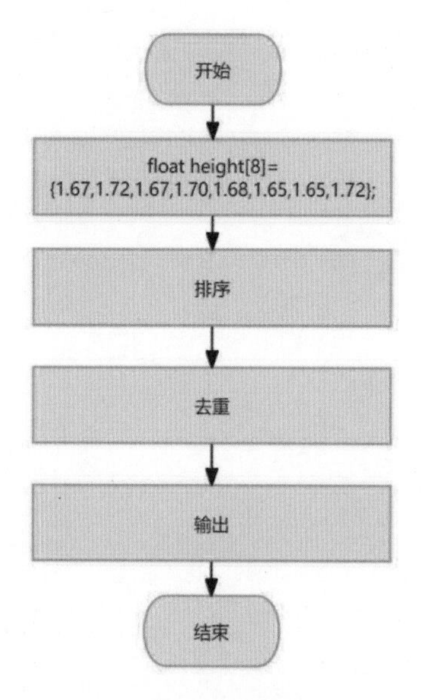

图7.19　去重流程图

根据流程图，实现去重功能。编写代码如下：

```
#include<iostream>
#include<algorithm>
using namespace std;
int main() {
    float height[8]={1.67,1.72,1.67,1.70,1.68,1.65,1.65,1.72};
    sort(height, height+7);
    int c=unique(height,height+7)-height;
    cout<<" 去重后的身高如下："<<endl;
    for(int i=0;i<c;i++)
    {
        cout<<height[i]<<endl;
    }
}
```

代码执行后的效果如下：

```
去重后的身高如下：
1.65
1.67
1.68
1.70
1.72
```

核心知识点

unique() 函数是 C++ 标准库中的一个函数，位于 <algorithm> 头文件中。unique() 函数的功能是将数组中相邻的重复元素去除。其语法形式如下：

```
unique(参数1, 参数2, 参数3);
```

其中，参数1是去重的开始位置；参数2是去重的结束位置；参数3是自定义规则，即判断元素是否相等，大多数情况下可以省略。

助记小词典

unique：唯一的、独一无二的，发音为[ju'niːk]。

思维导图

unique()函数的思维导图如图7.20所示。

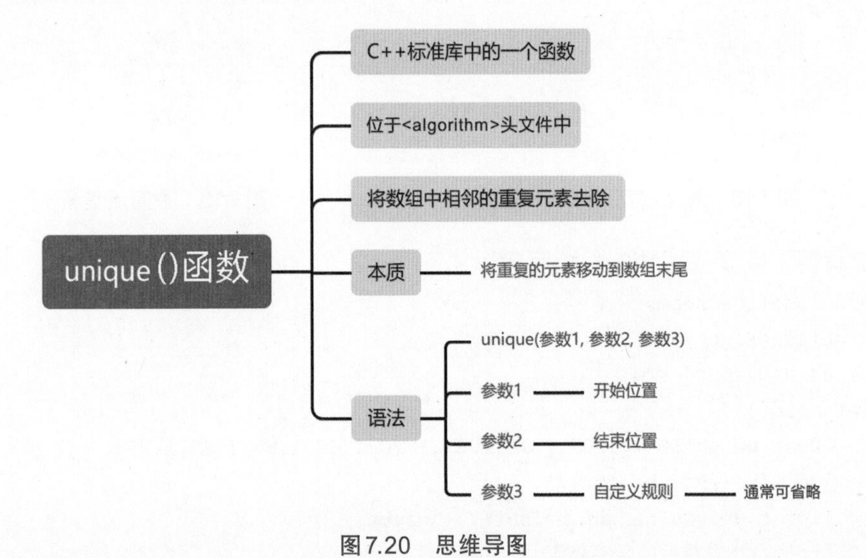

图7.20　思维导图

练一练

（1）在C++中，可以实现去重的函数是________。

（2）编写程序，将数组中的相同元素（1、1、3、5、5、6、7）去除。

第8章 自定义函数

尽管库函数提供了很大的方便，但有时它们并不能涵盖用户需要的所有功能。这时，就需要自定义函数实现用户的特定需求。自定义函数能够扩展程序的功能，满足个性化的需求，使得程序更加灵活，且符合特定要求。本章将对自定义函数进行详细的介绍。

8.1 英文字母——无参函数的定义和调用

英文字母是拉丁字母表的一部分，用于拼写英语单词和组成英语文本。英文字母共有26个，分为大写和小写两种形式。

（1）大写英文字母：大写形式的拉丁字母表的一部分，共有26个字母，如图8.1所示。

（2）小写英文字母：小写形式的拉丁字母表的一部分，共有26个字母，如图8.2所示。

图8.1　大写字母

图8.2　小写字母

下面编写一个程序，输出大写英文字母或小写英文字母(用户可以自主选择)。为了使代码清晰简洁，可以将大写字母和小写字母分别封装在两个函数中，通过调用对应的函数进行输出。其步骤如下。

（1）定义大写字母函数，函数名为cletter()。

（2）定义小写字母函数，函数名为lletter()。

（3）计算机给出选项，供用户选择。计算机根据用户的选择，调用对应的函数，输出大写字母或者小写字母。

根据实现步骤，绘制流程图，如图8.3所示。

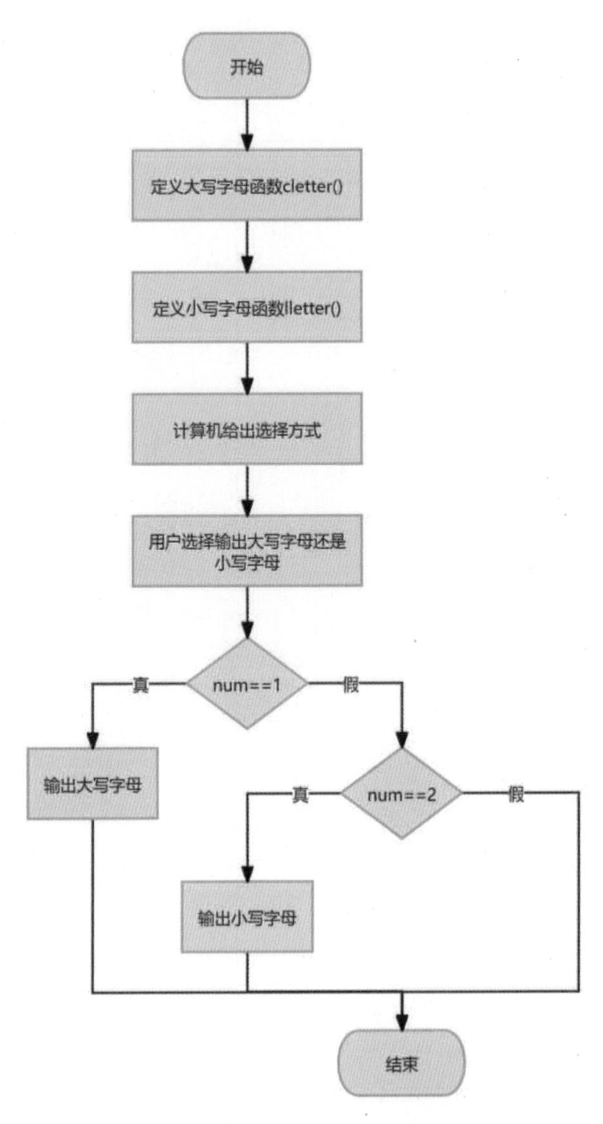

图 8.3　输出大写字母或小写字母流程图

根据流程图，实现英文字母的大小写输出。编写代码如下：

```
#include<iostream>
using namespace std;
void cletter()
{
    cout<<"-------------------- 大写字母 --------------------"<<endl;
    cout<<"A    B    C    D    E    F"<<endl;
    cout<<"G    H    I    J    K    L"<<endl;
    cout<<"M    N    O    P    Q    R"<<endl;
    cout<<"S    T    U    V    W    X"<<endl;
```

```
    cout<<"Y                                Z"<<endl;
}
void lletter()
{
    cout<<"-------------------- 小写字母 --------------------"<<endl;
    cout<<"a       b       c       d       e       f"<<endl;
    cout<<"g       h       i       j       k       l"<<endl;
    cout<<"m       n       o       p       q       r"<<endl;
    cout<<"s       t       u       v       w       x"<<endl;
    cout<<"y                                       z"<<endl;
}
int main()
{
    cout<<"1 显示大写字母，2 显示小写字母 "<<endl;
    cout<<" 请选择：";
    int num;
    cin>>num;
    if(num==1)
    {
        cletter();
    }
    if(num==2)
    {
        lletter();

    }
}
```

代码执行后，需要用户输入一个数字，计算机判断该数字并输出相应的结果。例如，输入2，执行过程如下：

```
1 显示大写字母，2 显示小写字母
请选择：2
-------------------- 小写字母 --------------------
a     b       c       d       e       f
g     h       i       j       k       l
m     n       o       p       q       r
s     t       u       v       w       x
y                                     z
```

核心知识点

根据是否带有参数，函数可以分为有参函数与无参函数。以下介绍无参函数的内容。

无参函数就是没有参数的函数，这种函数一般只能实现固定的数据处理或功能。使用无参函数时，必须先定义，再调用。定义无参函数的语法形式如下：

```
返回类型 函数名 ()
{
    函数体
}
```

注意：函数的定义语句需要写在main()函数之外。

定义好无参函数之后就可以调用了。无参函数的调用语句由函数名、小括号和分号组成，其语法形式如下：

```
函数名 ();
```

思维导图

无参函数的定义和调用的思维导图如图8.4所示。

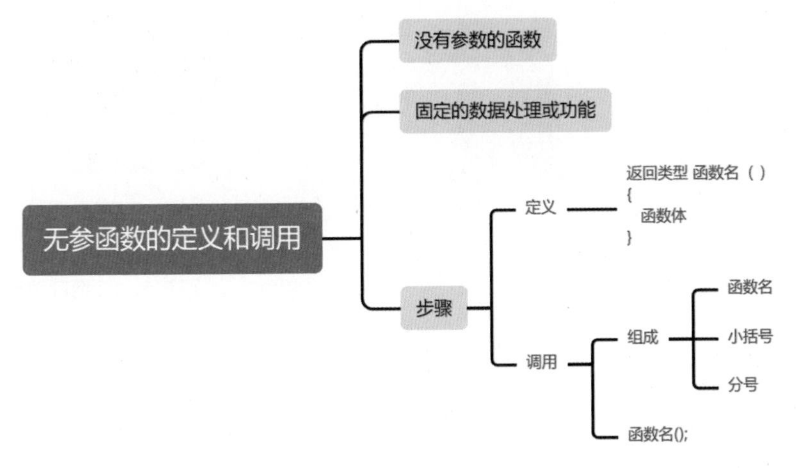

图8.4 思维导图

练一练

（1）无参函数的调用语句由 ________、小括号和分号组成。

（2）编写程序，使用无参函数实现输出“你好 C++”的功能。

8.2 打招呼——有参函数的定义和调用

今天是开学的日子，相识的同学相见都会互相打招呼：“×××，你好，好久不见”，如图8.5所示。

试编写一个程序，实现同学打招呼的功能。因为遇见的同学不一样，所以打招呼的内容也不同，这就需要使用有参函数。其步骤如下。

（1）定义一个打招呼函数 sayHello(string name)，其中形参 name 表示姓名。

（2）用户输入同学姓名。

（3）调用 sayHello(string name) 函数，将输入的姓名作为实参，实现向指定的同学打招呼。

根据实现步骤，绘制流程图，如图8.6所示。

图8.5　打招呼

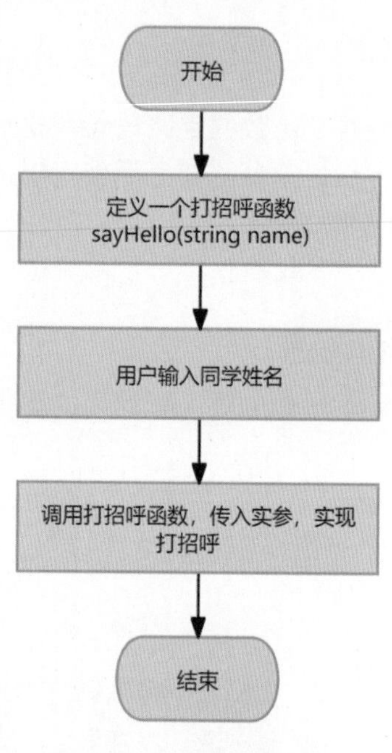

图8.6　打招呼流程图

根据流程图，实现打招呼的功能。编写代码如下：

```
#include<iostream>
#include<string>
using namespace std;
void sayHello(string name)
{
    cout<<name<<" 你好，好久不见 "<<endl;
}
int main()
{
    cout<<" 输入同学的姓名：";
    string s;
    cin>>s;
    sayHello(s);
}
```

代码执行后，需要用户输入同学的姓名，计算机会自动向指定的同学打招呼。例如，输入张三，执行过程如下：

```
输入同学的名称：张三
张三你好，好久不见
```

核心知识点

有参函数就是具有参数的函数，一般用于对变量数据的处理。使用有参函数时，必须先定义，再调用。定义有参函数的语法形式如下：

```
返回类型 函数名（参数列表）
{
    函数体
}
```

在此语法形式中，参数列表中的内容是一个个的参数，这些参数称为形参。其本质为一个变量，声明形参后等于为函数声明了变量，可以在函数体内使用。形参的个数可以为1个，也可以为多个，每个参数之间要使用逗号运算符进行分隔。形参的作用就是进行数据交互，相当于一个接口。在函数外可以通过形参将需要处理的数据传递到有参函数中，等待运算结果即可。

有参函数的调用语句包括函数名、小括号和参数列表，其语法形式如下：

```
函数名（参数列表）;
```

其中，参数列表中的内容是一个个的实参。实参的个数、出现的顺序和类型要与有参函数定义时形参的个数、定义的顺序和类型完全一致。另外，实参可以为常数，也可以为变量。在调用函数时，通过实参可以将指定的数据传递到指定的函数中，这样就能使用同一个函数对不同的数据进行计算。

思维导图

有参函数的定义和调用的思维导图如图8.7所示。

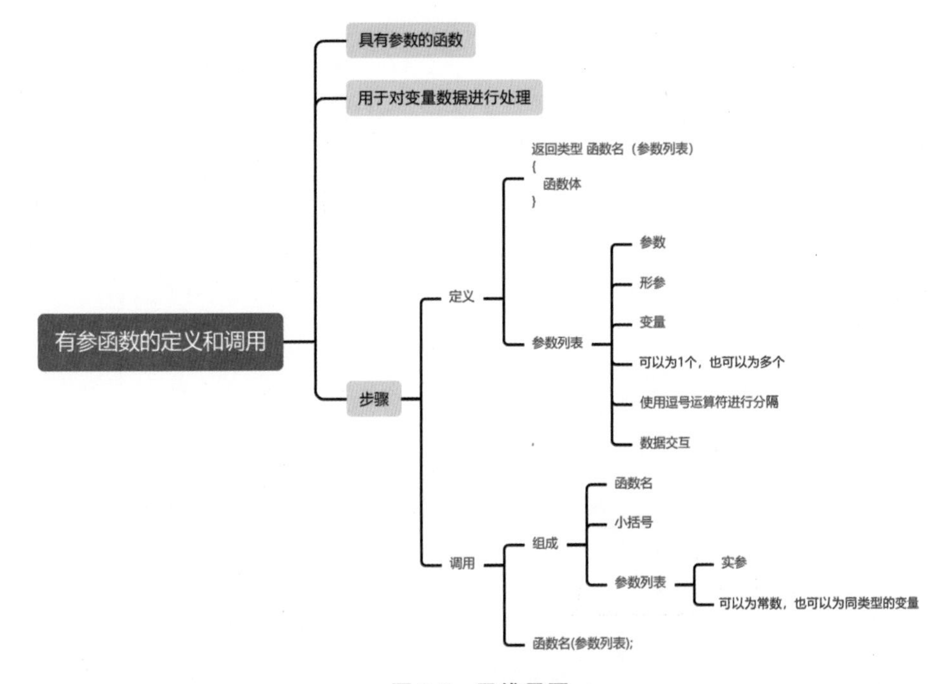

图8.7　思维导图

练一练

（1）有参函数在定义时使用的参数称为 ________ 参。

（2）有参函数的调用语句包括函数名、小括号和 ________。

8.3 计算梯形的面积——返回值

今天在数学课上，老师向学生介绍了梯形面积的计算公式，如图8.8所示。课下老师给学生布置了10道计算梯形面积的题。每次计算不同的梯形时，都需要学生计算一遍，这样太费时间。为了节约时间，试编写一个C++程序，只需要输入梯形的上底、下底和高，计算机就会自动计算出梯形面积。

要实现该程序，可以定义一个计算梯形面积的函数。当计算不同的梯形面积时，直接传递梯形的实际数值（上底、下底和高）即可，通过函数的返回值给出计算结果。其步骤如下。

（1）定义计算梯形面积的函数 area(a,b,h)，其中形参 a、b、h 分别表示梯形的上底、下底和高。

（2）用户输入梯形的上底、下底和高。

（3）计算机进行计算，并输出计算结果。

根据实现步骤，绘制流程图，如图8.9所示。

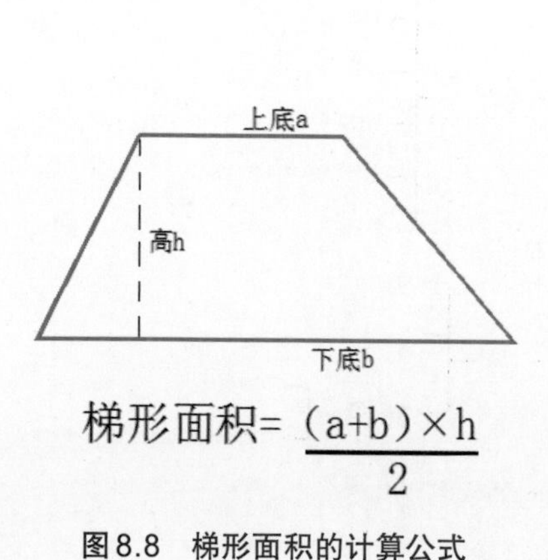

图8.8 梯形面积的计算公式

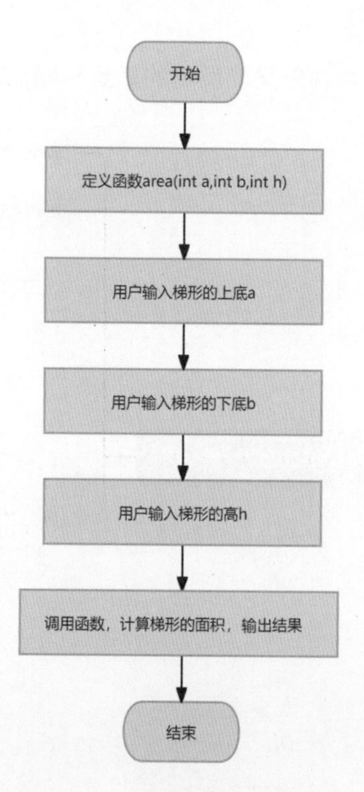

图8.9 计算梯形面积流程图

根据流程图，实现梯形面积的计算。编写代码如下：

```
#include<iostream>
using namespace std;
float area(int a,int b,int h)
{
    return ((a+b)*h)/2.0;
}
int main()
{
    cout<<"输入上底：";
    int a;
    cin>>a;
    cout<<"输入下底：";
    int b;
    cin>>b;
    cout<<"输入高：";
    int h;
    cin>>h;
    float s=area(a,b,h);
    cout<<"梯形的面积为："<<s<<endl;
}
```

代码执行后，需要用户输入梯形的上底、下底和高，计算机进行计算并输出结果。例如，输入的上底、下底和高分别是5、8和6，执行过程如下：

```
输入上底：5
输入下底：8
输入高：6
梯形的面积为：39
```

核心知识点

不管是有参函数的定义还是无参函数的定义，都需要规定函数的返回类型。在前面的实例中使用的是void返回类型，表示无返回值类型。这种类型的函数没有返回值。用户在调用无返回值的函数时，只能执行或者获得运算通知，而无法获取运算结果。

要定义有返回值的函数，需要标明除了void外的函数返回类型，并使用return语句将返回值进行返回。无参有返回值函数的定义如下：

```
返回类型  函数名()
{
    函数体;
    return 返回值;
}
```

有参有返回值函数的定义如下：

```
返回类型  函数名(参数列表)
{
    函数体;
    return 返回值;
}
```

其中，返回值类型就是数据类型，包括int、float等。返回值的类型需要与函数定义时的返回类型一致或可自动转换。例如，声明的类型为float，返回的类型为double类型。return返回语句中，返回值为表达式。

思维导图

返回值的思维导图如图8.10所示。

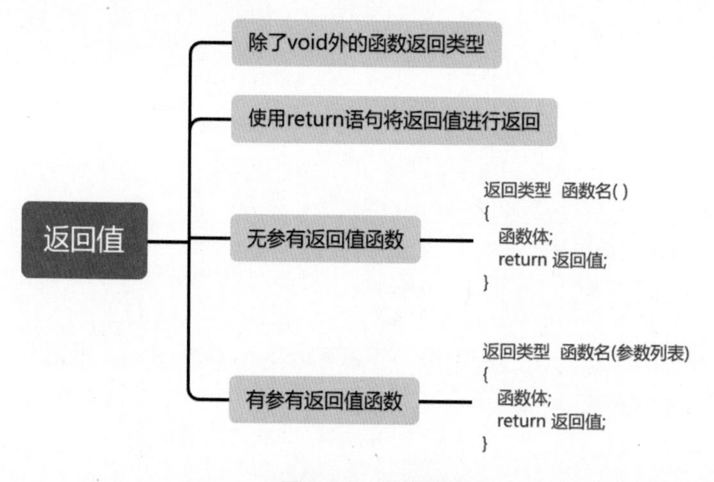

图8.10 思维导图

练一练

(1) 返回值的类型需要与函数定义时的返回类型一致或可 ________ 转换。

(2) 编写代码，实现任意两个数字的乘法运算。

8.4 第n大的数——数组名作为实参

今天的数学课是下午第一节课。由于大家都比较瞌睡，因此数学老师请大家一起玩了一个游戏，来消除大家的睡意。这个游戏是这样的，给出10个互不相同的整数，这些整数没有进行排序，要求学生找出其中第n大的数。例如，10个数字为100、89、79、49、58、73、92、54、67和20。如果老师说2，表示要找出第2大的数，即92。这个游戏可以考虑使用C++实现，其中老师说的数字可以使用用户输入代替。要实现这个游戏，需要使用数组存储这10个整数，同时将数组名称作为实参传递给相应的函数进行比较操作，其步骤如下。

（1）定义求第 n 大的数的函数 maxn(int b[],int m)，其中形参 b[] 表示存储 10 个整数的数组，m 表示第几大的数。

（2）定义数组，存储 100、89、79、49、58、73、92、54、67、20 这 10 个数字。

（3）用户输入数字，表示要求的第 n 大的数。

（4）计算机进行计算，并输出结果。

根据实现步骤，绘制流程图，如图 8.11 所示。

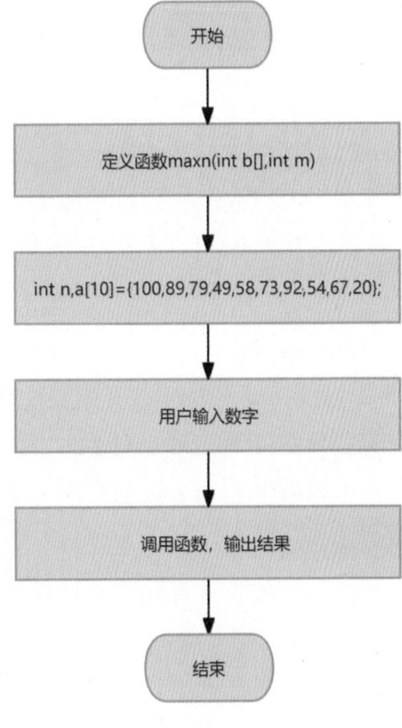

图 8.11　求第 n 大的数流程图

根据流程图，实现求第 n 大的数的功能。编写代码如下：

```
#include<iostream>
using namespace std;
int maxn(int b[],int m)
{
    bool p=true;
    int x,num,i=0;
    while(p)
    {
        x=b[i];
        num=0;
        for(int j=0;j<10;j++)
        {
            if(x<b[j])
            {
                num++;
            }
        }
        if(num==m-1)
        {
            p=false;
        }
        else
        {
            i++;
        }
    }
    return x;
}
int main()
{
    int a[10]={100,89,79,49,58,73,92,54,67,20};
    cout<<" 请输入数字：";
```

```
    int n;
    cin>>n;
    cout<<maxn(a,n)<<endl;
}
```

代码执行后，需要用户输入数字，计算机根据给定的数字输出结果。例如，用户输入2，表示第2大的数，执行过程如下：

```
请输入数字：2
92
```

核心知识点

在C++中，将数组名作为实参传递给函数时，实际上传递的是数组首元素的地址。这意味着实参数组和形参数组共享同一块内存空间，对形参数组进行的修改也会影响到实参数组对应位置的元素值。这种传递方式是因为数组名被解释为指向数组首元素的指针。

思维导图

数组名作为实参的思维导图如图8.12所示。

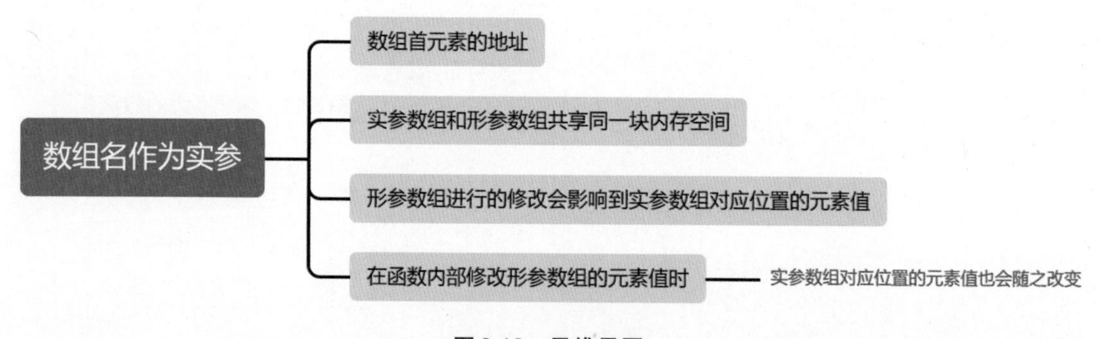

图8.12　思维导图

练一练

（1）在C++中，将数组名作为实参传递给函数时，实际上传递的是数组 __________ 元素的地址。

（2）编写程序，使用数组名作为参数的知识点计算数组a中元素的和，数组a中的元素有10、20、30、40。

8.5 长度单位转换——函数嵌套

长度单位是用于衡量物体的尺寸或距离的度量单位，是人类为了规范长度而制定的。长度单位的国际单位是米（符号m），另外还有一些常用单位，如毫米（mm）、厘米（cm）、分米（dm）、千米（km）、微米（μm）、纳米（nm）等。这些长度单位之间可以相互进行转换，如图8.13所示，可以看到1m=10dm=100cm=1000mm。

千米(km)	米(m)	分米(dm)	厘米(cm)
0.001	1	10	100
毫米(mm)	微米(μm)	里	丈
1000	1000000	0.002	0.3
尺	寸	分	厘
3	30	300	3000
海里(nmi)	英寻	英里(mi)	弗隆(fur)
0.00054	0.5468066	0.0006214	0.004971
码(yd)	英尺(ft)	英寸(in)	
1.0936133	3.2808399	39.3700787	

图 8.13　长度单位转换

试编写一个程序，实现长度单位的转换，具体实现将指定的米转换为厘米和分米。为了使程序有层次感，这里会使用函数的嵌套，其步骤如下。

（1）定义一个将米转换为厘米的函数 mtocm(int num)，其中形参 num 表示转换的米数。

（2）定义一个将米转换为分米的函数 mtodm(int num)，其中形参 num 表示转换的米数。

（3）定义一个转换函数 zhuanhuan(int num)，其中形参 num 表示转换的米数。在此函数中会调用 mtocm(int num) 函数和 mtodm(int num) 函数。

（4）用户输入要转换的米数。

（5）调用 zhuanhuan(int num) 函数，将输入的米数作为实参，实现转换。

根据实现步骤，绘制流程图，如图 8.14 所示。

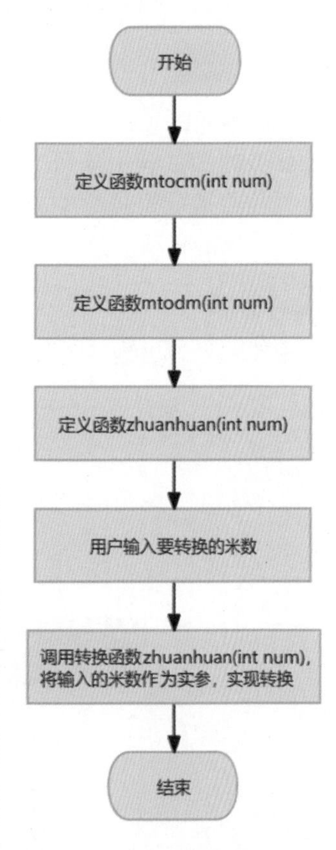

图 8.14　长度单位转换流程图

根据流程图，实现长度单位的转换功能。编写代码如下：

```
#include<iostream>
using namespace std;
int mtocm(int num)
{
    return num*100;
}
int mtodm(int num)
{
    return num*10;
}
void zhuanhuan(int num)
```

```
{
    int mi=mtocm(num);
    cout<<" 米转换为厘米为："<<mi<<endl;
    int fenmi=mtodm(num);
    cout<<" 米转换为分米为："<<fenmi<<endl;
}
int main()
{
    cout<<" 输入要进行转换的米数：";
    int a;
    cin>>a;
    zhuanhuan(a);
}
```

代码执行后，需要用户输入转换的米数，计算机进行转换并输出转换后的结果。例如，输入2，执行过程如下：

```
输入要进行转换的米数：2
米转换为厘米为：200
米转换为分米为：20
```

核心知识点

函数的嵌套是指在一个函数中调用一个或者多个其他函数，这意味着一个函数可以包含其他函数的函数调用语句。当一个函数调用其他函数时，程序的执行流程会跳转到被调用函数，并执行被调用函数中的代码。执行完被调用函数后，程序会返回调用函数的位置，继续执行接下来的代码。这样的过程可以嵌套多层，形成函数的调用链。

思维导图

函数嵌套的思维导图如图8.15所示。

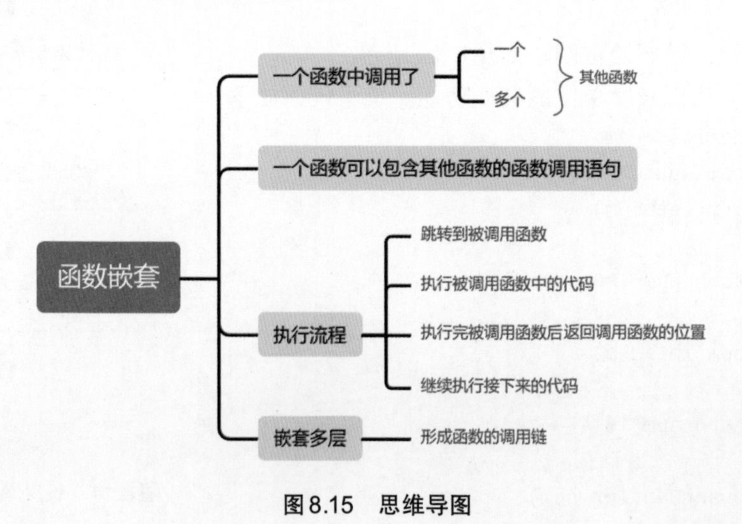

图8.15　思维导图

练一练

（1）函数的嵌套是指在一个函数中调用 ________ 或者多个其他函数。

（2）当一个函数调用其他函数时，程序的执行流程会跳转到 ________ 函数，并执行其中的代码。

8.6 斐波那契数列——递归函数

斐波那契数列(Fibonacci sequence)又称黄金分割数列。数学家莱昂纳多·斐波那契(Leonardo Fibonacci)以兔子繁殖为例引入了该数列，故又称兔子数列。其数值如下：1、1、2、3、5、8、13、21、34、…，即从第3项开始，每一项都等于前两项之和。

试编写一个程序，输出斐波那契数列第n项，其中n由用户进行输入。此程序需要使用递归函数实现，其步骤如下。

（1）定义一个求斐波那契数列指定项的函数fibonacci(int n)，其中形参n表示指定项。

（2）用户输入指定项。

（3）调用fibonacci(int n)函数，获取指定项的内容。

（4）输出指定项的内容。

根据实现步骤，绘制流程图，如图8.16所示。

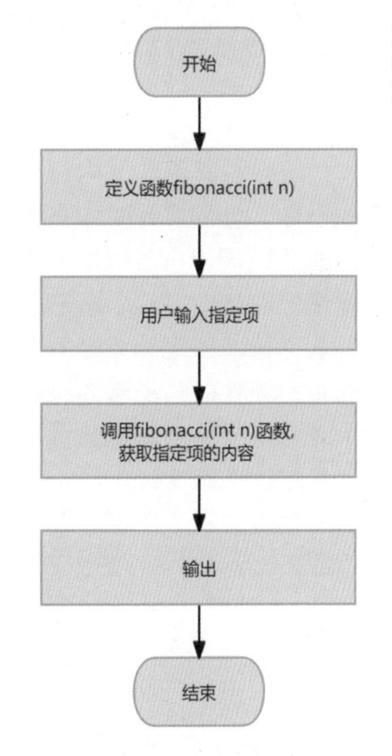

图8.16　输出斐波那契数列第n项流程图

根据流程图，实现输出斐波那契数列第n项的功能。编写代码如下：

```
#include<iostream>
using namespace std;
int fibonacci(int n) {
    if(n==1 || n==2)
    {
        return 1;
    }
    else
    {
        return fibonacci(n-1)+fibonacci(n-2);
    }
}
int main() {
    int n;
```

```
        cout<<" 请输入一个正整数 n，以计算斐波那契数列的第 n 项 ：";
        cin>>n;
        cout<<" 斐波那契数列的第 "<<n<<" 项为 ："<<fibonacci(n)<<endl;
    }
```

代码执行后，需要用户输入数字，计算机输出固定项的元素。例如，输入6，执行过程如下：

```
请输入一个正整数 n，以计算斐波那契数列的第 n 项 ：6
斐波那契数列的第 6 项为 ：8
```

核心知识点

当一个函数在其函数体内调用自身时，称其为递归函数。递归函数内部的程序会重复调用相同的函数，直到满足特定条件才结束递归调用。递归的本质在于函数直接或间接地调用自身，通过不断调用自身解决问题，每次调用传递的参数或计算会逐渐靠近最终答案，直至到达基本情况而终止递归。递归函数通常包含以下两部分。

（1）基本情况（也称为递归终止条件）：递归函数内部检查的条件，如果满足这些条件，则递归终止，并返回一个确定的数值。

（2）递归情况：递归函数内部的语句段，用于调用自身函数，解决更小规模的相同问题，直到满足基本情况而返回。

递归函数的语法形式如下：

```
数据类型 函数名 ( 参数列表 )
{
    if( 终止条件 )
    {
        return 终止条件的值 ;
    }
    else
    {
        return 递归函数 ();
    }
}
```

思维导图

递归函数的思维导图如图8.17所示。

练一练

（1）当一个函数在其函数体内调用自身时，称其为 ________ 函数。

（2）在递归函数中，直至到达 ________ 情况才终止递归。

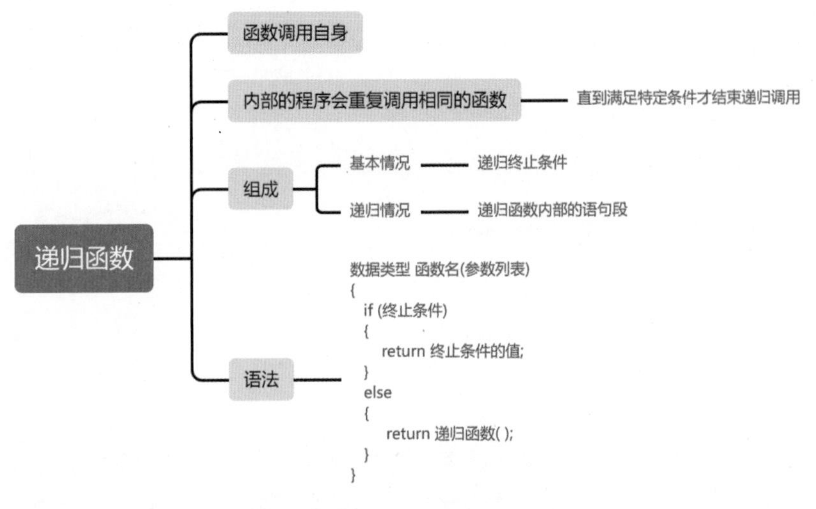

图8.17　思维导图

8.7 小明的排名——变量的作用域

小明在这次考试中排名是第38名，他感到很沮丧。小明觉得自己平时学习非常认真，这次考试也都完成得很好，所以对自己的成绩有着很高的期望。老师在课后看到小明的沮丧表情后安慰道："小明，你这次的成绩其实很不错。"小明疑惑地问道："为什么呢？我在班级里排名第38，已经是垫底了。"老师忍不住哈哈大笑："你弄错了，你是年级第38名，而在班级里你的排名是第2名，你取得了巨大进步！"

这个故事告诉我们，排名有不同的含义，有时需要明确是指班级排名还是年级排名，因为它们的作用域是不一样的，一个是对班级，另一个是对年级，所以只说排名时要弄清是班级排名还是年级排名，以避免产生误解。

试编写一个程序，显示小明的排名。在该程序中需要注意变量的作用域，其步骤如下。

（1）定义一个全局变量 rank，赋值为 38。

（2）定义一个函数 banji()，在函数中定义一个局部变量，赋值为 2。

（3）输出 rank。

根据实现步骤，绘制流程图，如图8.18所示。

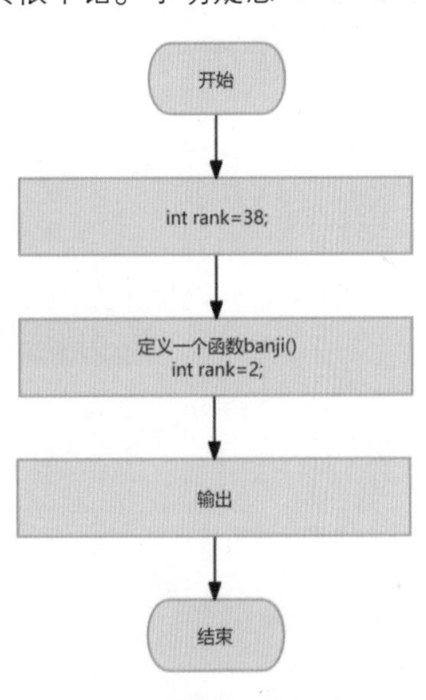

图8.18　输出排名流程图

根据流程图，输出小明的排名。编写代码如下：

```
#include<iostream>
using namespace std;
```

```
int rank=38;
void banji()
{
    int rank=2;
}
int main() {
    cout<<" 小明的排名：" <<rank;
}
```

代码执行后的效果如下：

```
小明的排名：38
```

核心知识点

变量作用域其实就是变量的可用性范围。通常来说，一段程序代码中所用到的名字并不总是有效可用的，而限定该名字可用性的代码范围就是该名字的作用域。作用域的使用可提高程序逻辑的局部性，增强程序的可靠性，减少名字冲突。从作用域角度区分，变量可分为全局变量和局部变量。

（1）全局变量（又称为外部变量）：对整个程序都可以使用的变量，定义在函数或子程序的外部。

（2）局部变量：从字面理解，局部变量就是只能在局部使用的变量，即只能在特定的函数或子程序中访问的变量，其作用域只在此函数内部。

思维导图

变量作用域的思维导图如图8.19所示。

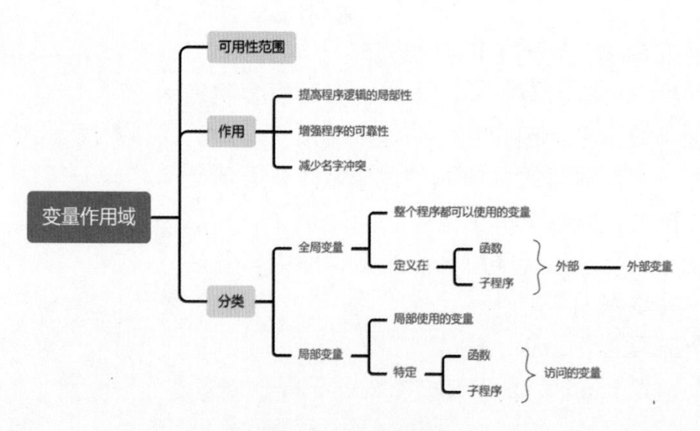

图8.19　思维导图

练一练

（1）从作用域角度区分，变量可分为全局变量和________变量。

（2）全局变量又可以称为________变量。

C++

第 9 章

指　针

在 C++ 中，指针是一种特殊的变量类型，存储的是内存地址，即另一个变量的地址。指针可以用于直接访问和操作内存中的数据，提供了灵活性和强大的功能。本章将对指针进行详细的介绍。

9.1 寻宝之旅——定义指针变量

这一天，尼克得到一张藏宝图，如图9.1所示。在这张藏宝图上标着三个地址，其中只有一个地址中有宝藏。尼克开着他的船踏上了寻宝之旅。

试编写一个程序，完成尼克的寻宝之旅。该程序实现的具体功能描述如下：用户输入藏宝的标号，计算机输出该标号是否有宝藏。此功能需要通过定义指针变量实现，其步骤如下。

（1）定义字符串 st1，赋值为“无宝藏”。

（2）定义字符串 st2，赋值为“有宝藏”。

（3）定义指针变量 p1，将 st1 的地址值赋给 p1，表示标号 1 的地址中无宝藏。

（4）定义指针变量 p2，将 st2 的地址值赋给 p2，表示标号 2 的地址中有宝藏。

（5）定义指针变量 p3，将 st1 的地址值赋给 p3，表示标号 3 的地址中无宝藏。

（6）用户输入标号，用变量 num 存储。

（7）计算机判断用户输入的标号是否有宝藏，并输出相应内容。

根据实现步骤，绘制流程图，如图9.2所示。

图9.1　藏宝图

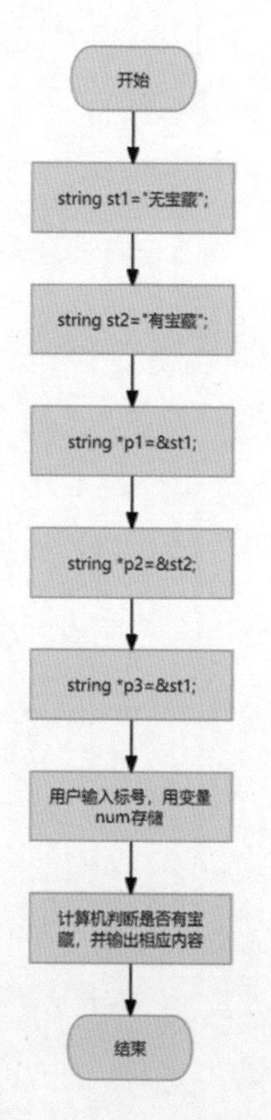

图9.2　寻宝之旅流程图

根据流程图，完成寻宝之旅的程序。编写代码如下：

```
#include <iostream>
#include <string>
using namespace std;
int main()
{
    string st1=" 无宝藏 ";
    string st2=" 有宝藏 ";
    string *p1=&st1;
    string *p2=&st2;
    string *p3=&st1;
    cout<<" 请输入宝藏的标号（1 ~ 3）：";
    int num;
    cin>>num;
    switch(num)
    {
        case 1:
            cout<<*p1<<endl;
            break;
        case 2:
            cout<<*p2<<endl;
            break;
        case 3:
            cout<<*p3<<endl;
            break;
    }
}
```

代码执行后，需要用户输入一个数字，计算机判断是否有宝藏并输出相应的结果。例如，输入2，执行过程如下：

```
请输入宝藏的标号（1 ~ 3）：2
有宝藏
```

核心知识点

在C++中，指针其实就是一个变量，也称为指针变量，其值为另一个变量的地址。使用指针可以间接访问或者修改其指向的变量。要使用指针，首先需要定义指针。定义指针一般分为两步，即声明指针变量和赋值。

指针变量的声明包括数据类型、“*”和变量名三部分，其语法形式如下：

```
数据类型 * 变量名；
```

（1）数据类型要与指代的数据的数据类型相同，是指针移动的基础。

（2）“*”为值引用运算符，为单目运算符，用于返回其操作数所指向对象的值。

（3）变量名即指针变量的名称。指针变量名需要符合标识符的命名规则。

为指针赋值就是将指定数据的地址值存放到指针变量中，其语法形式如下：

```
指针变量名 = & 数据变量名;
```

其中，“&”运算符为取地址运算符，为单目运算符，其作用是返回指定数据的地址值。

注意：为指针变量赋值还可以与声明指针变量同时进行，其语法形式如下：

```
数据类型 * 变量名 =& 数据变量名;
```

思维导图

定义指针变量的思维导图如图9.3所示。

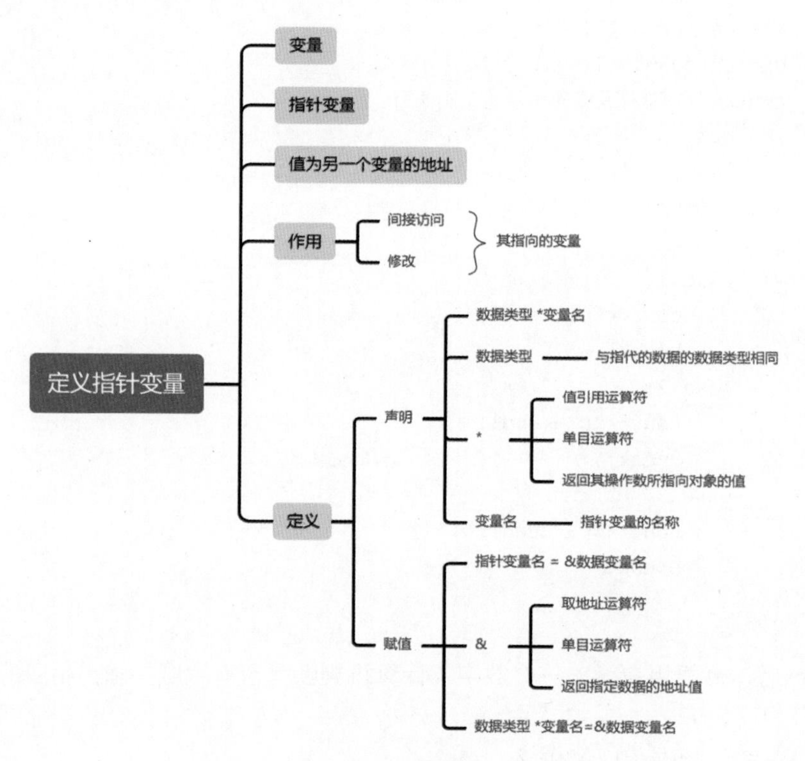

图9.3　思维导图

扩展阅读

在C++中，地址是变量或对象在内存中的位置。每个变量或对象在内存中都有一个唯一的地址，可以通过取地址运算符“&”获取。地址在内存中以十六进制表示，通常表示为一个无符号整数。通过地址，程序可以准确地访问和操作内存中存储的数据。在C++中，地址通常用指针保存和操作。地址值则是用于表示这个位置的数值。

练一练

（1）在C++中，指针其实就是一个________。

（2）指针变量的声明包括数据类型、________和变量名三部分。

9.2 七宝玲珑塔——数组指针

在《西游记》中，孙悟空大闹天宫时，有一位名为托塔天王的人使用他手中的七宝玲珑塔镇压了孙悟空。这件宝塔是一件上古神兵，共有七层，每层都藏有一件神兵，包括三足金乌、瑰仙剑、惊神叽、乾坤尺、天罗伞、净世拂尘和战天刺。这些神兵各自拥有独特的力量和作用，共同构成了七宝玲珑塔的神秘威力，如图9.4所示。

试编写一个程序，输出宝塔中每一层的宝物。此程序可以使用数组指针实现，其步骤如下。

（1）定义数组 pagoda，存储宝塔每一层的宝物。

（2）定义数组指针 p，指向 pagoda 数组。

（3）遍历输出每一层的宝物。

根据实现步骤，绘制流程图，如图9.5所示。

图9.4　托塔天王与七宝玲珑塔

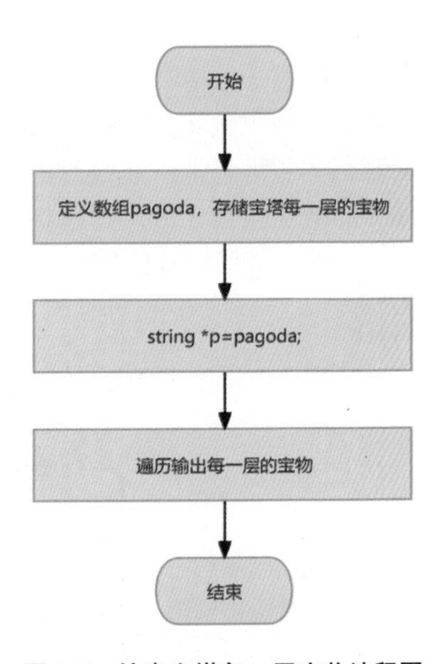

图9.5　输出宝塔每一层宝物流程图

根据流程图，输出宝塔每一层宝物的名称。编写代码如下：

```
#include<iostream>
using namespace std;
int main()
{
    string pagoda[]={"三足金乌","瑰仙剑","惊神叽","乾坤尺","天罗伞","净世拂尘", "战天刺"};
    string *p=pagoda;
    cout<<" 七宝玲珑塔中每层的宝物如下："<<endl;
    for(int i=1;i<=7;i++)
    {
        cout<<*p<<endl;
```

```
            p++;
        }
    }
```

代码执行后的效果如下：

```
七宝玲珑塔中每层的宝物如下：
三足金乌
瑰仙剑
惊神叽
乾坤尺
天罗伞
净世拂尘
战天刺
```

核心知识点

数组指针是指一个指针变量，存储着数组的首地址值，通过指针的位移运算实现对数组中数据的访问。由于数组的名称即为数组的首地址，因此当将指针变量指向数组时，该指针变量存储数组的首地址值。通过对地址值的适当加法运算，可实现对数组中特定位置数据的读取和操作。数组指针允许用户以指针的形式访问数组元素，为操作数组提供了便捷且灵活的方式。

思维导图

数组指针的思维导图如图9.6所示。

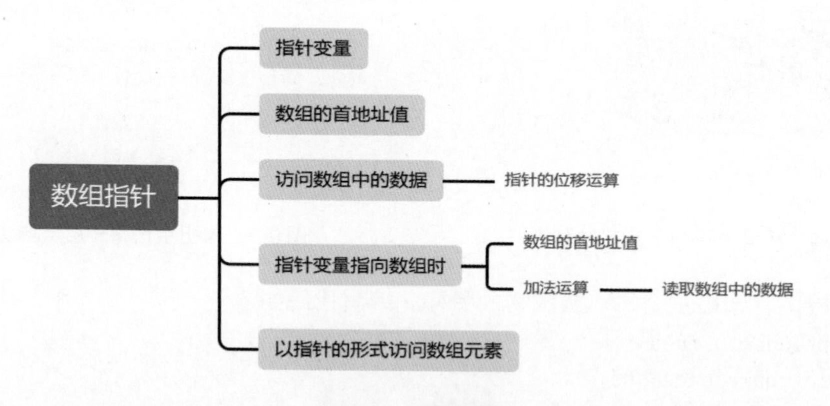

图9.6 思维导图

练一练

（1）数组指针是指一个指针变量，存储着数组的 ________ 值。

（2）将指针变量指向数组时，通过对地址值的适当 ________ 运算，可实现对数组中特定位置数据的读取和操作。

9.3 快递收件员——指针数组

快递员是负责派送包裹和信件等物品的专业人员，如图9.7所示。快递员被分为两类，分别是收件员和派件员。收件员的职责是接收寄件人的包裹或信件，并确保寄件人地址的准确性。为了顺利进行收件工作，收件人首先需要知道寄件人的地址，然后收集寄件人准备邮寄的物品。

试编写一个快递收件员收件的程序。由于需要指定寄件人的地址，根据地址找到对应的邮寄物品，因此需要使用指针数组，其步骤如下。

（1）定义字符串变量 article1，赋值为“冰箱”。

（2）定义字符串变量 article2，赋值为“洗衣机”。

（3）定义字符串变量 article3，赋值为“电视”。

（4）定义字符串变量 article4，赋值为“小型沙发”。

（5）定义指针数组 address，存储要邮寄物品的地址。

（6）输出地址以及邮寄物品。

根据实现步骤，绘制流程图，如图9.8所示。

图9.7 快递员

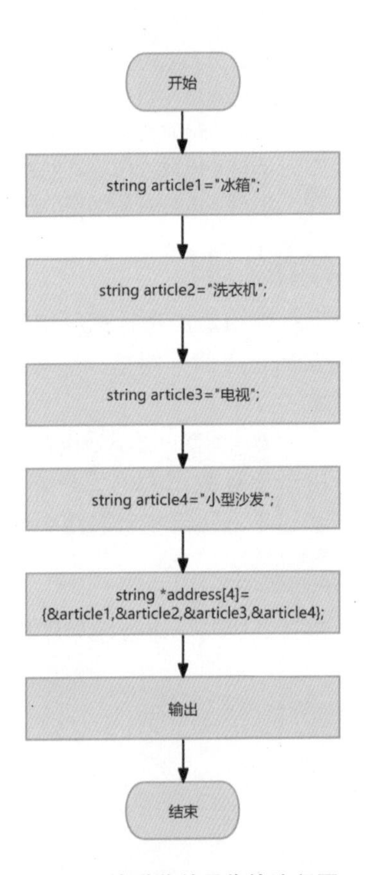

图9.8 快递收件员收件流程图

根据流程图，实现快递收件员收件工作。编写代码如下：

```
#include<iostream>
#include<string>
using namespace std;
int main()
{
    string article1=" 冰箱 ";
    string article2=" 洗衣机 ";
    string article3=" 电视 ";
    string article4=" 小型沙发 ";
    string *address[4]={&article1,&article2,&article3,&article4};
    cout<<" 快递员要收的件如下：" <<endl;
    for(int i=0;i<=3;i++)
    {
        cout<<address[i]<<" 地址要邮寄 "<<*address[i]<<endl;
    }
}
```

代码执行后的效果如下：

```
快递员要收的件如下：
0x6ffe00 地址要邮寄冰箱
0x6ffdf0 地址要邮寄洗衣机
0x6ffde0 地址要邮寄电视
0x6ffdd0 地址要邮寄小型沙发
```

核心知识点

指针数组是由指针构成的数组，每个元素都指向内存中的某个位置。在C++中，指针数组通常用于存储一组指针，可以指向不同数据类型或者不同内存位置。声明指针数组的语法形式如下：

```
数据类型 * 指针数组名 [ 常量表达式 ];
```

由于指针数组中的元素都为指针或指针变量，因此其元素可以为数组名或变量的地址。可以通过下标访问指针数组中的元素，然后通过*操作符获取指针指向的值。

思维导图

指针数组的思维导图如图9.9所示。

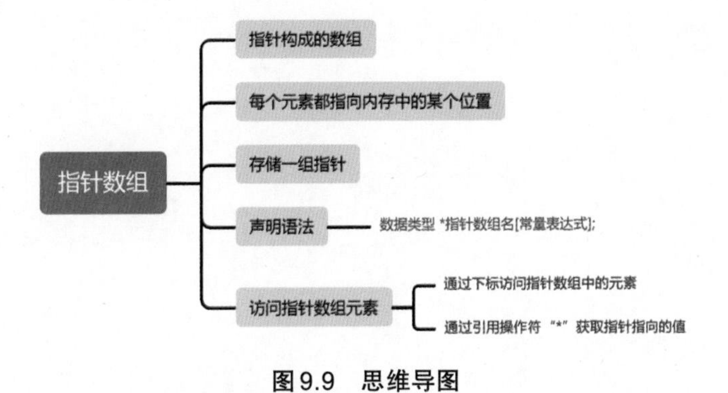

图9.9　思维导图

练一练

（1）指针数组是由 ________ 构成的数组。

（2）可以通过 ________ 访问指针数组中的元素。

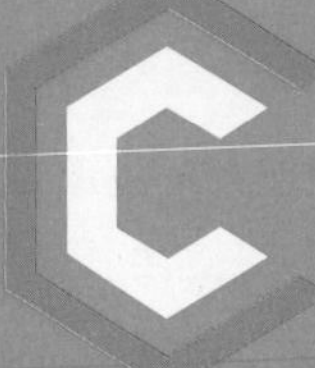

第10章

复合数据类型

在 C++ 中，复合数据类型是指由多个不同类型的数据组合而成的数据类型。常用的复合数据类型包括结构体（struct）、类（class）和枚举（enum）等。这些复合数据类型能够将不同类型的数据组合在一起，以实现更复杂的数据结构和数据组织方式。本章将对复合数据类型中的结构体和枚举进行介绍。

10.1 三只小猪——结构体

从前有三只小猪，它们是兄弟仨。有一天，它们决定离开猪妈妈，各自建造自己的房子。猪老大比较懒惰，选择用稻草搭建房子；猪老二比猪老大勤劳一些，选择用木头建造房子；猪老三非常勤劳，选择用砖块建造坚固的房子，如图10.1所示。不久之后，一只饥饿的大灰狼来了，它想吃掉小猪们。大灰狼依次造访三只小猪的房子，先后吹倒了稻草屋和木屋，但无法吹倒猪老三的砖房。为此，大灰狼想尽各种办法，都被小猪们击退了。最后，大灰狼只能无奈放弃，小猪们则过上了幸福的生活。

试编写一个程序，显示每只小猪建造的房子是什么材料的。由于每只小猪都有自己的名字和建造房子的材料，因此这里可以使用结构体定义一只“小猪”的数据类型，其中包含每只小猪的信息，即名字和建房子的材料。其步骤如下。

（1）定义小猪结构体 Pig，在此结构体中定义两个变量，分别是 name 和 material。

（2）定义结构体变量 pig1，表示第一只小猪。

（3）定义结构体变量 pig2，表示第二只小猪。

（4）定义结构体变量 pig3，表示第三只小猪。

（5）输出每只小猪的名字和建造房子用的材料。

根据实现步骤，绘制流程图，如图10.2所示。

图10.1　三只小猪的房子

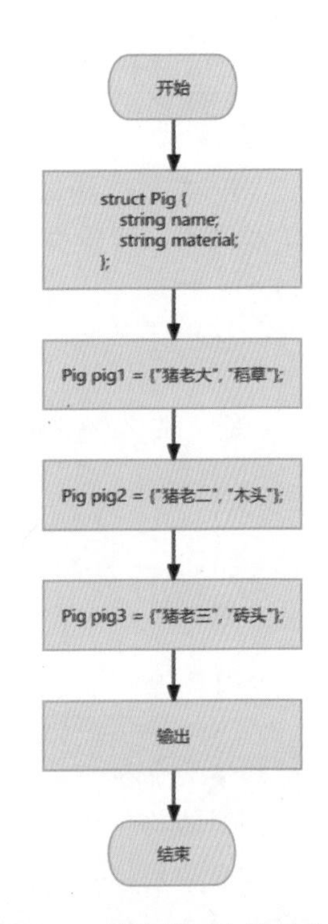

图10.2　输出每只小猪的名字和建造房子用的材料流程图

根据流程图，输出每只小猪的名字和建造房子用的材料。编写代码如下：

```
#include<iostream>
#include<string>
using namespace std;
struct Pig {
    string name;
    string material;
};
int main()
{
    Pig pig1={" 猪老大 ", " 稻草 "};
    Pig pig2={" 猪老二 ", " 木头 "};
    Pig pig3={" 猪老三 ", " 砖头 "};
    cout<<pig1.name<<" 选择用 "<<pig1.material<<" 建造房子。"<<endl;
    cout<<pig2.name<<" 选择用 "<<pig2.material<<" 建造房子。"<< endl;
    cout<<pig3.name<<" 选择用 "<<pig3.material<<" 建造房子。"<< endl;
}
```

代码执行后的效果如下：

```
猪老大选择用稻草建造房子。
猪老二选择用木头建造房子。
猪老三选择用砖头建造房子。
```

核心知识点

在C++中，结构体是一种用户自定义的数据类型，其可以包含多个不同类型的数据项。要使用结构体，需首先定义结构体，然后创建结构体变量。

（1）在C++中，定义结构体的语法形式如下：

```
struct   结构体标识符
{
    成员变量列表；
    ...
};
```

其中，struct为关键字，标明该段代码用于定义结构体。结构体标识符是自定义的数据类型名称，用于表示自定义的结构体名称。该名称应遵循标识符的命名规则。成员变量列表是指要定义的类型数据，每个成员由数据类型和变量名组成，并且每个成员的变量名不能相同。

（2）定义结构体后，通过结构体名称创建结构体变量。创建结构体变量同样包括2个步骤：声明结构体变量和初始化结构体变量。

①声明结构体变量的方式有四种，分别为标准模式声明结构体变量、定义时声明结构体变量、省略结构体名称并声明结构体变量和使用typedef声明结构体变量。

标准模式声明结构体变量：将定义结构体语法与声明结构体变量分开，按照声明普通变量的形式进行声明。在声明变量时，可以一次声明一个或多个变量，各变量之间需要用逗号分隔。其语法形式如下：

```
struct    结构体名称
{
    成员变量列表；
    ...
};
struct 结构体名 结构体变量名 1, 结构体变量名 2, ..., 结构体变量名 n;
```

定义时声明结构体变量：将声明变量的语句写在定义语句的末尾。这时，可以一次声明一个或多个变量，各变量之间需要用逗号分隔。其语法形式如下：

```
struct    结构体名称
{
    成员变量列表；
    ...
} 结构体变量名 1, 结构体变量名 2, ..., 结构体变量名 n;
```

省略结构体名称并声明结构体变量的语法形式如下：

```
struct
{
    成员变量列表；
    ...
} 结构体变量名 1, 结构体变量名 2, ..., 结构体变量名 n;
```

使用 typedef 声明结构体变量的语法形式如下：

```
typedef struct
{
    成员变量列表；
    ...
} 结构体名称；
结构体名称 结构体变量名 1, 结构体变量名 2, ..., 结构体变量名 n;
```

②初始化结构体变量是指依次为结构体内的成员变量赋予初始值。初始化结构体变量的语法形式如下：

```
结构体变量名 ={ 数据 1, 数据 2,..., 数据 n};
```

定义结构体和创建结构体变量后，就可以使用该结构体。其最常见的使用方式是引用结构体变量成员，需要使用点成员运算符（.）。其语法形式如下：

```
结构体变量名 . 成员名
```

助记小词典

struct：structure(结构，发音为 ['strʌktʃər])的简写。

思维导图

结构体的思维导图如图 10.3 所示。

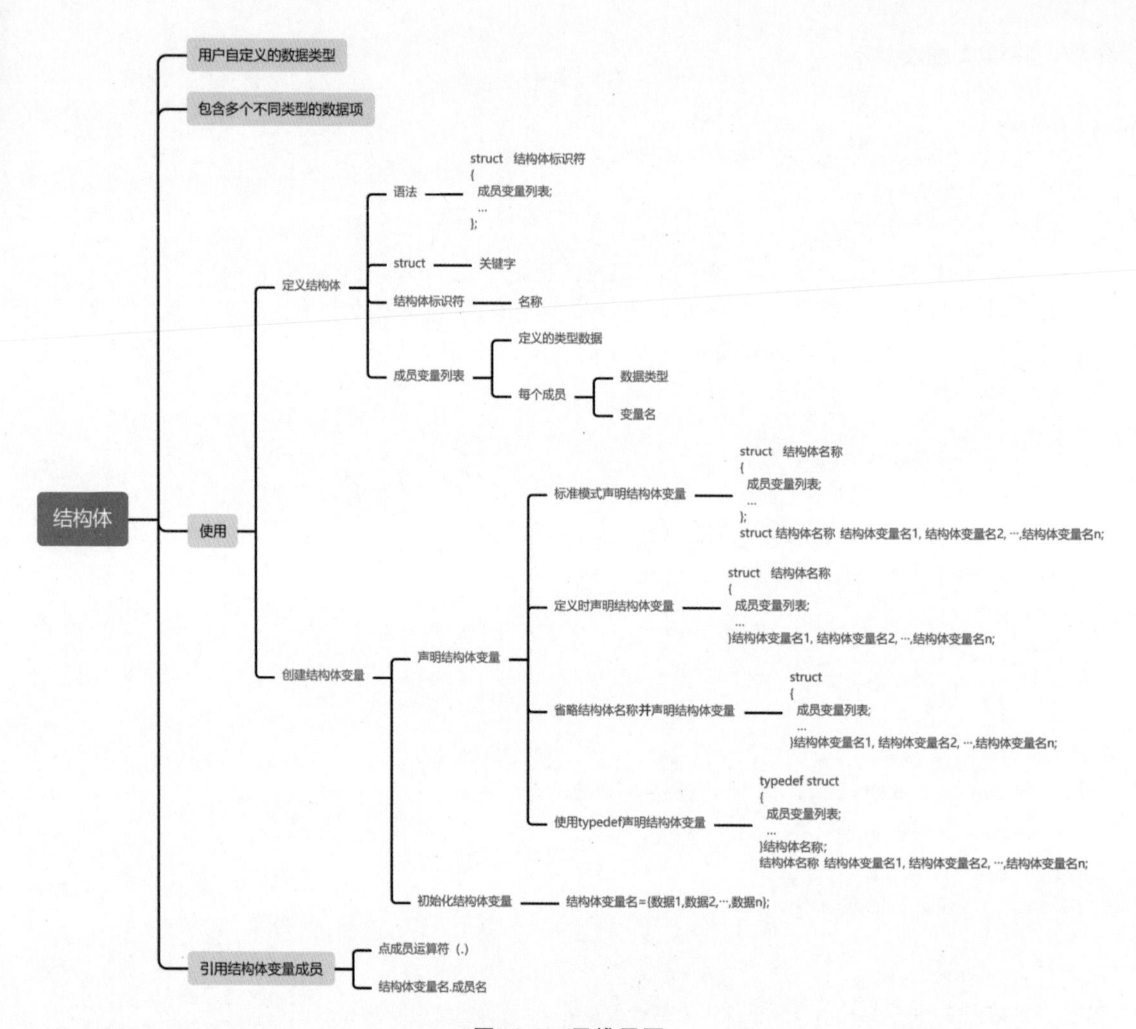

图10.3 思维导图

练一练

（1）在C++中，定义结构体需要使用__________关键字。

（2）引用结构体变量成员，需要使用__________运算符。

10.2 课程表——枚举

课程表是一种简洁的表格，可以为学生提供清晰的课程安排信息，如课程名称和上课时间，如图10.4所示。学生可以通过课程表轻松了解自己每天的学习安排，有助于高效地组织学习时间。

试编写一个程序，用户输入数字，计算机输出数字对应星期的课程表。由于课程表有5天，分别为星期一、星期二、星期三、星期四和星期五，因此可以将这5天定义为一个枚举。通过定义枚举，可以将每个星期的名称与一个整数值进行关联。其步骤如下。

（1）定义枚举 Weekday，其成员为星期一～星期五的英文单词。

（2）用户输入星期的数字，使用变量 today 存储。

（3）计算机进行判断并输出对应的课程表。

根据实现步骤，绘制流程图，如图10.5所示。

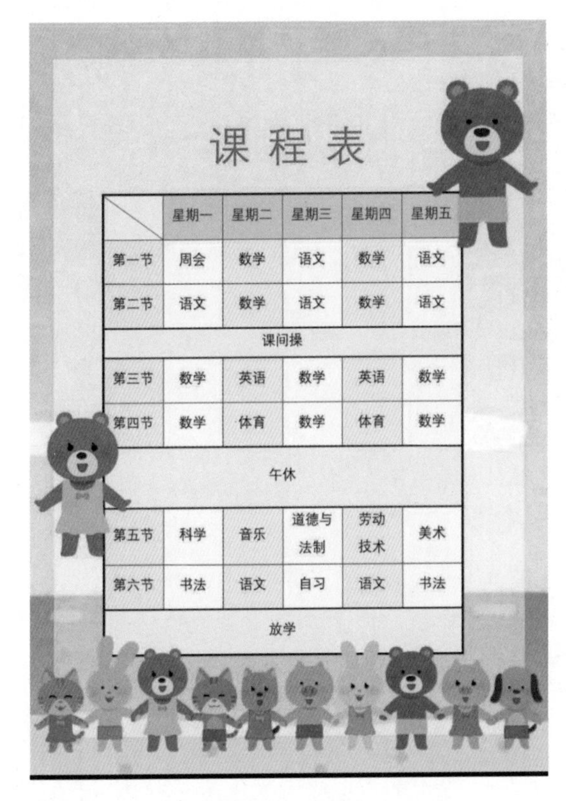

课程表

	星期一	星期二	星期三	星期四	星期五
第一节	周会	数学	语文	数学	语文
第二节	语文	数学	语文	数学	语文
课间操					
第三节	数学	英语	数学	英语	数学
第四节	数学	体育	数学	体育	数学
午休					
第五节	科学	音乐	道德与法制	劳动技术	美术
第六节	书法	语文	自习	语文	书法
放学					

图10.4 课程表

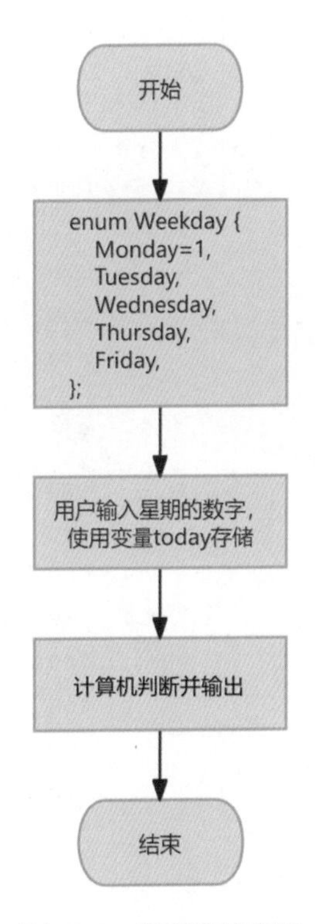

图10.5 课程表流程图

根据流程图，实现课程表程序。编写代码如下：

```
#include<iostream>
using namespace std;
enum Weekday {
    Monday=1,
    Tuesday,
    Wednesday,
    Thursday,
    Friday,
};
int main() {
```

```
cout<<" 输入代表星期的数字（1~5）：";
int today;
cin>>today;
switch (today) {
    case Monday:
        cout<<" 星期一的课程安排 "<<endl;
        cout<<" 周会 "<<endl;
        cout<<" 语文 "<<endl;
        cout<<" 数学 "<<endl;
        cout<<" 数学 "<<endl;
        cout<<" 科学 "<<endl;
        cout<<" 书法 "<<endl;
        break;
    case Tuesday:
        cout<<" 星期二的课程安排 "<<endl;
        cout<<" 数学 "<<endl;
        cout<<" 数学 "<<endl;
        cout<<" 英语 "<<endl;
        cout<<" 体育 "<<endl;
        cout<<" 音乐 "<<endl;
        cout<<" 语文 "<<endl;
        break;
    case Wednesday:
        cout<<" 星期三的课程安排 "<<endl;
        cout<<" 语文 "<<endl;
        cout<<" 语文 "<<endl;
        cout<<" 数学 "<<endl;
        cout<<" 数学 "<<endl;
        cout<<" 道德与法制 "<<endl;
        cout<<" 自习 "<<endl;
        break;
    case Thursday:
        cout<<" 星期四的课程安排 "<<endl;
        cout<<" 数学 "<<endl;
        cout<<" 数学 "<<endl;
        cout<<" 英语 "<<endl;
        cout<<" 体育 "<<endl;
        cout<<" 劳动技术 "<<endl;
        cout<<" 语文 "<<endl;
        break;
    case Friday:
        cout<<" 星期五的课程安排 "<<endl;
```

```
            cout<<" 语文 "<<endl;
            cout<<" 语文 "<<endl;
            cout<<" 数学 "<<endl;
            cout<<" 数学 "<<endl;
            cout<<" 美术 "<<endl;
            cout<<" 书法 "<<endl;
            break;
    }
}
```

代码执行后，需要用户输入数字，计算机判断并输出结果。例如，输入3，执行过程如下：

```
输入代表星期的数字（1~5）：3
星期三的课程安排
语文
语文
数学
数学
道德与法制
自习
```

核心知识点

在C++中，如果一个变量的可能取值为有限个，则可以使用枚举对该变量进行声明。枚举是一种用户自定义的数据类型，用于定义具有一组离散整数值的类型。枚举类型可以帮助程序员编写更清晰、更易读的代码，使程序更具可读性和可维护性。以下是对枚举的具体介绍。

1. 定义枚举类型

枚举类型定义的一般形式如下：

```
enum 枚举标识符 { 常量列表 };
```

其中，常量列表中的每个常量之间用逗号进行分隔。

此外，还可以为枚举常量指定其对应的整型常量数值，其语法形式如下：

```
enum 枚举标识符 { 常量 1=0，常量 2=1,…, 常量 n=n+1};
```

默认情况下，常量的数值从0开始。如果指定了某一个常量的值，其后续的值会以此值依次加1进行自动赋值。

2. 声明枚举变量

声明枚举变量一般有两种方式：一种是先定义枚举类型，再声明枚举变量；另一种是定义枚举类型的同时声明枚举变量。

（1）先定义枚举类型，再声明枚举变量的语法形式如下：

```
enum 枚举标识符 { 常量列表 };
enum 枚举标识符 枚举变量 1,…, 枚举变量 n;
```

（2）定义枚举类型的同时声明枚举变量的语法形式如下：

```
enum 枚举标识符 { 常量列表 } 枚举变量 1,…, 枚举变量 n;
```

枚举变量在声明之后只能初始化枚举类型定义时的常量值，使用赋值运算符“=”实现。

助记小词典

enum：enumeration（枚举，发音为[ɪˌnuːməˈreɪʃn]）的简写。

思维导图

枚举的思维导图如图10.6所示。

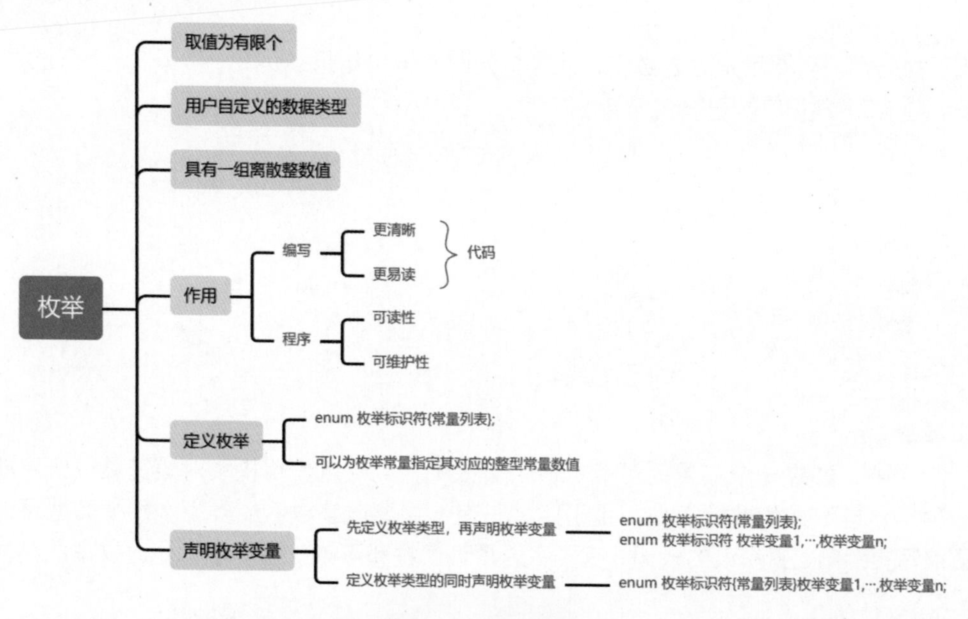

图10.6 思维导图

练一练

（1）枚举用于定义具有一组________整数值的类型。

（2）定义枚举类型需要使用的关键字是________。

C++

第11章

类和对象

在面向对象编程中，类和对象是两个核心概念。类用于描述对象的特征和行为的模板或蓝图，而对象是根据类的定义创建的具体实体。类可以看作一种抽象的概念，其定义了对象应该具备的属性和方法；对象则是这些属性和方法的具体实例，每个对象都具备类所定义的特征和行为。本章将对类和对象进行详细的介绍。

11.1 西瓜的奥秘——定义类

今天在生活与健康教育课中，老师搬来了一个西瓜，如图11.1所示。老师让学生对西瓜进行观察，并对其形状、外观以及西瓜的吃法进行描述。

可以通过一段C++代码形容西瓜的形状、外观以及吃法。由于西瓜是一种常见的水果，因此该问题可以通过定义一个类实现。西瓜是一个类，使用数据成员描述西瓜的形状和外观，使用成员函数描述西瓜的吃法。其步骤如下。

（1）定义西瓜类，名称为WaterMelon。

（2）定义数据成员name，描述名称。

（3）定义数据成员shape，描述形状。

（4）定义数据成员appearance，描述外观。

（5）定义成员函数eat1()，描述西瓜的第一种吃法——生吃。

（6）定义成员函数eat2()，描述西瓜的第二种吃法——榨汁。

（7）定义成员函数eat3()，描述西瓜的第三种吃法——做成沙拉。

根据实现步骤，绘制流程图，如图11.2所示。

图11.1　西瓜

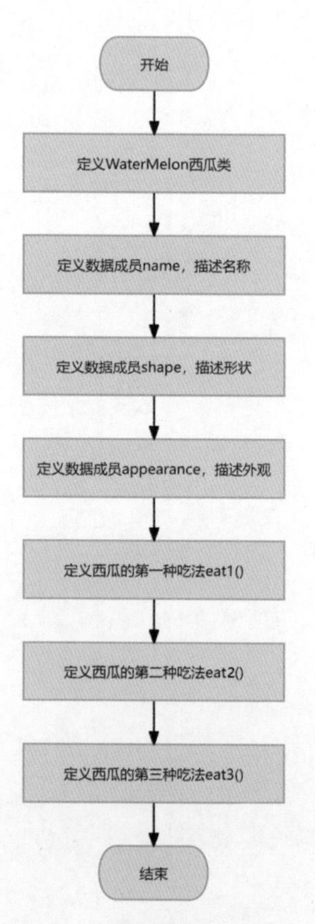

图11.2　描述西瓜流程图

根据流程图，完成程序。编写代码如下：

```
#include<iostream>
#include<string>
using namespace std;
class WaterMelon
{
    string name=" 西瓜 ";
    string shape=" 呈椭圆形或圆形 ";
    string appearance=" 绿色或带有条纹的绿色 ";
    void eat1()
    {
        cout<<" 生吃 "<<endl;
    }
    void eat2()
    {
        cout<<" 榨汁 "<<endl;
    }
    void eat3()
    {
        cout<<" 做成沙拉 "<<endl;
    }
};
```

核心知识点

在C++中，类是用户自定义的数据类型，其可以包含数据成员和成员函数。在使用类之前，首先需要对其进行定义。在C++中，使用关键字class定义类，其语法形式如下：

```
class 类名 {
    访问控制符：
    // 数据成员
    数据类型 数据成员 1;
    数据类型 数据成员 2;
    访问控制符：
    // 成员函数
    函数返回类型 成员函数名 1( 参数列表 )
    {
        函数体
    }
    函数返回类型 成员函数名 2( 参数列表 )
    {
        函数体
    }
    // 其他成员函数
};
```

其中，访问控制符（public、private、protected）控制数据成员和成员函数的访问权限，从而实现对类成员的封装。这种封装机制使得某些属性或行为对外部隐藏，达到了信息隐藏和保护信息安全的目的，同时提供了良好的类接口，隐藏了类的内部实现细节。

（1）public：公有成员，提供类的外部接口，允许类的外部访问者通过该接口访问其修饰的成员。

（2）private：私有成员，表示只能被该类的成员函数访问，即只有类的本身能够访问它，任何类以外的函数都无法对其进行访问。

（3）protected：保护成员，介于公有成员和私有成员之间，在派生和继承时发挥作用。

（4）类中的成员默认是私有的。

数据成员用于描述类的属性或状态，也称为属性。数据成员可以是各种数据类型，包括基本数据类型、复合数据类型（如结构体、数组）或其他类对象。成员函数用于描述类的行为或操作。根据定义语句的位置，定义成员函数的方式分为两种。

（1）在类中定义与声明成员函数，其语法形式如下：

```
class  类名
{
    ...
    函数返回类型 成员函数名1(参数列表)
    {
        函数体
    }
    ...
};
```

（2）在类中声明成员函数，在类外定义成员函数。这种定义方式可以减少类中的代码量，让类的主体看起来更加简洁。其语法形式如下：

```
class  类名
{
    ...
    函数返回类型 成员函数名(参数列表);      //声明成员函数
    ...
};
函数返回类型 类名::成员函数名(参数列表)     //定义成员函数
{
    函数体
}
```

在类外定义成员函数时需要使用作用域运算符（::）。作用域运算符可以表示某个成员属于某个类。

助记小词典

（1）class：种类、类别，发音为 [klæs]。

（2）public：公共的，发音为 [ˈpʌblɪk]。

（3）private：私有的，发音为 [ˈpraɪvɪt]。

（4）protected：受保护的，发音为 [prəˈtektɪd]。

思维导图

定义类的思维导图如图 11.3 所示。

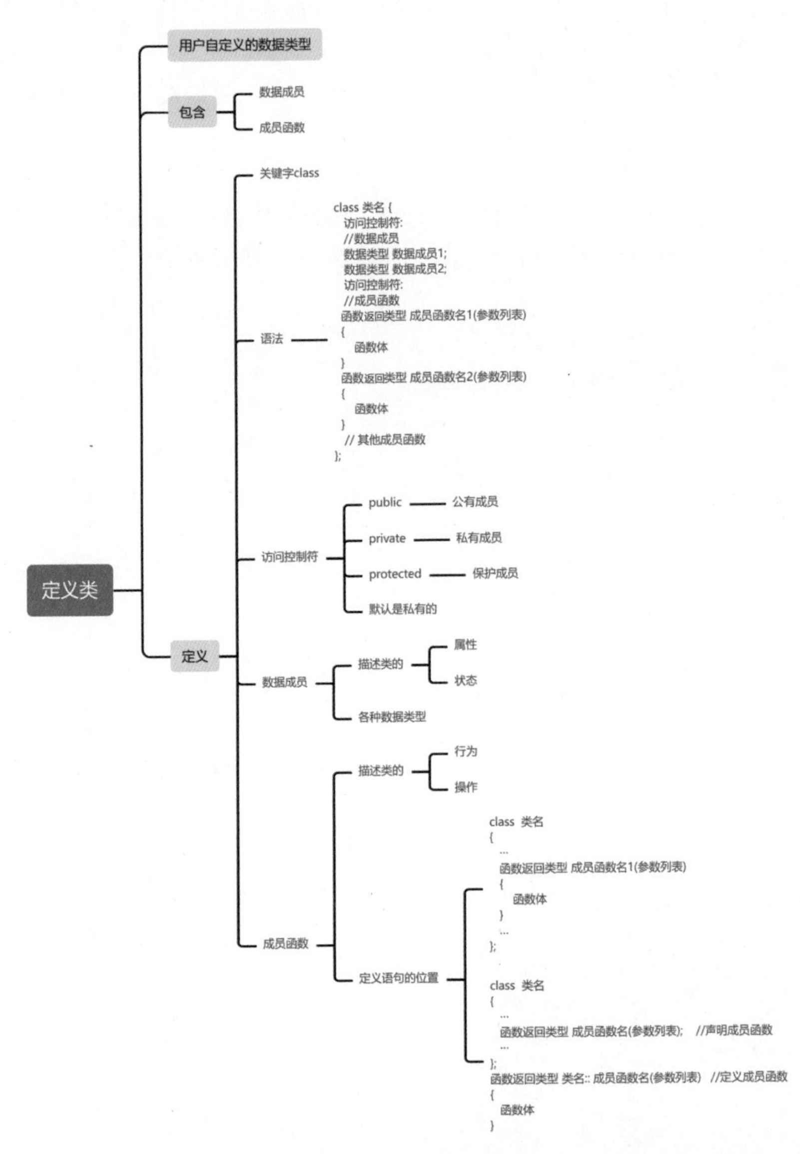

图 11.3　思维导图

练一练

（1）在 C++ 中，类可以包含 ________ 和成员函数。

（2）在 C++ 中，定义类需要使用 ________ 关键字。

11.2 美丽的她——实例化对象

图11.4展示的是一位数学老师，她的名字叫张丽，今年29岁，身高1.68米，留着棕色齐肩发，身材纤瘦，经常戴着一副眼镜。

试编写一个程序，描述这位数学老师。其中，名字、身高、留着棕色齐肩发、身材纤瘦、经常戴着一副眼镜等都是特征。因此，这里可以通过类实例化对象，用对象进行描述。其步骤如下。

（1）定义老师类，类名为Teacher。

（2）定义数据成员name，描述名字；定义数据成员age，描述年龄；定义数据成员height，描述身高；定义数据成员appearance，描述外观，即留着棕色齐肩发、身材纤瘦、经常戴着一副眼镜。

（3）实例化对象，借助对象进行描述。

根据实现步骤，绘制流程图，如图11.5所示。

图11.4　美丽的她

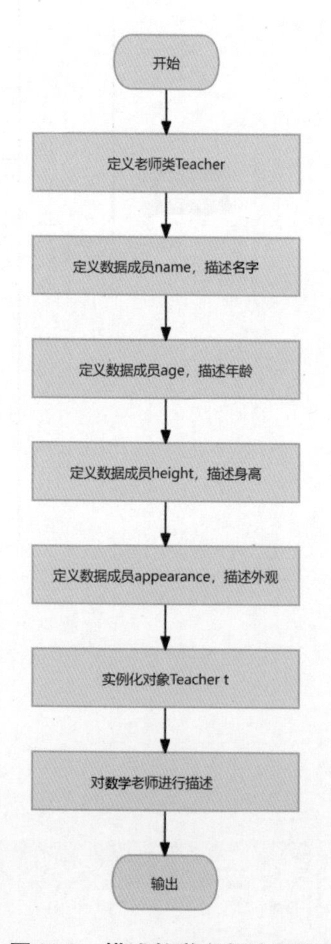

图11.5　描述数学老师流程图

根据流程图，实现描述数学老师功能。编写代码如下：

```
#include<iostream>
#include<string>
using namespace std;
class Teacher
{
    public:
        string name="张丽";
        int age=29;
        float height=1.68;
        string appearance="留着棕色齐肩发、身材纤瘦、经常戴着一副眼镜";
};
int main()
{
    Teacher t;
    cout<<"名字叫："<<t.name<<endl;
    cout<<"年龄为："<<t.age<<endl;
    cout<<"身高为："<<t.height<<endl;
    cout<<"外观："<<t.appearance<<endl;
}
```

代码执行后的效果如下：

```
名字叫：张丽
年龄为：29
身高为：1.68
外观：留着棕色齐肩发、身材纤瘦、经常戴着一副眼镜
```

核心知识点

在C++中，实例化对象是基于类的定义创建具体对象实例的过程。对象是类的实例，因此在实例化对象之前，必须先有一个已经定义好的类，然后才能使用该类实例化对象。实例化对象的语法形式如下：

```
类名  对象名(参数表);
```

实例化对象后，对象就会拥有类定义的public修饰的数据成员和成员函数。对象可以通过"."运算符和"->"运算符访问自己的成员。访问数据成员的语法形式如下：

```
对象名.数据成员名;
```

或使用指针对象访问数据成员，语法形式如下：

```
对象名->数据成员名;
```

访问成员函数的语法形式如下：

```
对象名.成员函数名(参数列表);
```

或使用指针对象访问成员函数，语法形式如下：

```
对象名->成员函数名(参数列表);
```

思维导图

实例化对象的思维导图如图11.6所示。

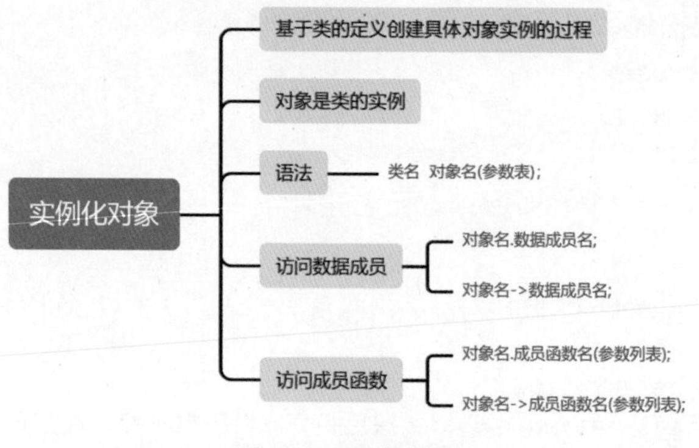

图11.6 思维导图

练一练

（1）在C++中，实例化对象是指基于类的定义创建具体________实例的过程。

（2）实例化对象后，对象就会拥有类定义的________修饰的数据成员和成员函数。

11.3 齐天大圣72变——构造函数

在《西游记》中，本领最大的当属齐天大圣孙悟空了。他拥有七十二般变化的神通，可以将自己变成任何形象，堪称变化之术的最高境界。如图11.7所示，孙悟空变为了桃子、风火轮、庙宇、如意金箍棒和袋子。

图11.7 齐天大圣72变

试编写一个程序，描述图11.7中孙悟空变化的这5个事物，需要指明名称、外观等。由于这些都是孙悟空变化的不同事物，因此可以定义一个孙悟空类，将变化后的事物通过实例化对象进行描述。由于是不同的对象，因此可以使用构造函数实现初始化。其步骤如下。

（1）定义孙悟空类，类名为SunWukong。

（2）定义数据成员name，描述名称；定义数据成员appearance，描述外观。

（3）定义构造函数。

（4）实例化对象peach、wheel、temple、stick和bag，并通过构造函数进行初始化，通过对象进行描述。

根据实现步骤，绘制流程图，如图11.8所示。

根据流程图，实现描述孙悟空的变化的功能。编写代码如下：

```
#include<iostream>
#include<string>
using namespace std;
class SunWukong
{
    public:
        string name;
        string appearance;
    public:
        SunWukong(string n,string a)
        {
            name=n;
            appearance=a;
        }
};
int main()
{
    cout<<"------ 第 1 个变化的事物 ------"<<endl;
    SunWukong peach("桃子","红色的,圆形的水果");
    cout<<"事物名称为："<<peach.name<<endl;
    cout<<"事物的外观："<<peach.appearance<<endl;
    cout<<"------ 第 2 个变化的事物 ------"<<endl;
    SunWukong wheel("风火轮", "圆形，闪耀着
    火光的法器");
    cout<<"事物名称为："<<wheel.name<<endl;
    cout<<"事物的外观："<<wheel.appearance<<endl;
    cout<<"------ 第 3 个变化的事物 ------"<<endl;
    SunWukong temple("庙宇", "巍峨宏伟的建筑");
    cout<<"事物名称为："<<temple.name<<endl;
    cout<<"事物的外观："<<temple.appearance<<endl;
    cout<<"------ 第 4 个变化的事物 ------"<<endl;
    SunWukong stick("如意金箍棒", "通体黄金，
    散发着神秘光芒");
    cout<<"事物名称为："<<stick.name<<endl;
    cout<<"事物的外观："<<stick.appearance<<endl;
    cout<<"------ 第 5 个变化的事物 ------"<<endl;
    SunWukong bag("袋子", "一只普通的布袋");
    cout<<"事物名称为："<<bag.name<<endl;
    cout<<"事物的外观："<<bag.appearance<<endl;
}
```

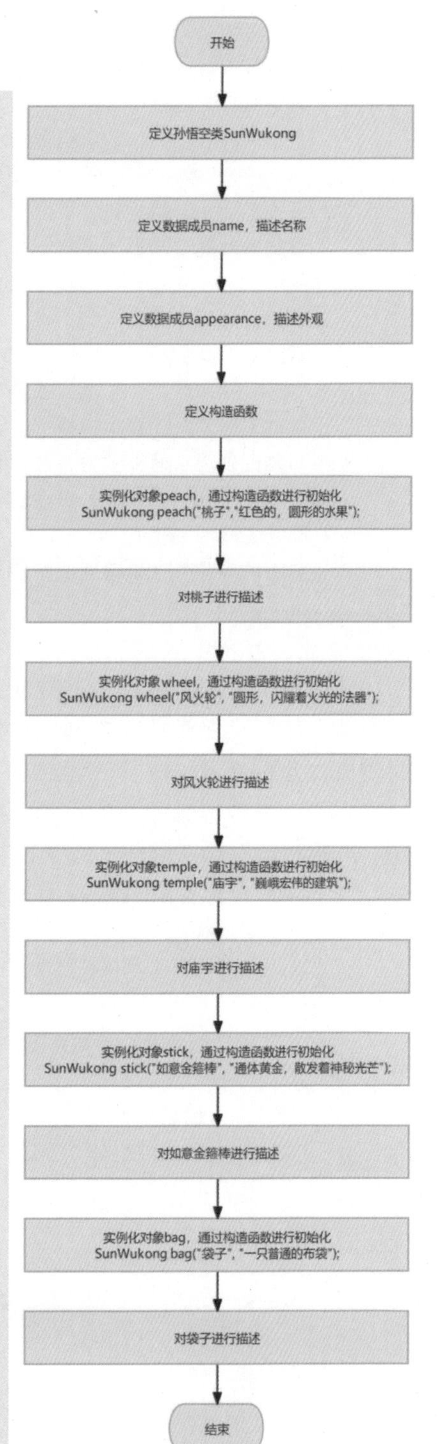

图 11.8　描述孙悟空的变化流程图

代码执行后的效果如下：

```
---------------- 第 1 个变化的事物 ----------------
事物名称为：桃子
事物的外观：红色的，圆形的水果
---------------- 第 2 个变化的事物 ----------------
事物名称为：风火轮
事物的外观：圆形，闪耀着火光的法器
---------------- 第 3 个变化的事物 ----------------
事物名称为：庙宇
事物的外观：巍峨宏伟的建筑
---------------- 第 4 个变化的事物 ----------------
事物名称为：如意金箍棒
事物的外观：通体黄金，散发着神秘光芒
---------------- 第 5 个变化的事物 ----------------
事物名称为：袋子
事物的外观：一只普通的布袋
```

核心知识点

构造函数在创建对象时对对象进行初始化。当用户创建一个类的新对象时，构造函数会被调用，其可确保对象在被创建时具有适当的初始状态。构造函数可以用于初始化对象的数据成员，分配资源，进行一些必要的设置操作，确保新创建的对象能够正常工作。构造函数的声明和定义与普通函数成员的声明和定义类似，只是构造函数的名称应与类的名称完全相同。声明和定义构造函数有以下两种方式。

（1）在类中定义与声明构造函数，其语法形式如下：

```
class  类名
{
    ⋮
    构造函数名（参数列表）
    {
        函数体
    }
    ⋮
};
```

（2）在类中声明构造函数，在类外定义成员函数。其语法形式如下：

```
class  类名
{
    ⋮
    构造函数名（参数列表）;            //声明构造函数
    ⋮
};
类名::构造函数名（参数列表）          //定义构造函数
```

```
{
    函数体
}
```

构造函数也属于函数，所以函数的参数可以根据需求进行添加或删除。

思维导图

构造函数的思维导图如图11.9所示。

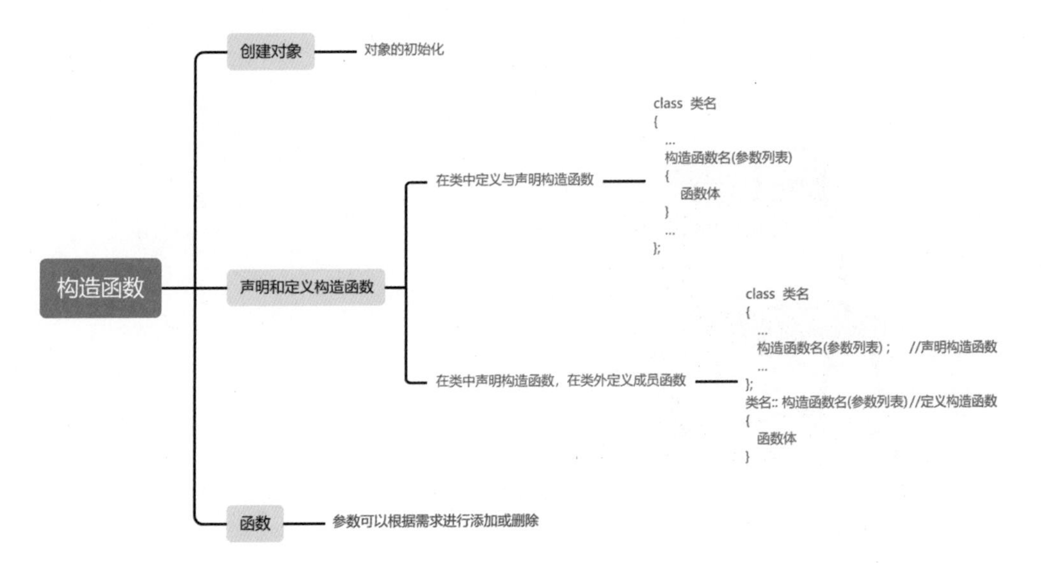

图11.9 思维导图

练一练

（1）构造函数的作用是在创建对象时对对象进行 ________。

（2）在C++中，构造函数的名称应与 _____ 的名称完全相同。

11.4 折叠椅——析构函数

图11.10展示的是一个折叠椅。折叠椅是一种可折叠、便携的座椅，特点是可以方便地收缩成小巧的体积。折叠椅的设计使其成为户外活动的理想选择，如露营、野餐、钓鱼和露天音乐会。另外，折叠椅也适用于旅行和野外探险，为人们提供了方便携带的座位选择。当需要使用折叠椅时，只需将其展开即可；而在不使用时，可以将其轻松地折叠起来，方便存储和携带。折叠椅的便携性和实用性使其成为人们在户外活动中常用的休息工具，无论是享受户外美食、观赏演出还是欣赏大自然的美景，折叠椅都能为人们提供舒适的体验。

编写一个折叠椅的程序，当使用时打开折叠椅，不使用时将折叠椅进行折叠。在此程序中，可以将折叠椅看作一个类，其中打开折叠椅是对其的一种操作；而将折叠椅折叠表示不再使用折叠椅，在C++中，这种功能可以使用析构函数实现。其步骤如下。

（1）定义折叠椅类，类名为 Chair。

（2）定义成员函数 open()，表示打开折叠椅的操作。

（3）定义析构函数，表示折叠折叠椅的操作。

（4）实例化对象，借助对象实现折叠椅的打开和折叠。

根据实现步骤，绘制流程图，如图11.11所示。

图11.10　折叠椅

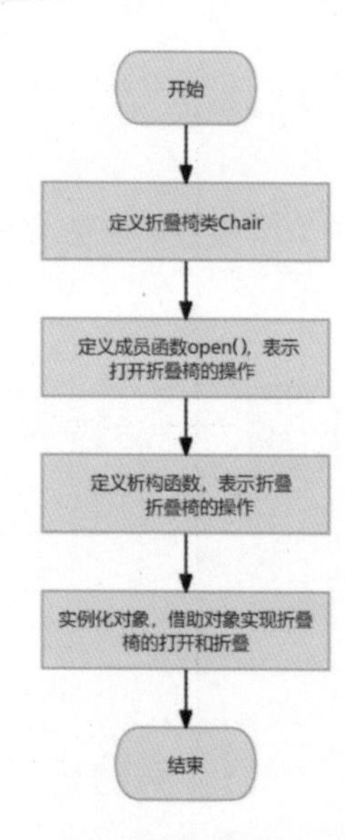

图11.11　折叠椅的打开和折叠流程图

根据流程图，实现折叠椅的功能。编写代码如下：

```
#include<iostream>
using namespace std;
class Chair
{
    public:
        void open()
        {
            cout<<" 打开折叠椅 "<<endl;
        }
        ~Chair()
        {
            cout<<" 折叠折叠椅 "<<endl;
        }
};
int main()
{
    Chair c;
```

```
        c.open();
    }
```

代码执行后的效果如下：

```
打开折叠椅
折叠折叠椅
```

核心知识点

析构函数在面向对象编程中起到了重要的作用。其主要用于释放对象在其生命周期内所分配的资源，清理对象所占用的内存空间，并执行一些必要的清理操作。在C++中，析构函数的名称和类名相同，不过其前面必须加求反符号(~)，用来与构造函数进行区分。析构函数没有返回值类型，如果用户不指定，系统会自动创建并调用析构函数。

析构函数的声明语法形式如下：

```
class 类名
{
    ~析构函数名();
    ...
};
```

析构函数是特殊的成员函数，可以在类中声明和实现，也可以在类外实现，并且一个类中只能有一个析构函数。析构函数会在销毁对象时自动被系统调用。

思维导图

析构函数的思维导图如图11.12所示。

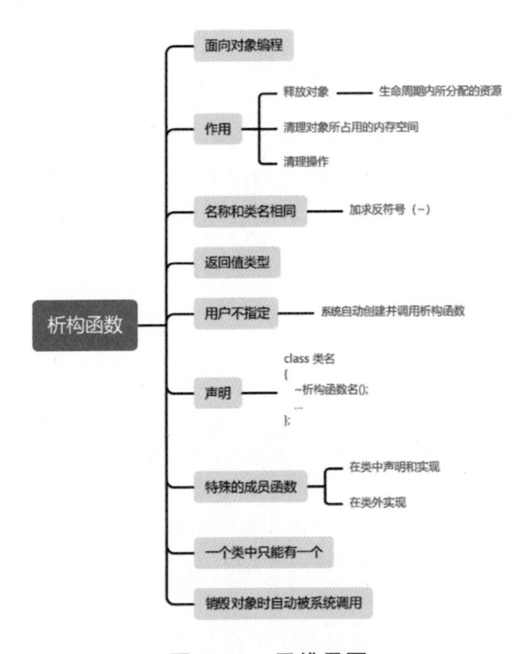

图11.12　思维导图

练一练

（1）在 C++ 中，析构函数的名称和 ______ 名相同。

（2）析构函数会在 ________ 对象时自动被系统调用。

11.5 新生登记——对象数组

当学生进入一所新学校时，通常会被要求填写一份登记表，以便老师能够快速、全面地了解学生。新生登记表包括3个必填项，分别是学生的姓名、年龄和爱好。有了这些信息，老师可以更好地与学生建立联系，并了解他们的个人背景和兴趣爱好。

试编写一个程序，完成3个新生的登记和输出。由于登记的项目一样，因此可以定义一个Student类，并使用数组对象实现3个新生的登记和输出。其步骤如下。

（1）定义学生类，类名为 Student。

（2）定义数据成员 name，描述姓名。

（3）定义数据成员 age，描述年龄。

（4）定义数据成员 hobby，描述爱好。

（5）定义成员函数 set()，设置姓名、年龄和爱好。

（6）定义成员函数 print()，输出姓名、年龄和爱好。

（7）实例化对象数组。

（8）遍历输入 3 个新生的信息。

（9）遍历输出 3 个新生的信息。

根据实现步骤，绘制流程图，如图11.13所示。

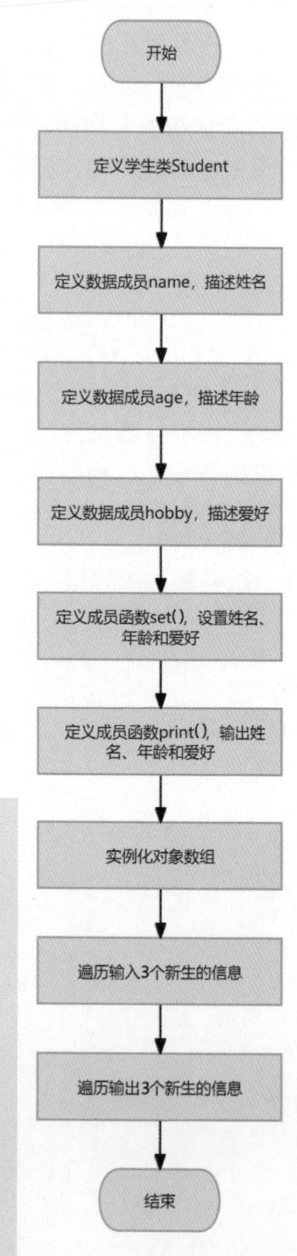

图11.13　新生登记流程图

根据流程图，实现新生登记的功能。编写代码如下：

```
#include<iostream>
#include<string>
using namespace std;
class Student
{
    public:
        string name;
        int age;
        string hobby;
    public:
        void set(string n,int a,string h)
        {
            name=n;
            age=a;
```

```
            hobby=h;
        }
        void print()
        {
            cout<<" 姓名 : "<<name<<"   年龄 : "<<age<<"   爱好 : "<<hobby<<endl;
        }
};
int main()
{
    Student st[3];
    for(int i=0;i<3;i++)
    {
        string name;
        cin>>name;
        int age;
        cin>>age;
        string hobby;
        cin>>hobby;
        st[i].set(name,age,hobby);
    }
    for(int i=0;i<3;i++)
    {
        st[i].print();
    }

}
```

代码执行后，需要用户输入学生信息，并由计算机输出。这里，输入的3个学生的信息分别是“张三 18 游泳”“李四 19 跑步”“王五 20 跳舞”，计算机输出结果，执行过程如下：

```
张三
18
游泳
李四
19
跑步
王五
20
跳舞
姓名 : 张三   年龄 : 18   爱好 : 游泳
姓名 : 李四   年龄 : 19   爱好 : 跑步
姓名 : 王五   年龄 : 20   爱好 : 跳舞
```

核心知识点

对象数组是由类实例的对象构成的数组类型，对象数组中的每个元素都是一个对象。声明和使用对象数组的步骤如下。

（1）定义类：定义一个类，描述对象的属性和行为。用于描述对象数组的类可以在类中定义数据成员和成员函数。

（2）声明对象数组：在适当的作用域内，通过声明对象数组创建一组对象。声明对象数组时需要指定数组的大小。其语法形式如下：

```
类名 对象数组名 [ 大小 ]
```

（3）访问对象数组：可以使用下标操作符“[]”访问对象数组中的特定对象，下标从0开始。其语法形式如下：

```
对象数组名 [ 下标 ]
```

（4）访问对象数组的成员。其语法形式如下：

```
对象数组名 [ 下标 ]. 成员名
```

（5）对象数组的初始化：可以使用初始化列表或循环遍历的方式对对象数组进行初始化。其中，使用初始化列表方式对对象数组进行初始化的语法形式如下：

```
类名 对象数组名 [ 大小 ]={ 类名 ( 实参列表 ),…, 类名 ( 实参列表 )}
```

使用循环遍历方式对对象数组进行初始化的语法形式如下：

```
for(int i = 0; i < 对象数组大小 ; i++) {
    // 初始化每个对象
}
```

（6）只对对象数组的某个成员进行初始化。其语法形式如下：

```
对象数组名 [ 下标 ]= 类名 ( 实参列表 )
```

思维导图

对象数组的思维导图如图11.14所示。

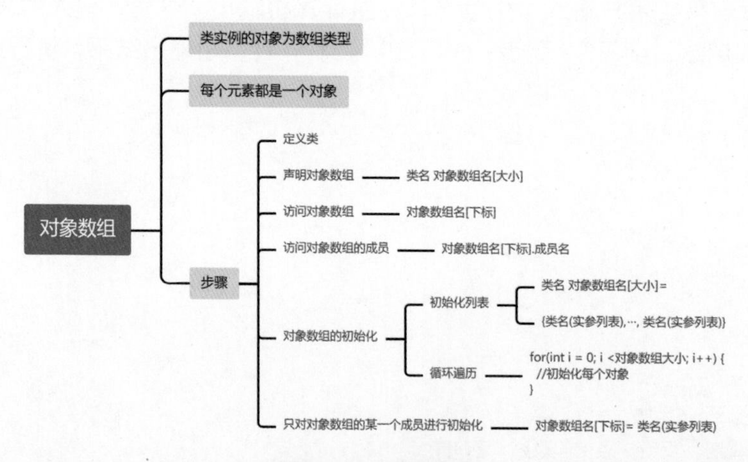

图11.14　思维导图

练一练

（1）由类实例的对象构成的对象数组为 ________ 类型。

（2）可以使用 ______ 操作符访问对象数组中的特定对象。

第12章

继承与派生

在 C++ 中，继承是面向对象编程的一个重要概念，其允许用户在已有类的基础上创建新的类。通过继承，新的类不仅可以访问和重用基类（原有类）的数据成员和成员函数，还可以扩展基类的功能，从而实现代码的重用和扩展。继承是面向对象编程中实现代码复用和抽象的关键机制之一。本章将对继承与派生进行详细的介绍。

12.1 鱼类的共同特点和行为——类的继承和派生

鱼类是最古老的脊椎动物，它们可以分为两个总纲：无颌总纲和有颌总纲。无颌总纲包括圆口纲和甲胄鱼纲，而有颌总纲包括盾皮鱼纲、软骨鱼纲和辐鳍鱼纲。无论是无颌总纲还是有颌总纲的鱼类，它们都具有一些共同的特点和行为。首先，鱼类需要生活在水中，这是它们的共同特点；其次，鱼类都具备游泳的能力，这是它们的共同行为。无论是用圆口进行吸食还是用颌进行咬合，鱼类都离不开水，以满足它们的生活和运动需求。因此，生活在水中和游泳是鱼类共同的特点和行为。

试编写一个程序，描述无颌总纲和有颌总纲的鱼所拥有的特点和行为。由于无颌总纲的鱼和有颌总纲的鱼拥有的行为和特点都是鱼类拥有的特点和行为，因此可以通过类的继承实现，其步骤如下。

（1）定义鱼类，类名为 Fish。使用数据成员描述生长环境，使用成员函数描述会游泳这一行为。

（2）定义一个无颌总纲类，类名为 Agnatha，该类继承 Fish 类中的特点和行为。

（3）定义一个有颌总纲类，类名为 Gnathostomata，该类继承 Fish 类中的特点和行为。

（4）无颌总纲类实例化对象，并输出无颌总纲的鱼类的特点和行为。

（5）有颌总纲类实例化对象，并输出有颌总纲的鱼类的特点和行为。

根据实现步骤，绘制流程图，如图 12.1 所示。

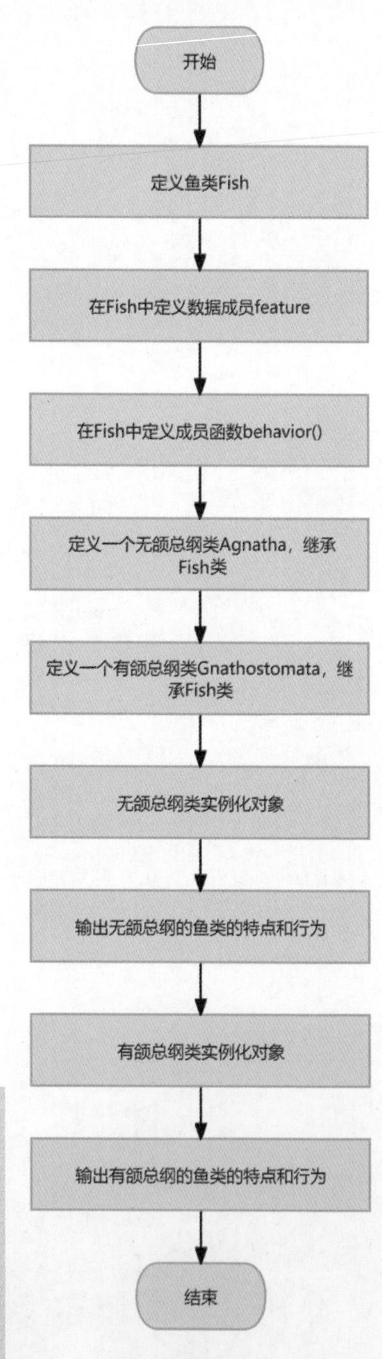

图 12.1 输出鱼类的共同特点和行为流程图

根据流程图，输出鱼类的共同特点和行为。编写代码如下：

```
#include<iostream>
using namespace std;
class Fish
{
    public:
        string feature=" 生活在水里 ";
        void behavior()
        {
            cout<<" 会游泳 "<<endl;
```

```
        }
};
class Agnatha:public Fish
{
    public:
        string name="无颌总纲的鱼";
};
class Gnathostomata:public Fish
{
    public:
        string name="有颌总纲的鱼";
};
int main()
{
    Agnatha a;
    cout<<"----------------"<<a.name<<"----------------"<<endl;
    cout<<a.feature<<endl;
    a.behavior();
    Gnathostomata g;
    cout<<"----------------"<<g.name<<"----------------"<<endl;
    cout<<g.feature<<endl;
    g.behavior();
}
```

代码执行后的效果如下：

```
----------------无颌总纲的鱼----------------
生活在水里
会游泳
----------------有颌总纲的鱼----------------
生活在水里
会游泳
```

核心知识点

在C++中，继承是指一个新类直接从另一基础类(原有类)中继承数据成员和成员函数。基础类也可以称为父类或基类，新类可以称为子类或派生类。

声明父类的方式其实就是声明一个普通的类。声明派生类的语法形式如下：

```
class 派生类名：继承方式 基类名
{
    派生类新定义成员；
}
```

（1）class：关键字，表示声明的是类。

（2）派生类名：新类的名称。

（3）继承方式：包括public（公有继承）、private（私有继承）与protected（保护继承）三种。以下是对这三种继承方式的介绍。

①公有继承：基类的公有成员在派生类中仍然是公有的，并且可以通过派生类对象直接访问。

②私有继承：基类的公有成员在派生类中变为私有的，无法通过派生类对象直接访问。

③保护继承：基类的公有成员在派生类中变为受保护的，只能被派生类对象访问和继承。这种继承关系类似于私有继承，但在派生类的派生类中可以访问基类的成员。

（4）基类名：父类的名称，必须是存在的类。

（5）派生类新定义成员：除了从基类继承的数据成员和成员函数外，在派生类中还可以定义属于自己的数据成员和成员函数等成员对象。

思维导图

类的继承和派生的思维导图如图12.2所示。

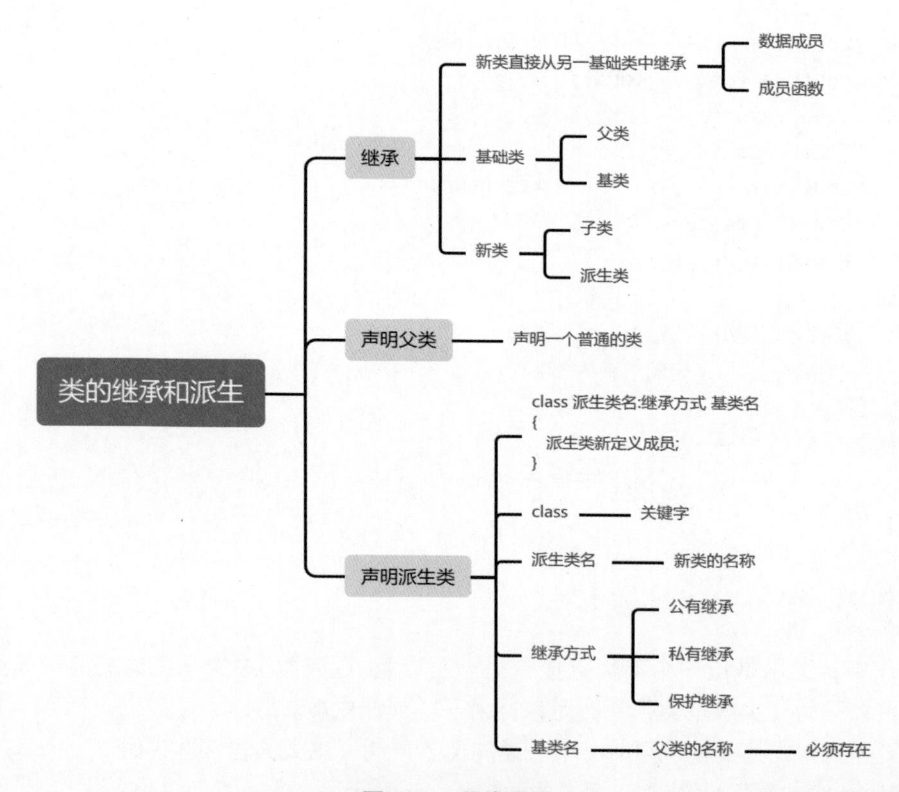

图12.2 思维导图

练一练

（1）在C++语言中，基础类也可以称为________或基类。

（2）继承方式包括________、私有继承与保护继承。

12.2 体育生——多重继承

体育生是练体育的特长生，包括初中生和高中生。体育生既是学生，也是运动员，所以其共享学生的一些行为，也共享运动员的一些行为。

试编写一个程序，描述体育生的行为。由于体育生拥有学生的行为和运动员的行为，因此需要通过多重继承实现。其步骤如下。

（1）定义学生类，类名为 Student。使用成员函数描述学生需要学习和写作业等行为。

（2）定义运动员类，类名为 Athlete。使用成员函数描述运动员需要训练和参加比赛等行为。

（3）定义一个体育生类，类名为 SportStudent，该类继承 Student 和 Athlete 类中的特点和行为。

（4）体育生类实例化对象，并输出体育生的行为。

根据实现步骤，绘制流程图，如图 12.3 所示。

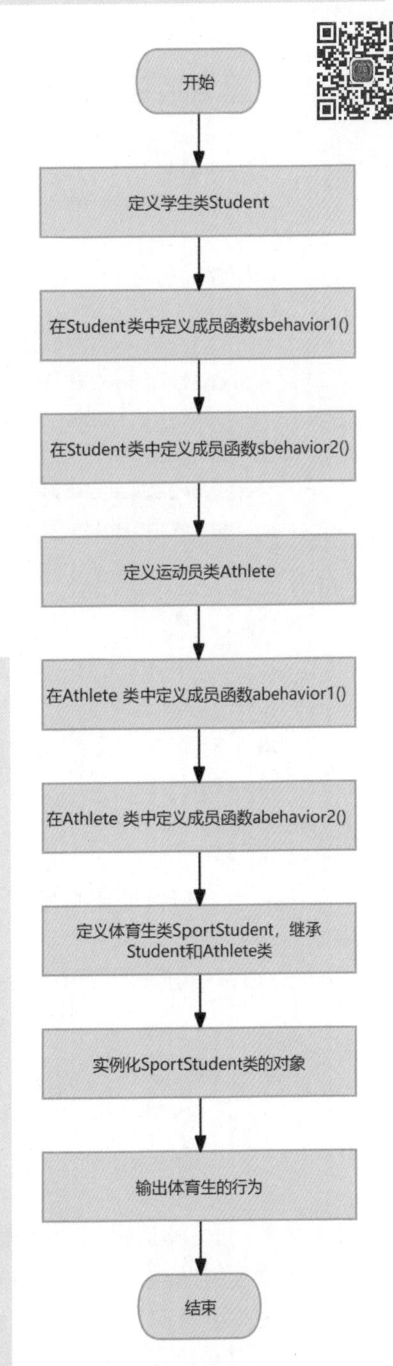

图 12.3 输出体育生的行为流程图

根据流程图，实现体育生行为的输出。编写代码如下：

```
#include<iostream>
using namespace std;
class Student
{
    public:
        void sbehavior1()
        {
            cout<<" 需要学习 "<<endl;
        }
        void sbehavior2()
        {
            cout<<" 需要写作业 "<<endl;
        }
};
class Athlete
{
    public:
        void abehavior1()
        {
            cout<<" 需要训练 "<<endl;
        }
        void abehavior2()
```

```
        {
            cout<<" 需要比赛 "<<endl;
        }
};
class SportStudent:public Student, public Athlete
{
    public:
        string name=" 我是运动员 ";
};
int main()
{
    SportStudent sportst;
    cout<<sportst.name<<endl;
    sportst.sbehavior1();
    sportst.sbehavior2();
    sportst.abehavior1();
    sportst.abehavior2();
}
```

代码执行后的效果如下：

```
我是运动员
需要学习
需要写作业
需要训练
需要比赛
```

核心知识点

在C++中，可以使用多重继承描述一个类同时继承自多个基类的关系。多重继承的派生类声明语法形式如下：

```
class 派生类名 : 继承方式 1 基类名 1,
                 继承方式 2 基类名 2,
                 ...
                 继承方式 n 基类名 n
{
       派生类新定义成员 ;
}
```

在这里，派生类通过多个基类的名称列表指明其继承自哪些基类。使用逗号分隔每个基类。每个基类需要指明继承方式，如果省略，则默认使用私有继承。

在派生类中，可以调用基类的数据成员和成员函数，也可以重载基类的成员函数。需要注意的是，多重继承会引入一些潜在的设计复杂性和命名冲突的问题，因此需要谨慎使用，并遵循良好的设计原则。

思维导图

多重继承的思维导图如图12.4所示。

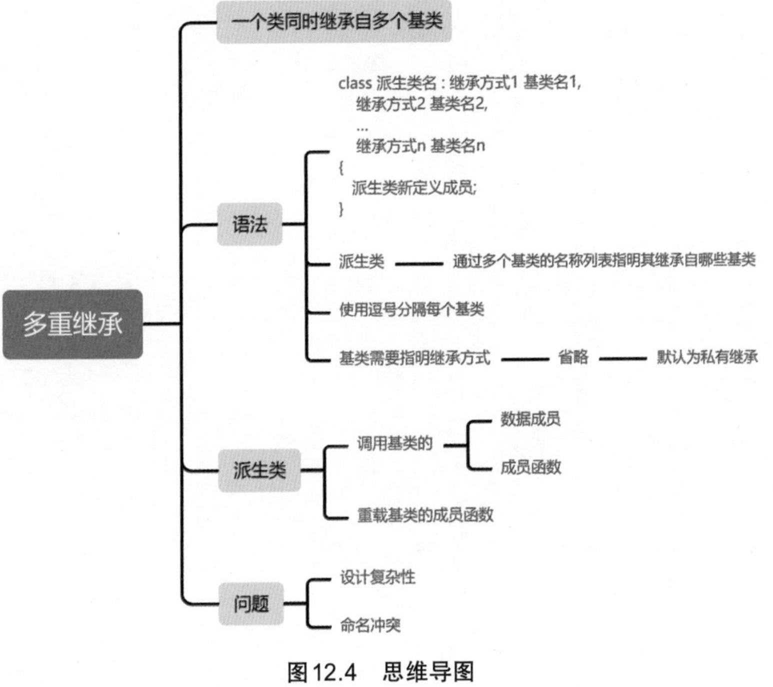

图12.4　思维导图

练一练

（1）在C++中，用于描述一个类同时继承自多个基类的关系的语法机制是__________。

（2）在多重继承中，如果省略继承方式，则默认为____继承。

第13章

文　件

文件是计算机中存储数据的一种重要方式。文件是一种命名的数据存储单元，可以包含各种类型的信息，如文本、图像、音频、视频等。在计算机系统中，文件被保存在层次结构的目录（或文件夹）中。本章将介绍如何使用 C++ 对文件进行写入和读取。

13.1 我的假期计划——文本的写入

国庆节即将到来，为了充分利用这段时间，某学生打算提前制订假期计划。假期计划将按天安排，确保每天都有明确的安排和目标。假期计划分为三部分：学习计划、家务计划和休息计划。每部分包含三个具体的小计划，用于记录每天需要完成的任务和安排的时间，如图13.1所示。

试编写一个程序，完成假期计划的制订，并将其保存在文件中。要完成该程序，可以借助文件的写入功能，将每个计划依次写入文件中。其步骤如下。

（1）创建一个文件，命名为plan.txt，用于存储假期计划，并将文件打开。

（2）用户输入学习计划中的每个小计划，并将计划写入plan.txt文件中。

（3）用户输入家务计划中的每个小计划，并将计划写入plan.txt文件中。

（4）用户输入休息计划中的每个小计划，并将计划写入plan.txt文件中。

根据实现步骤，绘制流程图，如图13.2所示。

我的假期计划

学习计划

9:00—11:00写语文作业
15:00—17:00写数学作业
19:00—21:00写英语作业

家务计划

8:00—9:00整理我的房间
13:00—13:30洗碗
17:00—18:30帮忙做晚饭

休息计划

11:00—12:00看电视
13:30—15:00午休
21:00睡觉

图13.1　我的假期计划

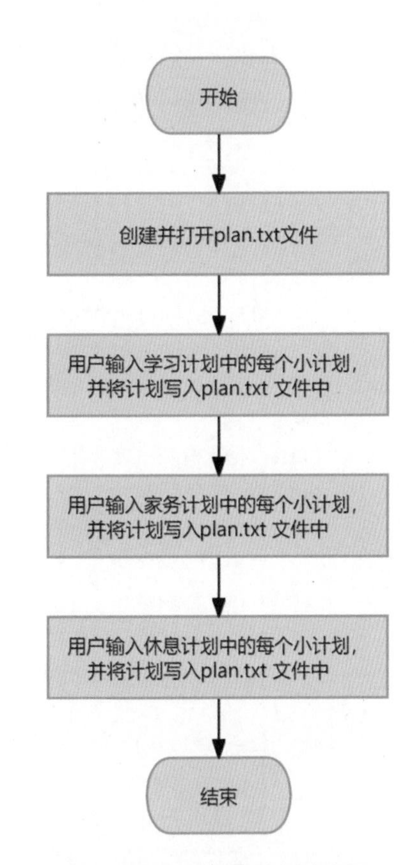

图13.2　制订假期计划流程图

根据流程图，完成假期计划的制订程序。编写代码如下：

```
#include<iostream>
#include<fstream>
#include<string>
using namespace std;
int main()
{
    fstream outFile( “E:\\plan.txt” ,ios::out);
    if(!outFile)
    {
        cout<<" 文件打开失败 "<<endl;
    }
    cout<<" 请输入学习计划 "<<endl;
    outFile<<"************ 学习计划 ************"<<endl;
    for(int i=1;i<=3;i++)
    {
        string lean;
        cin>>lean;
        outFile<<lean<<endl;
    }
    cout<<" 请输入家务计划 "<<endl;
    outFile<<"************ 家务计划 ************"<<endl;
    for(int i=1;i<=3;i++)
    {
        string housework;
        cin>>housework;
        outFile<<housework<<endl;
    }
    cout<<" 请输入休息计划 "<<endl;
    outFile<<"************ 休息计划 ************"<<endl;
    for(int i=1;i<=3;i++)
    {
        string rest;
        cin>>rest;
        outFile<<rest<<endl;
    }
    outFile.close();
}
```

代码执行后，需要用户依次输入学习计划、家务计划和休息计划，输入完毕后，将这些计划保存在play.txt文件中。执行过程如下：

```
请输入学习计划
9:00-11:00 写语文作业
```

```
15:00-17:00 写数学作业
19:00-21:00 写英语作业
请输入家务计划
8:00-9:00 整理我的房间
13:00-13:30 洗碗
17:00-18:30 帮忙做晚饭
请输入休息计划
11:00-12:00 看电视
13:30-15:00 午休
21:00 睡觉
```

查看plan.txt文件，如图13.3所示。

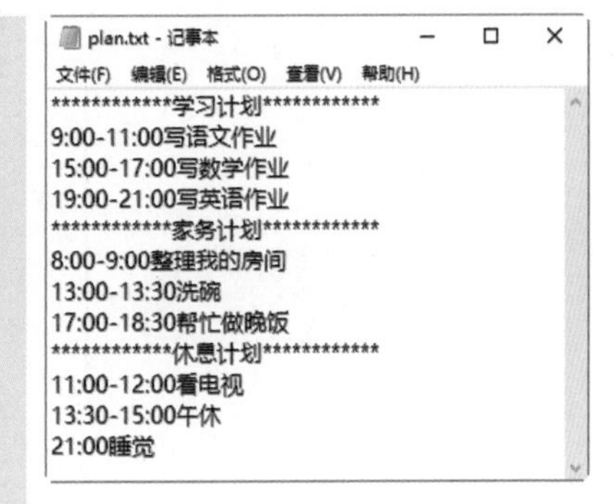

图13.3　plan.txt文件

核心知识点

在C++中，可以使用文件流写入文件。首先，需要包含<fstream>头文件，以使用相关的类和函数。然后，按照以下步骤实现对文件的写入操作。

（1）创建一个输出文件流对象，并打开文件。可以使用ofstream类（用于写入文本文件）或fstream类（用于读取文本文件）。在本实例中，这一步的代码如下：

```
fstream outFile("E:\\plan.txt",ios::out);
```

上述代码使用流类的构造函数打开文件。其中，第一个参数是文件的位置，第二个参数是文件的打开方式。

（2）检查文件是否成功打开。在本实例中，这一步的代码如下：

```
if(!outFile)
{
    cout<<"文件打开失败"<<endl;
}
```

（3）使用输出文件流对象的“<<”运算符将指定内容写入文件。这里，可以使用字符串、整数等数据类型作为参数。在本实例中，这一步的代码如下：

```
outFile<<lean<<endl;
```

（4）关闭文件。使用输出文件流对象的close()函数关闭文件。在本实例中，这一步的代码如下：

```
outFile.close();
```

助记小词典

（1）ofstream：output file stream（输出文件流，发音为[ˈaʊtpʊt faɪl striːm]）的简写。

（2）fstream：file stream（文件流，发音为[faɪl striːm]）的简写。

（3）close：关闭，发音为[kloʊz][kloʊs]。

思维导图

文本的写入的思维导图如图13.4所示。

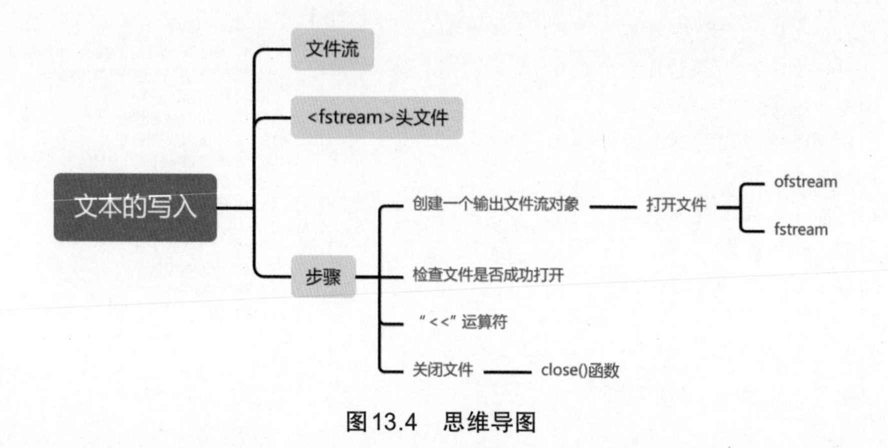

图13.4 思维导图

练一练

（1）在C++中，使用文件流写入文件时首先需要包含________文件。

（2）关闭文件需要使用________函数。

13.2 查看我的记账本——文件的读取

记账本是一种用于记录个人或组织财务收入和支出的工具。记账本通常是一个纸质本子或电子应用程序，用于记录每笔金钱流动和相关的细节，如图13.5所示。

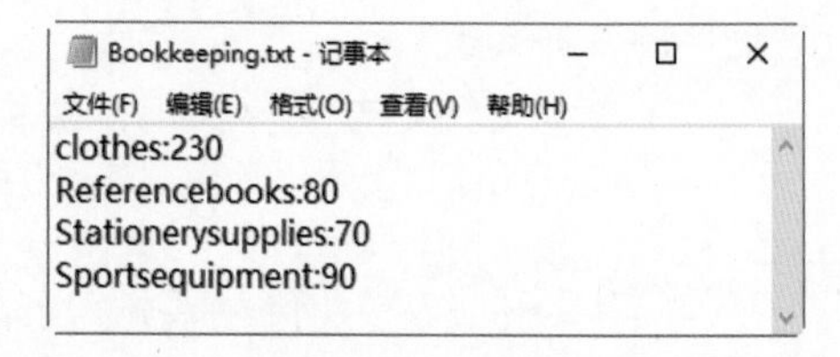

图13.5 记账本

学生应该从小养成记账的习惯，这样做有以下几个好处。

（1）支出控制：记账可以帮助学生更好地管理自己的零花钱和消费开支。通过记录每笔支出，学生可以清楚地了解钱花在了哪些方面，从而找出不必要的开支，并作出相应的调整，避免过度消费和浪费。

（2）预算规划：记账可以帮助学生建立预算意识，进行预算规划。学生可以根据收入（如零花钱、兼职收入等）和固定支出（如交通费、学习用品等）制定合理的预算，从而更好地管理自己的财务，合理分配资金。

（3）分析消费习惯：通过记录和分析支出，学生可以了解自己的消费习惯。他们可以看到自己花费较多的领域，并思考其中的原因。这有助于他们调整消费观念，培养理性消费习惯，避免盲目跟风和消费冲动。

（4）理财意识培养：记账可以帮助学生培养理财意识。通过记录和管理自己的资金流动，学生可以更好地理解金钱的价值和运作方式，了解储蓄和投资的重要性，从而为未来的个人理财打下坚实基础。

（5）学习财务知识：通过记账，学生可以学习和了解基本的财务知识，如资产、负债、收入、支出等概念。他们可以通过实践中的记账和分析，逐渐了解财务管理的原则和技巧，提高自己的财商水平。

试编写一个程序，查看“我的记账本”。完成该程序需要借助文件的读取功能，读出记账本中的内容。其步骤如下。

（1）以只读模式打开 Bookkeeping.txt，此文件就是一个记账本。

（2）读出文件中的内容，并将读取的内容放在 ch 字符数组变量中。

（3）输出内容。

（4）关闭文件。

根据实现步骤，绘制流程图，如图 13.6 所示。

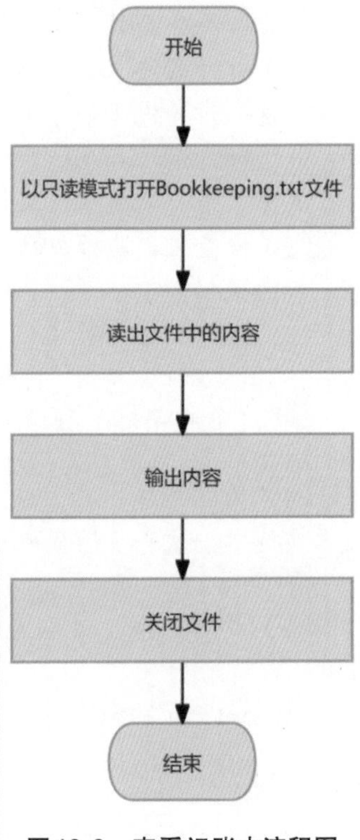

图 13.6　查看记账本流程图

根据流程图，实现查看记账本的功能。编写代码如下：

```
#include<iostream>
#include<fstream>
#include<string>
using namespace std;
int main()
{
    fstream inFile("E:\\Bookkeeping.txt",ios::in);
    if(!inFile)
    {
        cout<<" 文件打开失败 "<< endl;
    }
    for(int i=1;i<=4;i++)
    {
        char ch[2000];
        inFile>>ch;
        cout<<ch<<endl;
    }
    inFile.close();
}
```

代码执行后的效果如下：

```
clothes:230
Referencebooks:80
Stationerysupplies:70
Sportsequipment:90
```

核心知识点

在 C++ 中，可以使用标准库中的 <fstream> 读取文件。其具体步骤如下。

（1）包含头文件。在程序中包含 <fstream> 头文件，该头文件中包含了用于文件输入和输出操作的类和函数。

（2）打开文件。使用 fstream 类创建一个输入文件流对象，并打开要读取的文件。在本实例中，这一步的代码如下：

```
fstream inFile("E:\\Bookkeeping.txt",ios::in);
```

其中，第一个参数是文件的位置；第二个参数是文件打开的方式，这里是只读方式。

（3）检查文件是否成功打开。打开文件后，可以检查是否成功打开了文件。在本实例中，这一步的代码如下：

```
if (!inFile)
{
    cout<<" 文件打开失败 "<<endl;
}
```

（4）读取文件内容。使用输入文件流对象提供的读取操作符“>>”读取文件中的内容。在本实例中，这一步的代码如下：

```
inFile>>ch;
```

（5）关闭文件。读取完文件内容后，应关闭文件，释放资源。在本实例中，这一步的代码如下：

```
inFile.close();
```

思维导图

文件的读取的思维导图如图 13.7 所示。

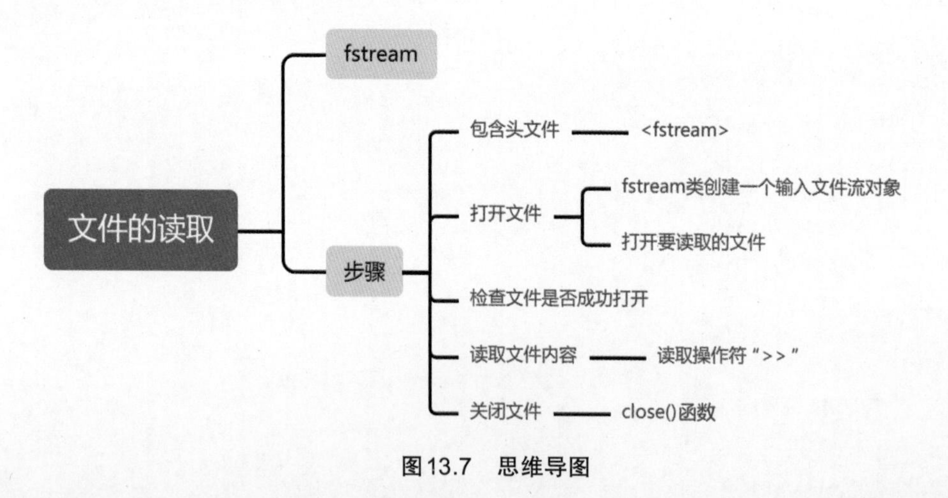

图 13.7　思维导图

练一练

（1）在 C++ 中，读取文件可以使用标准库中的 ________。

（2）读取文件内容时，可以使用输入文件流对象提供的 ______ 操作符。